21世纪高等学校规划教材

JISUANJI KONGZHI JISHU

计算机控制技术

主　编　张　波

副主编　向贤兵

编　写　曾　蓉

主　审　程蔚萍

中国电力出版社

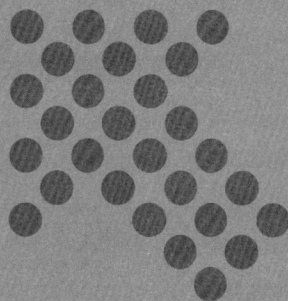

CHINA ELECTRIC POWER PRESS

内 容 提 要

本书为 21 世纪高等学校规划教材。

本书主要介绍了计算机控制的基本工作原理，DCS 的三大组成、四级结构和现场总线系统。全书共分七章，主要内容包括：计算机控制的基本工作原理，DCS 的体系结构，DCS 的通信网络、过程控制站和人/机接口等三大组成，DCS 的厂级管理级、厂级监控级、车间控制级和现场设备级等四级结构，DCS 在火电厂中的选型、设计、组态、检修、维护、管理和控制方面的主要应用，现场总线系统等。为了便于学生对所学知识的理解，每章后面都附有思考题与习题。

本书突出了针对性和应用性，注重理论联系实际，内容深入浅出，文字通俗易懂，并配有大量的实例、图表和图片，有利于多媒体教学。

本书可作为高职高专电力技术类电厂热能动力装置、火电厂集控运行、电厂设备运行与维护和高职高专能源类工业热工控制技术等专业的教材，也可作为企业岗位培训和职业资格鉴定的培训教材，还可作为相关岗位技术人员的参考书。

图书在版编目（CIP）数据

计算机控制技术/张波主编 . —北京：中国电力出版社，2010.7（2021.1 重印）
21 世纪高等学校规划教材
ISBN 978 - 7 - 5123 - 0228 - 0

Ⅰ.①计…　Ⅱ.①张…　Ⅲ.①计算机控制－高等学校－教材　Ⅳ.①TP273

中国版本图书馆 CIP 数据核字（2010）第 047401 号

出版发行：中国电力出版社
地　　　址：北京市东城区北京站西街 19 号（邮政编码 100005）
网　　　址：http://www.cepp.sgcc.com.cn
责任编辑：吴玉贤（010－63412540）
责任校对：黄　蓓
装帧设计：赵姗姗
责任印制：吴　迪

印　　刷：北京雁林吉兆印刷有限公司
版　　次：2010 年 7 月第一版
印　　次：2021 年 1 月北京第六次印刷
开　　本：787 毫米×1092 毫米　16 开本
印　　张：13.5
字　　数：326 千字
定　　价：38.00 元

前　言

随着科学技术的高速发展和人们用电需求的不断增加，电力工业也得到了迅猛的发展。发电机组的规模越来越大，发电机组的热力系统和辅助设备也日益复杂。火力发电厂采用计算机控制技术是现代化生产的必然结果，将机、炉、电、控和管理全部纳入计算机控制系统，实现管控一体化，是保证电厂生产"安全、经济、可靠、优化和环保"的重要手段。

为适应高职高专电厂热能动力装置、火电厂集控运行和电厂设备与维护等专业的教学需要以及相关技术人员学习的需要，特编写此书。

在本书的编写过程中，编者始终注意突出教材内容的先进性和实用性，同时考虑了读者多是电力生产的后备技术人员或本身就是电力企业职工的特点，在选材方面坚持以火电厂计算机控制系统现状及其发展的要求为核心，有重点和有针对性地组织相关的内容，主要特点如下：

（1）注重理论与实际相结合，突出职业技能和素质的培养。

（2）突出电力行业的特点，应用实例全部选用电力行业广泛使用的和比较具有代表性的计算机控制系统。

（3）力求文字简明扼要，语言通俗易懂，并配有较多的框图和实物图片，另外在附录中给出了组态所需的部分的功能块，方便读者学习。

（4）在教材内容的选用方面，体现了当前火电厂 300MW 和 600MW 的新技术、新知识和新应用。

（5）在教材内容的组织方面，突出了火电厂的可靠性技术要求及其实现。

（6）针对火电厂对工程技术应用人员的技术要求，比较系统地介绍了计算机控制系统的基本结构、组成、工作原理和抗干扰技术；重点阐述了 DCS 常用的通信网络、过程控制站和人/机接口等三大组成，DCS 的厂级管理级、厂级监控级、车间控制级和现场设备级等四级结构；从使用者的观点出发，简要介绍了基金会现场总线和 PROFIBUS 现场总线的基本内容及其应用。

本书由张波、向贤兵和曾蓉编写，张波担任主编并编写了第一、二、七章和第三章的第一～五节，第六章的第一、五节；向贤兵编写了第四、五章和第三章的第六节；曾蓉编写了第六章的第二～四节。全书由张波统稿。

本书由安徽电气工程职业技术学院程蔚萍主审，主审老师提出了许多宝贵的意见和建议，在此深表感谢。在本书编写过程中，有许多同志为我们提供了大量资料和建议，在此谨向支持和帮助本书编写的单位和个人致以最衷心的感谢。

由于编者时间仓促，加之水平所限，书中难免有疏漏和不足之处，恳请读者批评指正。

编　者
2010 年 5 月

目　录

第一章　计算机控制系统概论

自从 1998 年我国装机容量超过 277GW，跃居世界第二位以来，我国电力仍以较高的速度和更大的规模在迅猛发展，现在已进入了以装设 600～1000MW 超超临界压力机组为主的时期。随着电力生产规模的不断扩大，电力生产复杂性也迅速提高，需要监视、控制的参数和项目都大大增加了，机组热力系统和辅助设备的控制难度也在逐步加大。

现代化火电厂生产有其特殊性。首先是生产过程的参数变化量大、变化迅速和操作量大，而且要求在较短的时间内完成各种复杂的操作。其次是对于火电厂众多的控制系统来说，并非单输入/单输出（SISO）的线性定常系统，而是多输入/多输出（MIMO）、非线性、时变和分布参数的控制系统，如果采用传统的操作方式，即常规控制系统，也称为模拟仪表控制系统，是不可能满足生产过程要求的。另外随着社会的进步和发展，人们对电力生产控制过程的"稳、准、快"等控制质量和诸多的管理目标，也提出了新的和更高的要求，因此人们迫切需要先进的且与生产过程相适应的自动控制系统。

计算机，尤其是微处理器的出现并应用于自动控制领域，使火电厂自动控制水平产生了巨大的飞跃。

计算机控制系统通过软硬件的完美结合，利用了计算机具有快速精确计算、逻辑判断和存储等信息处理能力，替代了原模拟仪表控制系统的控制器；使用 CRT 取代了许多显示仪表；通过通信接口，实现了人/机对话；在采用多种科学技术保证了安全性和可靠性的同时，不仅使企业的自动控制和管理水平发生显著的变化，而且创造了巨大的经济效益，并获得了人们的高度评价。

我国在《火力发电厂设计技术规程》中规定：火力发电厂生产必须采用计算机进行生产过程监视和控制。火电厂将机、炉、电、控和管理全部纳入计算机控制系统，实现管控一体化，是提高火电厂自动化水平，保证新建大容量机组顺利投产，保证机组"安全、经济、可靠、优化和环保"运行的重要手段和有效措施。

综上所述，计算机控制系统在火电厂应用的主要原因有以下几个。

(1) 市场的竞争、控制规模的扩大和管理的需要。

(2) 有模拟仪表控制系统无可比拟的优越性。

(3) 国家明文规定。

(4) 实现管控一体化的重要途径。

第一节　计算机控制系统的基本组成

电力生产过程采用自动控制技术是从低级发展到高级，已有较长的历史。从控制元件来看，经历了电子管、晶体管、集成电路、大规模集成电路到超大规模集成电路的发展过程；就热控仪表的角度观察，历经了模拟仪表、单元组合仪表、组装仪表、数字仪表、智能化数字仪表到计算机监控设备等几个阶段；就控制方式而言，由就地仪表的基地式控制到组合控制仪表的集中式监控，从仪表的集中式监控到计算机集中控制、分散控制系统（distributed control system，DCS），再到处于发展中的现场总线控制系统（fieldbus control system，FCS）。

DCS 也称为分布式控制系统或集散控制系统。在广义上，DCS 和 FCS 也称为计算机控制系统，而在 20 世纪 70 年代前的计算机控制系统，通常称为早期的计算机控制系统。

一、计算机控制系统的基本结构

1. 反馈自动控制系统的基本组成

反馈自动控制系统是由被控对象、测量变送器、控制器和执行器等构成。典型反馈自动控制系统结构框图如图 1-1 所示。

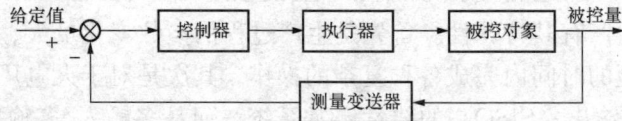

图 1-1　典型反馈自动控制系统结构框图

2. 计算机控制系统的基本结构

计算机控制系统由工业控制计算机（工控机）和生产过程两大部分组成。工控机是按生产过程控制的特点和要求而设计的计算机，它包括硬件和软件两部分。生产过程包括被控对象、测量变送、执行机构和电气开关等装置。计算机控制系统的基本结构框图如图 1-2 所示。

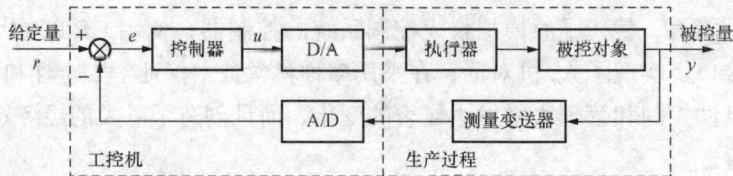

图 1-2　计算机控制系统的基本结构框图

（1）被控对象。被控对象是指所要控制的装置或设备，如风机、水泵、阀门、锅炉、汽轮机和发电机等。在控制系统的分析和设计中，通常以数学模型形式来描述被控对象，用微分方程或传递函数来表示。由于复杂的被控对象，如具备非线性、时变、多耦合和大延迟的锅炉，其完整和准确的数学模型是无法获得的，因此工程上往往使用经过简化和能满足控制要求的近似模型。

（2）执行器。执行器是控制系统中的重要部件，它将控制器输出的控制信号进行功率放大，驱动挡板和阀门等设备，控制被控对象的信号或能量，使生产过程符合预定的要求。按照采用的动力方式，执行器可以分为电动执行器、气动执行器和液动执行器三大类。

（3）测量变送器。生产过程的信号可以归纳为模拟量（analog）信号、开关量信号（switching）。由于生产过程的数字量信号和脉冲量信号可以用开关量信号表示，因此数字量信号和脉冲量信号的分析和处理过程，与开关量信号的分析和处理过程几乎相同。就本质而言，数字量信号和脉冲量信号是开关量信号。

　　模拟信号是指时间上连续和幅值上也连续的信号，如火电厂的温度、压力、流量、料位和成分等信号；开关量信号则是时间上和数值上都不连续的量，如继电器接点的断开或闭合，电动机的停止或启动等，开关量信号可以用 0 或 1 表示。

　　测量变送器将不标准或非电量的过程参数，转换为标准的电流或电压信号，以便于传输、显示或计算。如温度变送器可以将热电阻的电阻信号，转换为标准的 $4\sim20\text{mA DC}$ 或 $1\sim5\text{V DC}$ 信号。

　　在计算机控制系统中，由于数字控制器只能识别二进制数字量，因此测量变送器电信号要经过隔离、调理和模拟量/数字量（A/D）等转换后，才能进入数字控制器进行下一步的处理。

　　（4）控制器。计算机控制系统的控制器是数字控制器，通过计算机软硬件的共同协调和配合，可以实现数字控制器对生产过程的控制作用。由于计算机程序编写的灵活性，在一定的程度上，使得数字控制器比传统模拟控制器具有更多优势。

二、计算机控制系统的组成

　　计算机控制系统的组成原理框图如图 1-3 所示。

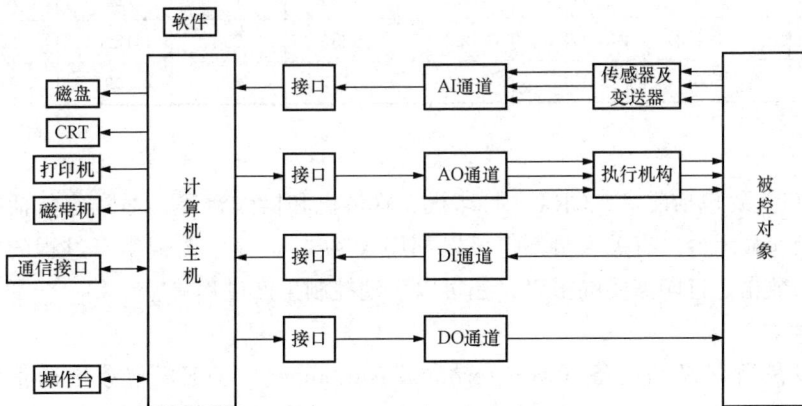

图 1-3　计算机控制系统的组成原理框图

（一）硬件组成

　　计算机控制系统的硬件主要由主机、输入/输出（I/O）通道、人/机接口（human machine interface，HMI）设备和通信接口等组成。

1. 主机

　　主机是计算机控制系统的核心，由微处理器（CPU）、存储器、总线和接口等组成。主机依据控制策略对输入的信号进行运算和处理，并通过输出设备向生产过程发送控制命令，从而达到预定的控制目的，另外主机还可以接收来自操作台的操作控制命令。

　　在计算机控制系统中，控制策略由计算机程序实现，常用的各种控制策略被编写成子程序或函数并被封装起来，人们可以自由选择自己所需的控制策略。控制策略也称为控制算法、功能模块、标准模块子程序、内部仪表或程序元素等。在实际的应用过程中，可以根据需要，利用箭头连线将所需的控制算法连接起来，并通过设置它们所需的参数，构成完整的控制系统，这就是所谓的控制回路的组态过程。

　　不同的控制系统需要的控制算法的种类、数量和参数等可以完全不同。

2. I/O 通道

在计算机控制系统中，由于数字控制器是采用二进制的数字设备，只能接收和输出二进制数字信号。而传感器、变送器和执行机构多种多样，信号的输入和输出是不一样的，但不外乎还是模拟量信号、开关量信号、数字量信号和脉冲量信号等。因此在数字控制器与传感器、变送器和执行机构之间，还存在着信号的传输和转换问题，这主要由 I/O 通道来实现，I/O 通道也称为 I/O 接口或 I/O 设备等。

过程 I/O 通道主要包括模拟量输入（analog input，AI）通道、模拟量输出（analog output，AO）通道、开关量输入（digital input，DI）通道和开关量输出（digital output，DO）通道等。

几台 600MW 机组的信息量和指令量汇总，如表 1-1 所示。

表 1-1 几台 600MW 机组的信息量和指令量汇总

电厂名	机组容量（MW）	模拟量输入	开关量输入	总信息量	模拟量输出	开关量输出	总指令量	总计
北仑电厂	600	1506	2680	4186	60	106	166	4352
石洞口二厂	600	1455	3047	4502	137	1166	1303	5805
沁北电厂	600	1712	3038	4750	143	1251	1394	6144
扬州二厂一期	600	1728	3529	5257	288	1260	1555	6812
镇江电厂	600	1757	4350	6107	252	2094	2346	8453

3. 人/机接口

人/机接口主要包括磁盘、CRT、打印机、磁带机和操作台等。通常还包括专用的操作显示面板或操作显示台。有关人员不仅可以利用人/机接口集中监视生产过程的状况，记录和存储有用的数据，打印需要的报表，还可以手动控制生产过程等。

4. 通信接口

通信接口是数据终端设备（data terminal equipment，DTE）与数据通信设备（data communications equipment，DCE）之间的界面，为了使不同厂家的产品能够互换或互连，DTE 与 DCE 在插接方式、引线分配、电气特性和应答等关系上，均应符合统一的标准和规范，这一套标准规范就是 DTE/DCE 的接口标准，也称为接口协议。

通信接口是形成计算机控制系统的通信网络的必备条件之一。

（二）软件组成

计算机控制系统的软件主要由系统软件、应用软件和管理软件等组成。

1. 系统软件

系统软件一般包括操作系统及其配套软件、算法语言、数据库、通信网络软件和诊断软件等。系统软件可以分为通用和专用两类。通用系统软件是指一般计算机使用的软件，如 Windows、Unix 操作系统和关系数据库等；专用软件是指控制计算机特有的软件，如控制语言、组态软件和实时数据库等。

2. 应用软件

应用软件是控制人员针对某个生产过程而编制或生成的专用控制软件，它的优劣直接影响控制品质和生产过程的稳定运行。应用软件一般分为 I/O 软件、控制运算软件、人/机接口软件和打印制表软件等。

3. 管理软件

目前由于计算机控制系统具有控制、管理、操作、经营和决策等功能，因此必须有配套的各类管理软件。

三、计算机控制系统的工作过程

1. 工作过程

计算机控制系统的工作过程，可以归纳为以下三个步骤：

（1）实时数据采集

对来自测量变送器的被调量进行实时检测和输入。

（2）实时控制运算

数字控制器按已定的控制规律，对实时采集信号进行分析和处理。

（3）实时控制输出

将实时控制运算结果传输到执行机构，完成控制任务。

上述过程不断重复，使整个计算机控制系统按照一定的品质指标进行工作，并对被调量和设备本身的异常现象作出及时的处理。

所谓"实时"，是指在规定的时间内完成规定的任务。就计算机控制系统而言，要求计算机能够在规定的时间内，以足够快的速度，不仅对数据进行采集、分析和处理，而且利用被处理后的数据控制和操作相应的被控对象，否则就会失去控制机会。不同的对象实时时间是不相同的。

2. 工作方式

计算机控制系统两种工作方式，即在线工作方式和离线工作方式。

（1）在线工作方式

在线工作方式又称"联机"工作方式。即计算机在控制系统中直接参与控制或交换信息，而不通过其他中间记录介质，如磁盘、U 盘、光盘和磁带等。在线工作方式具有实时性。

（2）离线工作方式

离线工作方式又被称"脱机"工作方式。即计算机不直接参与对被控对象的控制，或不直接与被控对象交换信息，而只是将有关控制信息记录或打印出来，再由操作员按照计算机提供的信息，完成相应的控制操作。离线工作方式不具备实时性。

四、计算机控制系统的基本形式

尽管由于被控对象、复杂程度、管理方法、控制规律和系统要求等不同，使得不同计算机控制系统的软、硬件组成和功能差异很大，但是计算机控制系统的基本应用形式还是可以归纳为以下几种。

1. 数据采集与处理系统（data acquisition system，DAS）

计算机控制和管理不能没有数据，DAS 是一个计算机控制系统最基本的应用，也是计算机控制系统的基础。由于 DAS 不仅可以对生产过程的数据进行巡回采集，而且可以对这些数据进行统计、分析、记录和参数越限报警等处理，并在必要时给出操作指导，使人们能够更好地掌握生产过程的运行状况和变化趋势，因此 DAS 也被称操作指导控制系统。

操作指导是指计算机的输出并不直接用来控制生产对象，而只是对系统过程的数据进行必要的采集和处理，然后输出数据。操作员可以根据这些数据的结果，进行必要的操作。

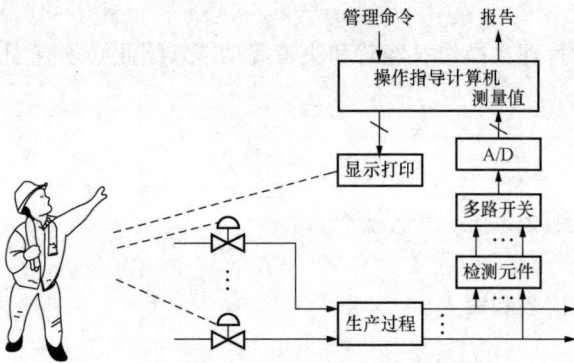

图 1-4　DAS 原理框图

DAS 原理框图如图 1-4 所示。

DAS 最突出的特点是简单和可靠。通常被用于计算机控制系统的初级阶段，或用于试验新的数学模型和调试新的控制程序等，还特别适用于控制规律还无法确定的系统。

DAS 的缺点是需要人工进行操作，而人不能同时操作几个回路，另外人操作的速度，也无法与计算机的运算速度相比。

2. 直接数字控制（direct digital control，DDC）系统

DDC 系统是使用一个计算机对多个被控参数进行巡回检测，检测结果与给定值进行比较，再按 PID 规律或 DDC 方法进行控制运算，然后输出到执行机构，实施生产过程的控制。DDC 系统原理框图如图 1-5 所示。

由于数字控制器的性/价比高，因此一个计算机不仅可以代替多个模拟调节器，也可以实现各种复杂的控制规律，如串级控制、前馈控制、自动选择控制和大滞后控制等。DDC 系统在过程控制中得到了广泛的应用。

3. 计算机监控（supervisory computer control，SCC）系统

SCC 系统的数字控制器接受过程输入信号，根据生产过程的要求，不断计算出相应的数据（最佳给定值）传输到 DDC 的数字控制器，使生产过程始终处于最优工作状况。SCC 系统较 DDC 系统更接近生产变化实际情况，它不仅可以进行给定值控制，同时还可以进行顺序控制、最优控制和自适应控制等，它是 DAS 和 DDC 系统的综合。SCC 系统原理框图如图 1-6 所示。

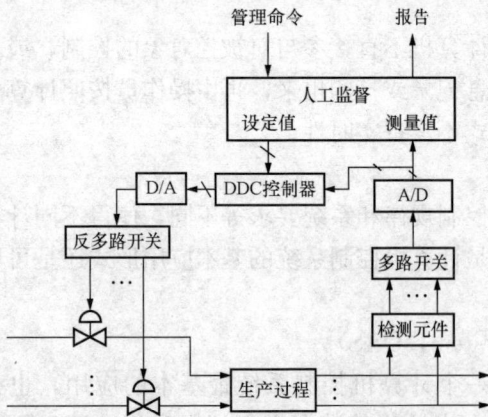

图 1-5　DDC 系统原理框图

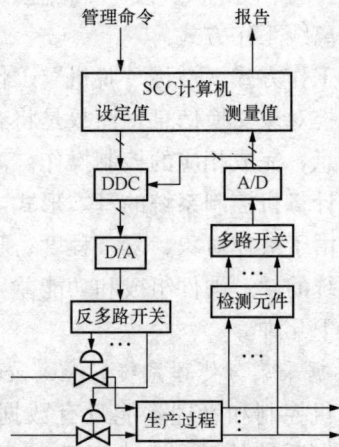

图 1-6　SCC 系统原理框图

SCC 系统为两级计算机控制系统。一级为监督级 SCC，用来计算最佳给定值；另一级是控制级 DDC 系统。DDC 系统的数字控制器将给定值与测量值（数字量）进行比较，其偏差由 DDC 进行数字控制计算，然后经 D/A 转换器和多路开关分别控制各个执行机构，因此 SCC 系统也称为最优控制系统。

当系统中 DDC 控制器出了故障时，可用 SCC 系统进行调节，这就意味着 SCC 系统的可靠性也比 DDC 系统更高。

4. DCS

1971 年 1 月，Intel 公司的霍夫研制成功世界上第一块 4 位微处理器芯片 Intel 4004，标志着第一代微处理器问世，微处理器和微机时代从此开始，同时为 DCS 的产生创造了必要的物质基础。

DCS 是现在普遍使用的控制系统，具有先进性、可靠性、扩展性、兼容性和开放性等特点。DCS 融合了多种技术，如计算机、自动控制、通信、网络、电子、材料、测量、抗干扰和人/机接口等技术。关于 DCS 的有关内容，将在后面的章节进行介绍。

5. FCS

FCS 是 20 世纪 80 年代中期，在国际上发展起来的一种崭新的工业控制技术。FCS 突破了传统的信息交换方式、信号制式和系统结构的限制，更新了传统的自动化仪表功能概念和结构形式，改变了系统的设计和调试方法，开辟了控制领域的新纪元。关于 FCS 的有关内容，也将在后面的章节进行介绍。

五、计算机控制系统的特点

与模拟仪表控制系统相比，计算机控制系统具有以下特点。

1. 运算精确度高

数字控制器使用数字运算，运算精确度高。

2. 控制性能好

在计算机控制系统中，除使用常规控制方法外，还可方便地使用先进的控制算法，如使用 Smith 预估算法来克服控制对象的大迟延；使用自整定调节器来弥补对象时变对控制性能的影响；使用鲁棒控制器来提高控制系统的抗干扰能力等，另外在计算机控制系统中，由于使用了各种控制算法替代了大量的常规模拟控制仪表，使得整个系统接线简单和修改容易，更便于构成复杂控制系统，并且节省了控制盘、仪表和接线等成本。

3. 操作界面友好

在生产过程中，大屏幕、指示仪、记录仪，打印机、声/光报警器、按钮、键盘、鼠标、触摸屏和滚动球等设备为操作员的监视和操作提供了方便。

4. 管控一体化

计算机网络技术的发展，使得多个计算机能够协同工作，可将设备（回路）控制、车间（机组）控制与全厂管理，有机地结合在一起，实现管控一体化。

5. 可靠性高

计算机控制系统的可靠性，主要体现在采用了高质量的电子元器件、合理的电路制作工艺、有效的抗干扰措施和先进的软件编程技术等方面；计算机控制系统的冗余和容错设计，使得当出现局部软、硬件故障时，不会影响系统的正常控制；计算机控制系统的分布式设计，使得当个别回路故障时，不会影响其他回路；计算机控制系统的自诊断技术，使得系统能及时发现故障，并提前采取措施；在需要的时候，还可以将自动切换为手动，实施人工控制。上述这些内容为计算机控制系统的长期稳定运行提供了保证。

六、火电厂计算机控制系统的主要功能

在火电厂中，计算机控制系统可实现的控制功能随火电厂要求的控制方式和控制范围有

所不同，主要功能如下所述。

1. 安全监视和数据处理

安全监视和数据处理包括巡回检测、参数处理、越限报警、参数显示、制表打印和性能计算等。

2. 正常调节

在正常运行时，对锅炉、汽轮机和发电机等主辅设备进行直接或间接控制。

3. 管理计算

利用数学模型，对生产过程的数据进行计算，寻找最优工况，实现最优控制；对各运行指标进行计算，改善企业的管理状况。

4. 事故处理

对生产过程进行监视和趋势预报，对事故进行分析和处理，并记录事故时设备的状态和参数，供运行人员事后分析。

5. 机组启停

实现发电机组的自动启停。

采用计算机控制可以提高火电机组或全厂的运行效率，使机组运行稳定；减少和避免重大事故，延长设备寿命；强化操作员素质，减轻劳动强度，提高经济效益。

第二节 计算机的输入/输出技术

一、计算机控制系统的信号流程

计算机控制系统的信号流程如图 1-7 所示。

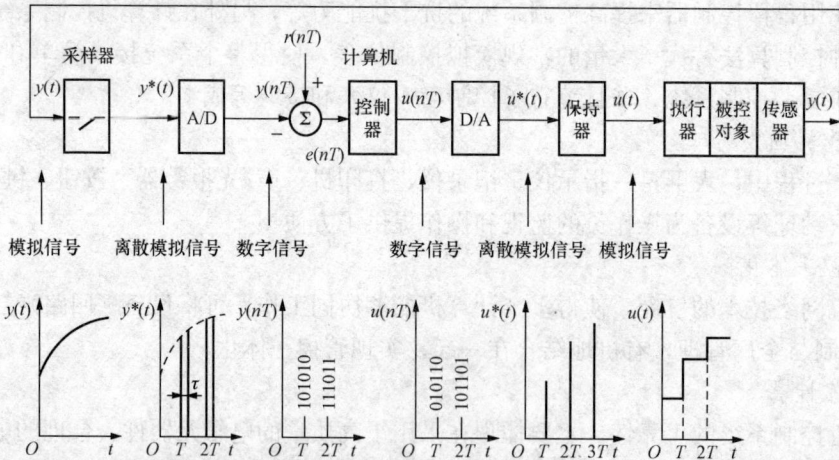

图 1-7 计算机控制系统信号流图

从被控对象开始依次有以下五种信号。

1. 模拟信号 $y(t)$

2. 离散模拟信号 $y^*(t)$

按一定的采样周期 T，将模拟信号 $y(t)$，转变为在瞬时 0，T，$2T$，$\cdots$，nT 的一连串脉冲信号 $y^*(t)$ 的过程，称为采样过程。在每个采样周期 T 内，采样开关闭合时间为 τ，τ

远小于 T，仅仅在 τ 时间内 $y^*(t)$ 才是连续的。

模拟信号 $y(t)$ 经过采样器，就成为了离散模拟信号 $y^*(t)$。离散模拟信号是时间上离散，而幅值上连续的信号。

3. 数字信号 $y(nT)$、$r(nT)$ 和 $e(nT)$

离散模拟信号 $y^*(t)$ 经过 A/D 转换器，就成为了数字信号 $y(nT)$；设定值 $r(t)$ 由数字控制器转换成数字信号 $r(nT)$。在数字控制器内部，$y(nT)$ 和 $r(nT)$ 的差值 $e(nT)$ 为数字信号。

4. 数字信号 $u(nT)$

数字控制器依据控制周期，执行控制算法，其运算结果或控制量 $u(nT)$ 为数字信号。

5. 模拟信号 $u^*(t)$

控制量 $u(nT)$ 经过 D/A 转换器的转换，就成了模拟信号 $u^*(t)$。

二、信号的采样与保持

在计算机控制系统中，信号的转换过程几乎无处不在。在信号的转换中，必须保证数据不丢失原来包含的主要特征信息，这就要涉及信号的采样、量化和保持等技术。

1. 信号的采样

（1）采样过程。采样过程就是将模拟信号变换为离散信号的过程。实现采样的装置，称为采样器或采样开关。采样器输入信号 $y(t)$，称为原信号；采样器输出信号 $y^*(t)$，称为采样信号。采样过程如图 1-8 所示。

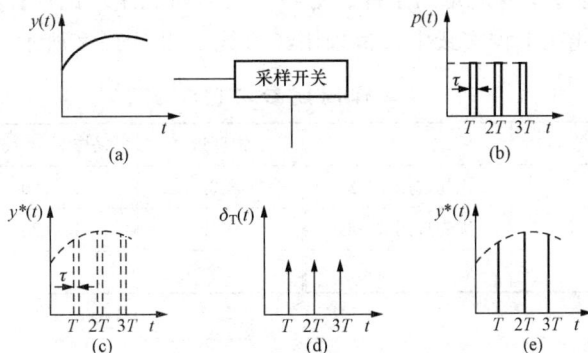

图 1-8 采样过程示意

(a) 模拟信号；(b) 脉冲序列；(c) 采样信号；(d) 单位脉冲序列；(e) 理想采样信号

采样信号为一脉冲序列，在采样期间（采样开关闭合），采样信号与原信号相同；在其余时间内（采样开关断开），采样信号为零。采样开关通常按一定时间间隔 T，重复接通和断开动作，这里的 T 为采样周期。采样信号可以描述为

$$y^*(t) = p(t)y(t) \qquad (1-1)$$

其中 $y(t)$ 是幅值为 1，周期为 T，宽度为 τ 的脉冲序列，如图 1-8 (b) 所示。

在通常情况下，由于 $\tau \ll T$，因此可以认为

$$p(t) \approx \delta_\mathrm{T}(t) = \sum_{k=0}^{\infty} \delta(t - kT) \qquad (1-2)$$

这里 $\delta_\mathrm{T}(t)$ 为单位脉冲序列，如图 1-8 (d) 所示。

将式（1-2）代入式（1-1），得

$$y^*(t) = y(t)\delta_T(t) = y(t)\sum_{k=0}^{\infty}\delta(t-kT) = \sum_{k=0}^{\infty}y(kT)\delta(t-kT) \qquad (1-3)$$

式（1-3）表明：当采样开关的闭合时间 τ 远小于采样周期时，可以近似认为，$y^*(t)$ 是 $y(t)$ 在采样开关闭合时的瞬时值。

（2）采样定理。在计算机控制系统中，采样周期 T 的选择是极其重要的。采样周期越小，采样结果越接近连续变化的信号，但同时使计算机用在数据采集与处理上的时间就越长，硬件投资也要相应增加；采样周期太大，将会出现采样信号不能代表原信号的现象，也不可能达到很好的控制效果。

选择采样周期的理论依据是香农（Shannon）采样定理。

香农采样定理描述为：设原始信号频谱的最高频率为 f_{max}，采样频率为 f_s，则当 $f_s \geqslant 2f_{max}$，即采样频率大于等于原始信号频谱中最高频率的两倍时，才能根据采样信号 $y^*(t)$ 唯一地复现原信号 $y(t)$。

采样定理为采样周期的选取奠定了理论基础，它给出了采样周期的上限。实际连续信号的最高频率是很难确定的，因为它往往包含了各种噪声。另外采样理论要求所有的采样值取得后，才能确定被采样的时间函数 $y(t)$，这对于连续运行的计算机控制系统来说，也很难实现，因为在实际系统中，在后面的采样动作发生之前，数字控制器就要对生产过程进行控制了。

通过以上对采样定理本身规定的条件的分析，可以得到用理论计算的方法，很难求取采样周期 T 的结论，因此在工程实践中，常采用经验数据如表1-2所示。

表1-2　　　　　　　　　　　　采 样 周 期 参 考 值

物理量	采样周期（s）	备　　注	物理量	采样周期（s）	备　　注
流量	1～5	优先选用1～2s	温度	15～20	
压力	3～10	优先选用6~-8s	成分	15～20	
液位	6～8				

2. 量化

就本质而言，采样后得到的离散模拟信号还是模拟信号，不是数字信号，不能被数字控制器接受和处理。

量化过程就是用一组数码，如二进制码，来逼近离散模拟信号的幅值，将其转换成数字信号的过程。量化过程如图1-9所示。

由于计算机的数值信号是有限的，因此用数码来逼近模拟信号是近似的处理方法。

量化单位 q 是指量化后二进制数的最低位所对应的模拟量的值。设 f_{max} 和 f_{min} 分别为转换信号的最大值和最小值，i 为转换后二进制数的位数，则量化单位为

$$q = \frac{f_{max} - f_{min}}{2^i}$$

对于同一转换信号范围，i 越大，即转换后的位数越多，q 就越小，量化误差也越小。量化误差的最大值为 $\pm\dfrac{q}{2}$，而不是 q。如模拟信号 $f_{max} = 16V$、$f_{min} = 0V$，取 $i = 4$，则 $q =$

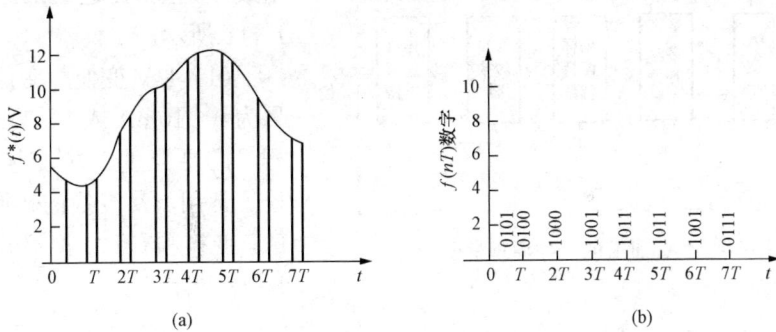

图 1 - 9　量化过程
(a) 离散模拟信号；(b) 数字信号

1V，量化误差最大值 $e_{max} = \pm 0.5V$。

由以上分析可知：在采样过程中，如果采样频率足够高，并选择足够字长的量化数值，使得量化误差足够小，就会保证采样处理的精确度。可以用经采样和量化后得到的一系列离散的数字量，来表示某一时间上连续的模拟信号。

3. 信号的保持

数字控制器输出的二进制数字信号，经 D/A 转换器，被转换为离散信号。由于离散信号只在采样时刻有输出值，其余时刻为零，因此不能直接控制连续对象。信号的保持是按照一定的方法，确定两次采样之间信号的幅值。保持器是指将离散采样信号恢复为连续信号的一种装置，有零阶、一阶和二阶等。由于零阶保持器结构简单，且 D/A 转换器具有零阶保持器的功能，因此计算机控制系统中绝大多数采用零阶保持器。

零阶保持器的工作原理是根据现在或过去时刻的采样值 $u(kT)$，$u[(k-1)T]$，…，使用外推法，逼近两个采样时刻之间的原信号 $u(kT+\Delta t)$，其中 $0 \leqslant \Delta t < T$。外推公式的一般形式为

$$u(kT + \Delta t) = a_0 + a_1 \Delta t + a_2 \Delta t^2 + \cdots + a_m \Delta t^m \qquad (1 - 4)$$

式（1-4）称为 m 阶外推公式，代表的是 m 阶保持器，其中 a_i 为待定值，$i = 0, \cdots, m$。

当 $m = 0$ 时，得零阶保持器的外推公式

$$u(kT + \Delta t) = u(kT) \quad (0 \leqslant \Delta t < T)$$

零阶保持器可以将 kT 时刻的信号，一直保持（外推）到 $(k+1)$ 时刻前的瞬间。零阶保持器如图 1 - 10 所示。

三、I/O 通道简介

根据过程信息的性质和传输方向，I/O 通道主要包括 AI、AO、DI 和 DO 等通道。

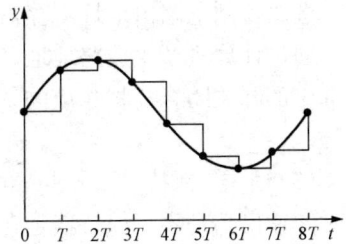

图 1 - 10　零阶保持器

（一）AI 通道

在计算机控制系统中，AI 通道的任务是将被控对象的模拟量信号，转换为计算机可以接受的数字量信号。

1. AI 通道的组成

AI 通道一般由 I/V 变换、多路开关、采样/保持器、A/D 转换器、接口和控制逻辑等

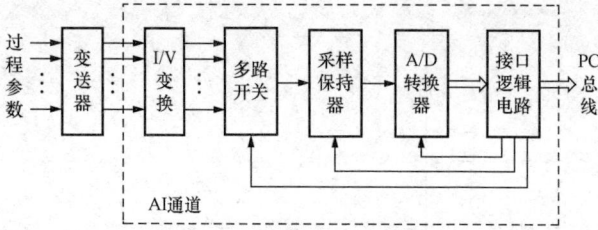

图 1 - 11　AI 通道的工作原理框图

组成。典型 AI 通道的原理框图如图 1 - 11 所示。

（1）I/V 变换。变送器输出的信号为 0～10mA 或 4～20mA 的统一信号，需要经过 I/V 变换变成电压信号。常用 I/V 变换的转换方法有无源 I/V 变换和有源 I/V 变换两种，如图 1 - 12 所示。

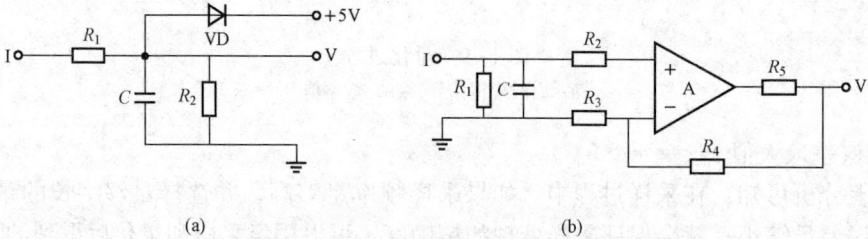

(a)　　　　　　　　　　　　(b)

图 1 - 12　I/V 变换电路图

（a）无源 I/V 变换电路；（b）有源 I/V 变换电路

（2）多路开关。多路开关又称为多路转换开关、多路模拟开关或多路转换器等。在计算机控制系统中，往往需要对多路或多种参数进行采集和控制。

使用多路开关的主要原因有两个：一是 CPU 的工作速度很快，而被测参数的变化速度相对较慢，因此一个数字控制器有能力在短时间内，处理多个被测参数；二是数字控制器在某一时刻，只能接收和处理一个被测参数。

多路开关的工作过程是在选路信号控制下，按一定的时间间隔，依次周期性地将输入信号输出。多路开关原理框图如图 1 - 13 所示。

选路控制信号的作用是使多路开关在指定的时刻，只让被指定的一个开关闭合，其他开关均断开，以保证在某一时刻只有一个输入信号被输出，以此循环往复。AI 信号经多路开关以后，变成了时间上离散的模拟量，其幅值仍是 AI 信号在采样时刻的模拟量值。

选路控制电路由地址寄存器、地址译码器和驱动器组成。其工作原理是根据测点的通道号，通过计算机产生选路地址；计算机对选路地址进行寄存、译码和功率放大后，驱动被译码选中的开关闭合；将相应的某个 AI 信号送往 A/D 转换器，而未被译码选中的其他开关被断开。

（3）采样/保持（sample and hold，S/H）器。采样器除在采样那一瞬间有输出外，其他时间输出都是零；保持器是在采样周期内将采样信号转换为连续信号，并足够精确地重现连续信号的电路或设备。最简单的保持器能使采样信号在两个连续采样瞬时之间，保持常量，这种保持器称为零阶保持器，它实际是一种低通滤波器。

在 AI 通道中，A/D 转换器将模拟量转换成数字量是需要一定时间的，完成一次 A/D 转换所需的时间，称为孔径时间。

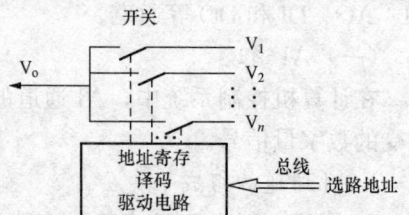

图 1 - 13　多路开关原理框图

采样/保持器包括采样和保持两种工作方式。在采样方式中，采样/保持器的输出跟随 AI 电压的变化而变化；在保持状态时，采样/保持器的输出值将保持在命令发出时刻的 AI 值，直到保持命令被撤销时为止，此时采样/保持器的输出重新跟踪输入，如图 1 - 14 所示。

（4）A/D 转换器。AI 通道的核心是 A/D 转换器。A/D 转换器是将模拟电压或电流转换成数字量的器件或装置，A/D 转换的常用方法有计数器式、逐次逼近式、双积分式和 V/F 变换式等。

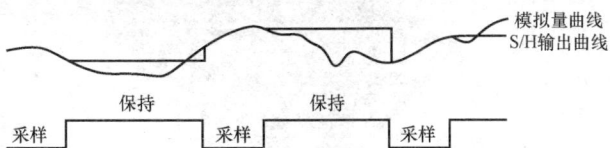

图 1 - 14　S/H 的工作原理图

在 A/D 转换方式中，计数器式 A/D 转换线路比较简单，但转换速度较慢，所以现在很少应用；双积分式 A/D 转换精确度高，多用于数据采集和精确度要求比较高的场合，但速度更慢；逐次逼近型 A/D 转换既照顾了转换速度，又具有一定的精确度，所以是目前应用最多的一种 A/D 转换器，还有一种能够实现远距离串行传输的 V/F 变换型 A/D 转换器。

这里仅介绍逐次逼近型 A/D 转换原理，它的工作原理如图 1 - 15 所示。

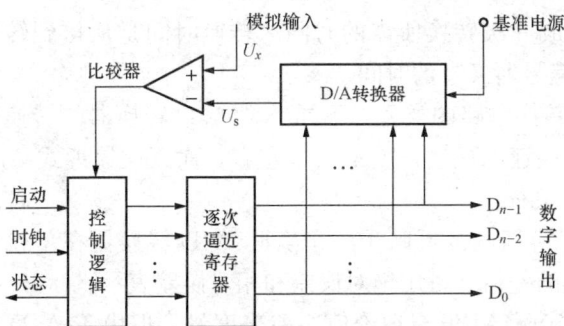

图 1 - 15　逐次逼近式 A/D 转换器原理框图

在逐次逼近型 A/D 转换器中，以 D/A 转换为主，加上比较器、逐次逼近寄存器、控制逻辑和时钟等，便构成完整的 A/D 转换电路。

逐次逼近型 A/D 转换器的转换过程如下：

开始转换之前，逐次逼近寄存器中各位均为零。启动转换之后，先使逐次逼近寄存器的最高位 D_{n-1} 置"1"，由 D/A 转换器将该数字量转换成模拟电压 U_s，此时的 U_s 应为满量程的 1/2。被转换模拟电压 U_x 与代表数字量的电压 U_s 由比较器进行比较。若 $U_x > U_s$，D_{n-1} 的"1"保留；若 $U_x < U_s$，则将 D_{n-1} 置"0"，接着再将逐次逼近寄存器的 D_{n-2} 置"1"，重复上述过程，直至最后确定出寄存器中的最低有效位 D_0。最终得到的数字输出（D_{n-1}，D_{n-2}，…，D_1，D_0）就是与模拟电压 U_x 相对应的数字量，即 A/D 转换器的输出。

随着大规模集成电路的发展，出现了多功能 A/D 转换芯片，AD363 就是一种典型芯片。其内部具有 16 路多路开关、数据放大器、采样/保持器和 12 位 A/D 转换器，AD363 本身就已构成一个完整的数据采集系统。

2. AI 通道产品

为了减小电路板面积和降低成本，实用的 AI 通道电路常将 8 路或 16 路信号通道组合在一块电路板上，增加一个 AI 通道，就相当于增加了 8 路或 16 路信号通道。研华 PCI-1713 的 32 路隔离 AI 卡和 ADAM-4018 的 8 路 AI 模件的外观如图 1 - 16 所示。

3. AI 通道的性能指标

（1）A/D 转换器的分辨率。分辨率是指 A/D 转换器对 AI 信号的分辨能力。从理论上讲，一个 n 位二进制输出的 A/D 转换器，应能区分 AI 信号电压的 2^n 个不同量化级，能分

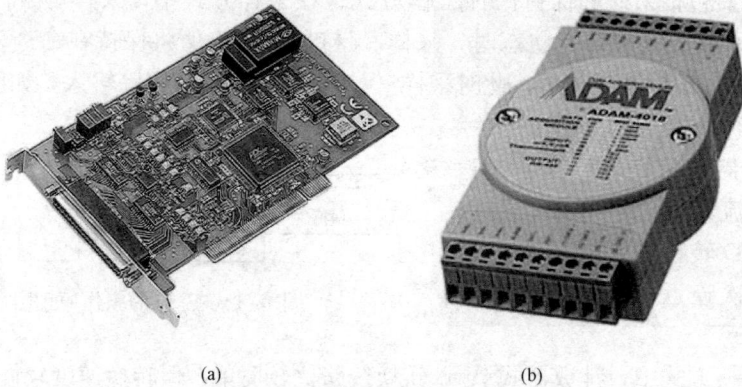

图 1-16　AI 通道产品的外观

(a) 32 路隔离 AI 卡的外观；(b) 8 路 AI 模件的外观

辨 AI 信号电压的最小差异为 $1/2^n$ FSR，这里的 FSR 表示满量程输入。如 A/D 转换器的输出为 12 位二进制数，最大输入模拟信号为 10V，则其分辨率为 2.44mV。

（2）A/D 转换速度。转换速度是指完成一次转换所需的时间。转换时间是从接到转换启动信号开始，到输出端获得稳定的数字信号所经过的时间。

A/D 转换器的转换速度，主要取决于转换电路的类型，不同类型 A/D 转换器的转换速度相差很大。如双积分型 A/D 转换器的转换速度最慢，需 400ms 左右，而逐次逼近式 A/D 转换器的转换速度较快，转换速度在 $30\mu s$ 左右。

（3）A/D 转换精确度。A/D 转换器转换精确度反映了一个实际 A/D 转换器在量化值上，与一个理想 A/D 转换器进行模数转换的差值，可用绝对误差和相对误差表示。

A/D 转换器的绝对误差，理论上应由实际 AI 值与理论值之差来度量。但由于 A/D 转换器是个相当复杂的大规模集成电路，包含着诸如零点误差、增益误差和非线性误差等多种误差，使实际的输入值往往偏离理想范围，这就是 A/D 转换器的绝对误差。

相对误差是指绝对误差与满刻度值之比，一般用百分数来表示。对 A/D 转换器也常用最低有效值的位数来表示

$$1\text{LSB} = \frac{\text{满刻度值}}{2^n}$$

例如对于一个 8 位 0～5V 的 A/D 转换器，如果其相对误差为 ±1LSB，则其绝对误差为 ±19.5mV，相对百分误差为 0.39%。通常位数越多，其相对误差或绝对误差就越小。

（4）系统通过率。系统通过率决定了系统的动态特性。系统的通过率，由模拟多路开关、输入放大器的稳定时间、采样保持电路的采集时间和 A/D 转换器的稳定时间确定。

（5）系统精确度。最常用的方法是计算系统中各环节误差的平方和根，用下式表示：

$$\varepsilon_{\text{RSS}} = \sqrt{\varepsilon_{\text{MUX}}^2 + \varepsilon_{\text{AMP}}^2 + \varepsilon_{\text{SH}}^2 + \varepsilon_{\text{AD}}^2}$$

式中：ε_{MUX}、ε_{AMP}、ε_{SH}、ε_{AD} 分别为多路开关误差、放大器误差、采样保持器误差和 A/D 转换器误差。

（6）隔离性能。隔离性能给出了通道的隔离能力，如隔离电压等。

（7）抗干扰能力。抗干扰能力是通道对干扰信号的抑制能力。

（8）环境要求。环境要求主要指通道在储存、运输和运行时，对所处环境的要求，如对

温度、湿度、粉尘、振动和电磁干扰强度等的要求。

AI 通道一般能接收 8 路或 16 路 AI 信号，主要信号类型有 0～10mA 和 4～20mA 等电流信号；0～5V DC、0～10V DC、−5～+5V DC、−10～+10V DC 等电压信号；K、J、T、B 和 S 分度等热电偶毫伏信号；Pt100 和 Cu50 等热电阻的电阻信号。

在工程应用中，可以选用能够接收多种类型信号的通用型 AI 通道，通用型所需通道种类少，便于系统维护和备品备件的选择，但单个通用型 AI 通道结构复杂和成本高；也可以选用仅接收某种类型信号的专用型 AI 通道，单个专用型通道成本低，但所需备品备件多，不利于系统维护。

（二）AO 通道

AO 通道是实现数字控制器的二进制信号输出的关键，它的任务是将数字控制器的二进制信号输出量，转换成模拟电压或电流信号，以便驱动相应的执行机构，达到控制的目的。

1. AO 通道的组成

AO 通道一般由接口电路、D/A 转换器和 V/I 变换等组成。一路 AO 通道的工作原理框图如图 1-17 所示。

数据锁存寄存器一方面将 CPU 来的需要转换的数字量保存起来，另一方面还起到总线缓冲作用。控制电路用来协调整个电路的动作，如数据锁

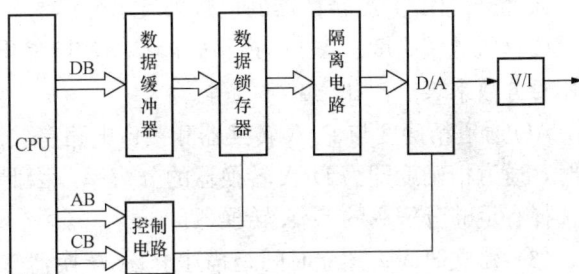

图 1-17　一路 AO 通道原理框图

存和启动 D/A 转换等。在有些 D/A 芯片中，已经集成了数据缓冲锁存器，这时上述电路中的数据缓冲锁存器就可以省略。

隔离电路是为了将计算机系统与现场实现电气隔离，避免现场干扰信号影响计算机系统的正常运行。在 AO 通道中，最简单和常用的隔离方法是采用光电耦合器。

D/A 转换器是 AO 通道的核心。尽管 D/A 转换器的品种繁多、性能各异，但其转换原理基本上是相同的。D/A 转换器由参考电源、数字开关控制、模拟转换、数字接口和放大器组成。D/A 转换器原理框图如图 1-18 所示。

在图 1-18 中，待转换的数字量经数字接口，控制各位相应的开关，接通或断开各自的解码电阻，从而改变标准电源经电阻解码网络所产生的总电流 $\sum I_i$。该电流经放大器放大后，输出与数字量相对应的模拟电压。

通常 D/A 转换器的输出为电流形式，但有些芯片内部设有放大器，可以直接输出电压信号，电压输出又有单极性输出和双极性输出两种形式。按输入数字量位数来分，D/A 转换器有 8 位、10 位、12 位和 16 位等。

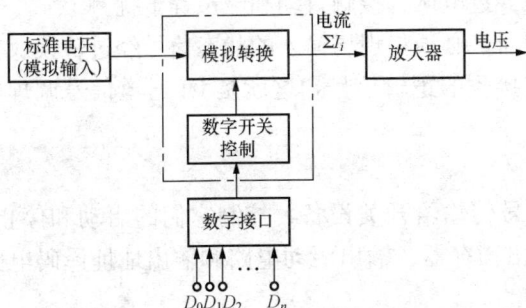

图 1-18　D/A 转换器原理框图

为适应各种场合的需要，现在又生产出各种用途的 D/A 转换器，如双 D/A（AD7528）转换器和串行 D/A（DAC80）转换器等。与 A/D 转换器一样，D/A 转换器通常也有单片型双列直插式封装芯片。

2. AO 通道产品

上面介绍了单个 AO 通道的组成原理，但对一个实际的应用系统来说，往往需要多个信号通道来完成对多个执行机构的控制任务。为了减小电路板面积、降低成本，常将多个信号通道集成在一块电路板上。AO 通道也有相应的产品，如研华 PCI-1723 的 8 路非隔离 AO 卡和 ADAM-4024 的 4 路 AO 模件。

3. AO 通道的性能指标

（1）转换器分辨率。D/A 转换器的分辨率定义：当输入数字量发生单位数码变化，即 LSB 产生一次变化时，相应 AO 信号的电压或电流变化量。对于线性 D/A 转换器来说，其分辨率 Δ 与输入数字量的位数 n 的关系为

$$\Delta = \frac{AO \text{ 满量程值}}{2^n}$$

通常也使用 D/A 转换器的位数来表示分辨率，如 8 位、10 位和 12 位等。

（2）通道精确度。AO 通道精确度是指实际输出模拟量与理论值之间的误差，精确度通常用百分数来表示，如 $\pm 0.05\%$ 等。

AO 通道精确度与 D/A 转换器和接口电路有关。当不考虑 D/A 转换误差及接口电路影响时，通道精确度即为 D/A 转换器的分辨率，因此要获得高精确度的转换结果，首先要保证选择有足够分辨率的 D/A 转换器。

（3）建立时间。建立时间是描述 D/A 转换器转换速率快慢的指标，即输入数字量变化后，输出模拟量稳定到相应数值范围内所经历的时间。对于 AO 通道，其建立时间除 D/A 转换器建立时间外，还要包括外电路器件的建立时间。

（4）输出类型。AO 通道一般有几种输出形式，如单极性电压输出、双极性电压输出和电流输出等，使用时可根据需要进行选择。

（5）隔离电压。隔离电压是指通道隔离电路所能承受的最大电压。

（6）温度特性。温度特性包括通道正常工作的温度范围和温度漂移等。

（三）DI 通道和 DO 通道

1. DI 通道

DI 通道的任务是把被控对象的开关信号，传输给数字控制器进行处理。DI 通道主要由输入缓冲器、输入调理电路和输入地址译码电路等组成，如图 1 - 19 所示。

DI 通道的基本功能就是接受外部生产过程的开关量状态信号。这些状态信号是以逻辑 "0"，或逻辑 "1" 形式出现，其信号的性质可能是电压、电流或开关的触点。在有些情况下，外部输入的信号可能会引起瞬时的高电压、过电压、接触抖动和噪声等干扰。

为了将外部的开关量信号输入到数字控制器，必须将现场输入的状态信号经过转换、保护、滤波和隔离等措施，转换成数字控制器能接收的逻辑信号，这就是 DI 通道信号调理电路的作用。

2. DO 通道

DO 通道的任务是将数字控制器的处理信号传输给开关设备，控制它们的启动和停止，满足生产过程控制的需要。DO 通道主要由输出锁存器、输出驱动电路和输出地址译码电路等组成，如图 1 - 20 所示。

与 AI 通道或 AO 通道一样，也可以将多个 DI 通道或 DO 通道，集成在一块电路板上。

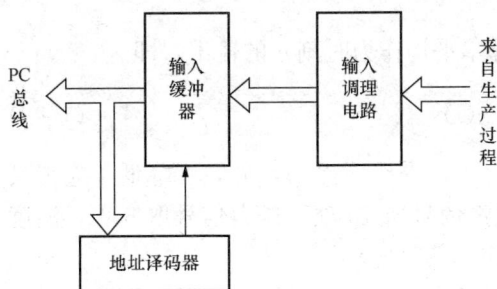

图 1-19　DI 通道的工作原理框图　　　　　　图 1-20　DO 通道的工作原理框图

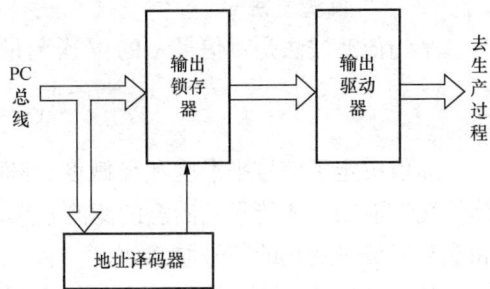

应该指出：AI 通道有共享采样/保持和 A/D、共享 A/D 结构、并行转换和共享放大器等多种结构形式；多通道 AO 电路板主要有多 D/A 转换器和单 D/A 转换器等形式。不同的结构形式通道的价格和性能等存在一定的差异。

第三节　输入数据处理

在输入通道采集到的各种输入信号中，可能混杂了干扰噪声，也可能输入信号与实际物理量成非线性关系等，为了使数字控制器能得到真实有效的数据，有必要对采集到的原始数据，进行数字滤波、线性化、标度变换和越限报警等处理。

一、数字滤波

来自传感器或变送器的有用信号中，往往混杂了各种频率的干扰信号。在硬件滤波电路中，为了抑制这些干扰信号，通常在信号入口处用 RC 滤波器。RC 滤波器能抑制高频干扰信号，但对低频干扰信号的滤波效果却不理想。

所谓数字滤波，就是在计算机中用某种计算方法对输入的信号进行数学处理，以便减少干扰在有用信号中的比重，提高信号的真实性。这种滤波方法不需要增加硬设备，只需根据预定的滤波算法，编制相应的程序，即可达到信号滤波的目的。

数字滤波可以对各种干扰信号，甚至极低频率的信号进行滤波，这一点是完全由硬件构成的滤波器难以实现的。如火电厂生产过程中汽包水位和炉膛负压等，随机干扰的噪声频率是很低的，如果采用 RC 滤波器，即使时间常数很小，也不能将它们全部消除，但使用数字滤波，则效果显著。

与模拟滤波器相比，数字滤波有以下优点：

（1）数字滤波是用程序实现的，无需增加硬件设备，而且滤波器（滤波程序）可以多通道共享，降低了开发成本；

（2）数字滤波可以对低频信号实现滤波，克服了模拟滤波器的缺陷；

（3）数字滤波可以根据信号的不同，采取不同的滤波方法或滤波参数，使用方便灵活；

（4）数字滤波由于不用硬件设备，各回路间不存在阻抗匹配等问题，因此可靠性高和稳定性好。

由于数字滤波器具有以上优点，所以在计算机控制系统中得到了广泛的应用。常用的数字滤波方法有平均值滤波法、中位值滤波法和限幅滤波法等几种。如何正确选择滤波算法应根据具体情况，具体分析，经试验后确定。

1. 平均值滤波法

平均值滤波法是对信号 y 的 m 次测量值进行算术平均作为时刻 n 的输出，即

$$\bar{y}(n) = \frac{1}{m}\sum_{i=1}^{m} y(i) \tag{1-5}$$

m 值决定了信号平滑度和灵敏度。随着 m 的增大，平滑度提高，灵敏度降低。应视具体情况选取 m，才能得到满意的滤波效果。通常流量信号取 10 项，压力信号取 5 项，温度和成分等缓慢变化的信号取 2 项。

从式（1-5）可以看出，平均值滤波法对每次采样值给出相同的加权系数，即 $1/m$。有时需要增加新采样值在平均值中的比重，可采用加权平均值滤波法，滤波公式为

$$\bar{y} = k_0 y_0 + k_1 y_1 + \cdots + k_m y_m$$

式中：k_0，k_1，$\cdots$，k_m 为加权系数，且满足下式：

$$k_0 + k_1 + \cdots + k_m = 1 \quad (k_i > 0)$$

应视具体情况选取加权系数，并通过实际调试来确定。

平均值滤波法一般适用于具有周期性干扰噪声的信号，对偶然出现的脉冲干扰信号，滤波效果并不理想。

2. 中位值滤波法

中位值滤波是对被测参数连续采样 m 次（$m \geqslant 3$），并把它们按从大到小或从小到大进行排序，执行程序选择其中数值大小居中的值，作为本次有效采样值。如 $m=3$，其算法算式为：如果 $x_1 < x_2 < x_3$，则选 x_2 为有效采样值。这里的 x_1、x_2 和 x_3 只是表示三次采样值，而与采样顺序无关。

中位值滤波法可以滤去引起采样值波动的随机脉冲干扰，特别适用于变化缓慢的过程参数的采集，一般不用于参数变化较快的过程参数的采集。

3. 限幅滤波法

由于大的随机干扰或采样器的不稳定，使得采样数据偏离实际值太远，此时可采用限幅滤波法。

设 x_{n-1} 和 x_n 是分别是上次和本次的采样值，Δx_{max} 是实际增量（$\Delta x = x_n - x_{n-1}$）的最大值，则可得限幅滤波的算法算式：

$$y_m = \begin{cases} x_n & \text{当} \mid x_n - x_{n-1} \mid \leqslant \Delta x_{max} \\ x_{n-1} & \text{当} \mid x_n - x_{n-1} \mid > \Delta x_{max} \end{cases}$$

上式中，Δx_{max} 值的选取，应该取决于采样周期内被测参数 y 应有的正常变化率。因此一定要按照实际情况来确定 Δx_{max}，否则非但达不到滤波效果，反而会降低控制品质。

限幅滤波法主要用于变化比较缓慢的参数，如温度和成分等测量。

为了进一步提高滤波效果，有时可以将不同滤波功能的数字滤波器组合起来，组成复合数字滤波器，或称多级数字滤波器。

必须指出：在计算机控制系统中，数字滤波并不是非得要采用，因为不适当地应用数字滤波，可能会降低控制效果，如可能将待控制的偏差值滤掉，甚至失控。

二、线性化

将物理量转换为电信号的传感器，大多具有非线性特征，不便于计算和处理，有的甚至很难找出明显的数学表达式。如在温度测量系统中，热电偶的热电势与温度的关系都为非线

性关系；在流量测量中，孔板差压与流量的关系也是非线性关系。在计算机控制系统中，可以用软件的方法对非线性问题进行线性化处理，这样不仅能节省大量硬件开支，而且精确度也大为提高，下面进行说明。

尽管不同型号的热电偶的非线性程度不同，但是都可用如下多项式表示：

$$T = a_n E^n + \cdots + a_2 E^2 + a_1 E + a_0 \tag{1-6}$$

在实际工程应用时，式（1-6）所取的项数和系数取决于热电偶类型和测量范围，一般 $n \leqslant 4$。如果 a_n、$\cdots$、a_1、a_0 在规定的温度范围内为常数，则 T 与 E 的关系为

$$T = a_4 E^4 + a_3 E^3 + a_2 E^2 + a_1 E + a_0 \tag{1-7}$$

对式（1-7）作如下变换：

$$T = \{[(a_4 E + a_3)E + a_2]E + a_1\}E + a_0 \tag{1-8}$$

在编程时，利用式（1-8）由里向外逐次进行简单运算，较式（1-6）省去了四次方、三次方和平方等运算，简化计算过程，这样就把一个高阶非线性方程运算简化了，计算机能瞬间地计算出应有的结果。

三、标度变换

各个被测参数都有着不同的量纲。在计算机控制系统中，所有被测参数都经过传感器或变送器转换成标准的电信号，再经相应的信号调理电路，进一步转换成 A/D 转换器所能接收的统一电压信号，又由 A/D 转换器等将其转换成相应的数字量，才能送到数字控制器进行处理。由于 A/D 转换后的这些数字量，并不一定等于原来带量纲的参数值，它仅与被测参数的幅值有一定的函数关系，因此必须将这些数字量转换为带有量纲的数据，以便显示、记录、打印和报警。

将 A/D 转换后的数字量转换成与实际被测量相同量纲的过程，称为标度变换，也称为工程量转换。如热电偶测温，要求显示被测温度值。其电压输出与温度之间的关系表示为 $u_1 = f(T)$，温度与电压值存在一一对应的关系；经过放大倍数为 k_1 的线性放大处理后，$u_2 = k_1 u_1 = k_1 f(T)$，再经过 A/D 转换后输出为数字量 D_1，数字量 D_1 与模拟量成正比，其系数为 k_2，则 $D_1 = u_2 = k_1 k_2 f(T)$。D_1 就是计算机接收到的数据，该数据只是与被测温度有一定函数关系的数字量，并不是被测温度，所以不能显示该数值。要显示真实的被测温度值，需要计算机控制系统对其进行标度变换，即需推导出 T 与 D_1 的关系，再经过计算得到实际温度值。热电偶测温系统中的标度变换如图 1-21 所示。

标度变换有各种不同类型，它主要取决于被测参数测量传感器的类型，设计时应根据实际情况选择适当的标度变换方法。

图 1-21　热电偶测温系统中的标度变换

1. 线性参数标度变换

线性参数标度变换是最常用的标度变换，其前提条件是被测参数值与 A/D 转换结果为线性关系。设 A/D 转换结果 N 与被测参数 A 之间的关系如图 1-22 所示。

线性标度变换的公式如下：

$$A_x = (A_m - A_0)\frac{N_x - N_0}{N_m - N_0} + A_0 \tag{1-9}$$

式（1-9）中，A_x 表示标度变换后所得到的被测工程量的实际值；A_m 和 A_0 分别表示

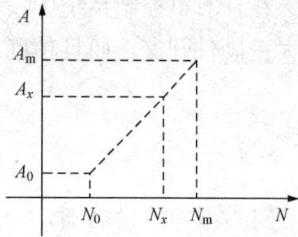

图 1-22　线性关系图

被测工程量的量程上限和下限；N_x、N_m 和 N_0 分别为经 A/D 转换后对应于 A_x、A_m 和 A_0 的数字量。

式（1-9）为线性标度变换的通用公式，其中，N_m、N_0、A_m 和 A_0 对于某一固定的被测参数来说都是常数，不同的参数有着不同的值。为了使程序设计简单，一般把 A_0 所对应的 A/D 转换值置为 0，即 $N_0 = 0$。这样式（1-9）可写成：

$$A_x = (A_m - A_0)\frac{N_x}{N_m} + A_0 \tag{1-10}$$

在很多测量系统中，仪表下限值 $A_0 = 0$，此时，对应的 $N_0 = 0$，式（1-10）可进一步简化为

$$A_x = A_m\frac{N_x}{N_m} \tag{1-11}$$

式（1-9）～式（1-11）是在不同情况下的线性刻度仪表测量参数的标度变换公式。

【例 1-1】　某温度测量系统量程是线性的，测温范围是 $100 \sim 1000℃$，采用 10 位 A/D 转换，某次经线性化处理后，A/D 转换后的数字量是 500，求此时的温度值。

根据式（1-9）有

$$A_x = (A_m - A_0)\frac{N_x - N_0}{N_m - N_0} + A_0 = \frac{(1000 - 100)}{1023 - 0}(500 - 0) + 100 \approx 438.91（℃）$$

2. 非线性参数标度变换

在不具有线性关系的测量系统中，线性变换关系表达式不再适用，需要重新建立标度变换公式。由于非线性参数变化规律各不相同，因此其标度变换公式也需根据实际的具体情况建立。在非线性变换中，函数变换和多项式变换应用较多。

（1）公式变换法。有些传感器测出的数据与实际的参数值不是线性关系，它们之间存在着由传感器和测量方法决定的函数关系，并且这些函数关系可以用解析式来表示。这时可以直接按解析式进行变换。

（2）其他标度变换法。在许多非线性传感器无法用一个简单的公式表示的情况下，可以采用多项式插值法，也可以用线性插值法或查表法进行标度变换。

四、越限报警

越限报警是一种常见而实用的数据处理方式。它将采样数据经处理加工后，与规定的工艺参数范围的极限数据比较，如果越限，就通过声光报警和报警画面显示等形式，通知操作人员采取相应措施，确保生产安全。根据生产工艺的要求，通常越限报警处理可以分为上限报警、下限报警和上/下限报警等。有些报警系统还带有打印输出，记录下报警的参数、报警时间、事故地点和其他情况，以便分析事故原因。

第四节　数字 PID 控制算法

PID 控制器主要由比例（proportional）、积分（integral）、微分（differential）作用组成，在过程控制中，它实现对偏差的 PID 运算。PID 控制器以其结构简单、易于实现和抗干扰能力强等特点，在回路控制中获得广泛应用。尽管在采用了计算机控制之后，许多过去难以实现的非线性、多变量、自适应和最优化控制算法的研究等都获得了成功，但是在实际火

电厂的计算机控制系统中，最基本、最方便和最常用的控制算法，仍然是数字 PID 控制算法及其改进算法。

一、基本 PID 控制算法

PID 控制系统框图如图 1-23（a）所示。基本 PID 控制器组成框图，如图 1-23（b）所示。其中 K_p 为比例增益，T_i 为积分时间，T_d 为微分时间，u 为控制量，e 为被调量 y 与给定值 r 的偏差。

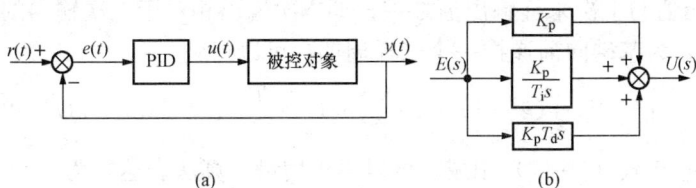

图 1-23　PID 控制系统结构框图

（a）系统结构；（b）基本 PID 框图

PID 控制算式为

$$u(t) = K_p\Big(e(t) + \frac{1}{T_i}\int e(t)\mathrm{d}t + T_d\frac{\mathrm{d}e(t)}{\mathrm{d}t}\Big) \tag{1-12}$$

PID 算式的传递函数为

$$\frac{U(s)}{E(s)} = K_p\Big(1 + \frac{1}{T_i s} + T_d s\Big) \tag{1-13}$$

PID 控制器的比例作用，可对给定与输出之间的偏差及时作出反应；积分作用，主要用来消除静差，提高控制精确度，改善系统的静态特性；微分作用，可以减小超调，使系统快速趋向稳定，改善系统的动态特性。PID 控制器参数（K_p、T_i、T_d）应根据控制对象特性来确定，称之为参数整定。通过参数整定，使三种作用适当配合，达到快速、平稳和准确的控制效果。

1. 位置式算法

由于计算机控制是一种采样控制，它只能根据采样时刻的偏差来计算控制量。因此在计算机控制系统中，必须首先对式（1-12）进行离散化处理，用数字形式的差分方程代替连续系统的微分方程，此时积分项和微分项可用求和及增量式表示：

$$\int e(t)\mathrm{d}t \approx \sum_{j=0}^{k} Te(j) \tag{1-14}$$

$$\frac{\mathrm{d}e(t)}{\mathrm{d}t} \approx \frac{e(k) - e(k-1)}{T} \tag{1-15}$$

其中 T 为采样周期；k 为采样序号，$k = 0, 1, \cdots, n$；$e(k-1)$ 和 $e(k)$ 分别为第 $k-1$ 次和第 k 次采样所获得的偏差信号。

将式（1-14）和式（1-15）代入式（1-12），可得

$$u(k) = K_p\Big\{e(k) + \frac{T}{T_i}\sum_{j=0}^{k} e(j) + \frac{T_d}{T}[e(k) - e(k-1)]\Big\} \tag{1-16}$$

其中 $u(k)$ 为第 k 时刻的控制量。

式（1-16）即为 PID 的差分方程式。当采样周期 T 比对象时间常数 T_p 小得多时，差

分方程与微分方程将非常接近，此时的离散控制效果也接近连续控制。由于将微分方程转换为差分方程的方法不是唯一的，因此对同一 PID 算式，可能会有多种不同的离散化描述。

式（1-16）是理想的数字 PID 控制算式，由于根据该式计算得出的控制输出，与执行机构的开度一一对应，因此也称其为位置式的 PID 算法。

2. 增量式算法

基本 PID 控制的另一种算法为增量式算法。增量式算法计算的不是输出量的绝对数值，而是这次采样输出值与上次采样输出值之差，即本次输出相对于上次输出的增量。

以式（1-16）为基础向前递推一个采样周期，可以得到

$$u(k-1) = K_p \left\{ e(k-1) + \frac{T}{T_i} \sum_{j=0}^{k-1} e(j) + \frac{T_d}{T} [e(k-1) - e(k-2)] \right\} \quad (1-17)$$

将式（1-16）与式（1-17）相减，可以得出增量式算法表达式为

$$\Delta u(k) = u(k) - u(k-1)$$
$$= K_p [e(k) - e(k-1)] + K_i e(k) + K_d [e(k) - 2e(k-1) + e(k-2)]$$
$$(1-18)$$

式中，$K_i = K_p \dfrac{T}{T_i}$ 称为积分系数；$K_d = K_p \dfrac{T_d}{T}$ 称为微分系数。

由于式（1-18）中的 $\Delta u(k)$ 对应于第 k 时刻阀位的增量，故称此式为增量式 PID 算法。这时第 k 时刻的实际控制量可写为

$$u(k) = u(k-1) + \Delta u(k)$$

增量式算法与位置式算法无本质的区别。增量式算法虽然改动不大，却带来了很多优点。

（1）增量式算法不需要做累加，增量的确定仅与最近几次偏差采样值有关，计算误差或计算精确度对控制量的计算影响较小。而位置式算法要用到过去的偏差的累加值，容易产生大的累计误差。

（2）增量式算法得出的是控制量的增量，如阀门控制中，只输出阀门开度的变化部分，误动作影响小，必要时通过逻辑判断限制或禁止本次输出，不会严重影响系统的工作。而位置式算法的输出是控制量的全量输出，误动作影响大。

（3）采用增量式算法，易于实现手/自动的无冲击切换。在手/自动切换时，增量式算法不需要知道切换时刻前的执行机构位置，只要输出控制增量，就可以做到无扰切换。而位置式算法要实现无扰手/自动切换，必须知道切换时刻前的执行机构的位置，这无疑增加了设计的复杂性。

增量式算法因其特有的优点，已得到了广泛的应用。但这种控制方法也存在不足之处。如增量算法中，由于执行元件本身是机械或物理的积分储存单元，如果给定值发生突变时，由算法的比例部分和微分部分，计算出的控制增量可能比较大；如果该值超过了执行元件所允许的最大限度，那么实际上执行的控制增量是受到限制时的值，多余的部分将丢失，将使系统的动态过程变长，因此需要采取一定的措施改善这种情况。

在实际应用中，应根据执行机构形式，合理选择使用位置式 PID 算式或增量式 PID 算式。通常在以晶闸管或伺服电机作为执行器件，或对控制精确度要求较高的系统中，应当采用位置型算法；而在以步进电机或多圈电位器做执行器件的系统中，则应采用增量式算法。

二、数字 PID 控制算法的改进

在计算机控制系统中，PID 控制规律是用计算机程序来实现的，因此它的灵活性很大。一些原来在模拟 PID 控制器中无法实现的问题，在引入数字控制器以后，有可能方便地得到解决，因此产生了一系列的数字 PID 控制的应用，以满足不同控制系统的需要。下面介绍几种常用的改进算法。

1. 实际微分 PID 算法

在模拟控制仪表中，PID 运算是靠硬件实现的，由于反馈电路本身特性的限制，无法实现理想的微分，其特性是实际微分的 PID 控制。在计算机控制系统中，虽然能实现理想微分，如式（1-16）和式（1-18）所示，但理想微分 PID 控制的实际控制效果并不理想。一方面由于理想微分作用持续时间很短，动作幅度很大，执行机构不可能按控制器输出动作；另一方面理想微分对过程噪声有放大作用，致使执行机构动作频繁，不利于设备的长期运行。因此在计算机控制系统中，也常使用实际微分 PID 算法。

该算式的传递函数为

$$\frac{U(s)}{E(s)} = K_p \left(1 + \frac{1}{T_i s} + \frac{T_d s}{1 + \frac{T_d}{K_d} s} \right) \tag{1-19}$$

其中 K_d 为微分增益。

为了便于编写程序，也可将式（1-19）用框图表示，如图 1-24 所示。

首先分别求出比例项、积分项和微分项的差分方程，然后将它们相加求出总输出 $\Delta u_p(k)$、$\Delta u_i(k)$、$\Delta u_d(k)$。由此得到增量式实际微分算法如下：

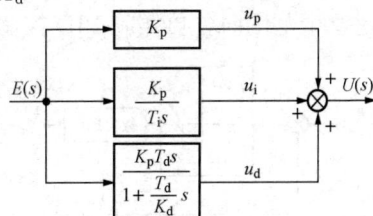

图 1-24　实际微分 PID 算法框图

$$\Delta u_p(k) = K_p[e(k) - e(k-1)]$$

$$\Delta u_i(k) = \frac{K_p T}{T_i} e(k)$$

$$u_d(k) = \frac{T_d}{K_d T + T_d} \left\{ u_d(k-1) + K_p K_d[e(k) - e(k-1)] \right\}$$

$$\Delta u_d(k) = u_d(k) - u_d(k-1)$$

$$\Delta u(k) = \Delta u_p(k) + \Delta u_i(k) + \Delta u_d(k)$$

实际微分 PID 算法的位置式描述为

$$u(k) = u(k-1) + \Delta u(k)$$

实际微分 PID 控制算法的优点是微分作用能维持多个采样周期，这样就能更好地适应一般工业执行机构（如气动调节阀和电动调节阀）动作速度的要求，取得较好的控制效果。

理想微分 PID 算法与实际微分 PID 算法的阶跃响应如图 1-25 所示。

比较这两种 PID 数字控制器的阶跃响应，可以得知：

（1）理想微分 PID 算法的控制品质较差，其原因是微分作用仅局限于第一个采样周期的大幅度输出。一般的工业执行机构，无法在较短的采样周期内跟踪较大的微分输出。

（2）实际微分 PID 算法的控制品质较好，其原因是微分作用能缓慢地持续多个采样周期，使得执行机构能较好地跟踪控制输出。

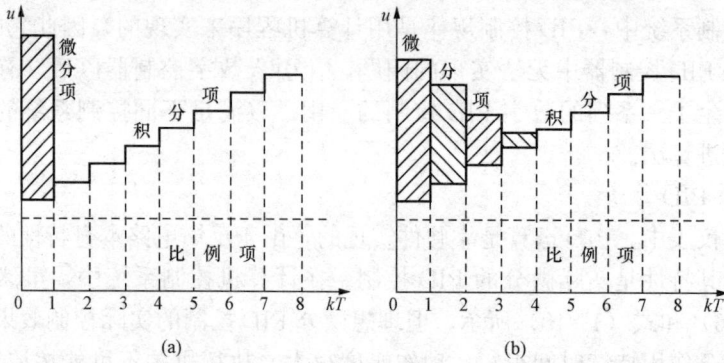

图 1-25　理想微分 PID 与实际微分 PID 阶跃响应比较

(a) 理想微分 PID 算法阶跃响应；(b) 实际微分 PID 算法阶跃响应

2. 带死区的数字 PID 算法

在许多实际控制过程中，如容器的液位控制中，往往希望在被调量偏离给定值不太大时，不要产生控制作用，以避免调节阀频繁动作及因此而引起的系统振荡，而只有当偏差值超过某个范围时，再实施 PID 控制作用，这时可采用带死区的 PID 算法。该算法的控制框图如图 1-26 所示。

死区的函数表达式可表示为

$$P(k) = \begin{cases} e(k) & e(k) \geqslant |B| \\ 0 & e(k) < |B| \end{cases}$$

式中，B 为死区宽度，其数值可以根据被控对象的特性由试验确定。

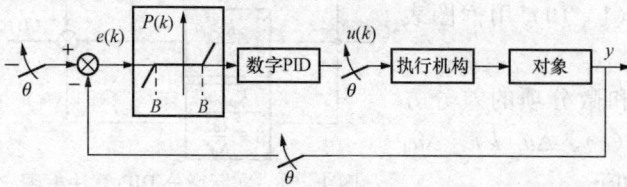

图 1-26　带死区的 PID 算法控制框图

3. 积分分离 PID 算式

标准 PID 算式中，当有较大的扰动或大幅度改变定值时，由于短时间内出现的大偏差，加上系统本身的惯性和滞后，在积分的作用下，将引起系统过量的超调和长时间的波动。特别对于温度和成分等变化缓慢的过程，这一现象更为严重，如图 1-27 所示。

曲线 a 是一条典型的响应曲线，曲线 b 和 c 分别为 PI 时的比例项输出 u_p 和积分项输出 u_i。显然，比例作用 u_p 和偏差是同步的，而积分作用 u_i 却落后 1/4 周期。如在 d 点以后，被调量已经回升，积分作用 u_i 仍维持原来的方向，继续加强控制作用，这种动作方向虽然对消除余差有益，但相位滞后是加剧振荡的根源。

为此可通过积分分离措施来改变这一情况。当偏差 $|e(k)|$ 较大时，取消积分作用；当偏差 $|e(k)|$ 较小时，投入积分作用。即

当 $|e(k)| > \beta$ 时，用 PD 控制；

当 $|e(k)| < \beta$ 时，用 PID 控制。

积分分离值 β 应根据具体对象及要求确定。若 β 值过大，达不到积分分离的目的；若 β 值过小，一旦被调量 y 脱离积分分离区，只进行 PD 控制，将会出现残差。标准 PID 与具有积分分离 PID 算式的控制效果比较如图 1-28 所示。

曲线 a 为一般 PID 控制曲线，曲线 b 为采用积分分离 PID 后的控制曲线，比较曲线 a

和 b 可知，使用积分分离 PID 后，显著降低了被调量的超调量和过渡过程时间，系统调节性能有了很大的改善。

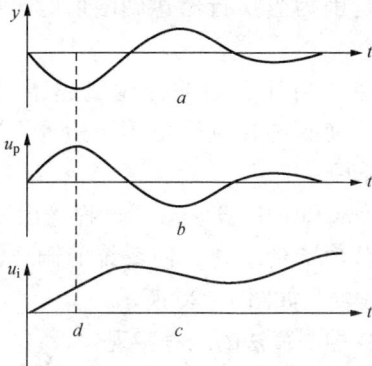

图 1-27　PI 控制过程示例

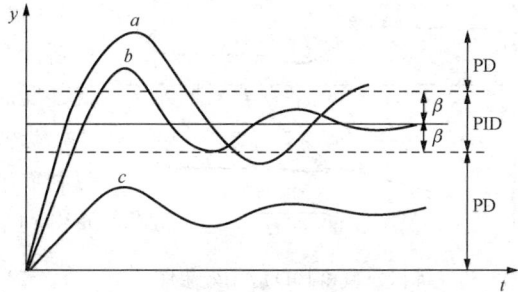

图 1-28　标准 PID 与积分分离 PID 控制效果比较
a—标准 PID；b—积分分离 PID，β 合适；
c—积分分离 PID，β 太大

4. 抗积分饱和

在控制系统运行过程中，不可避免地会使控制输出达到执行器限幅值。这时的执行器位置将保持在极限位置，而与过程变量无关，相当于控制系统处于开环状态。如果控制器具有积分作用，输入偏差的存在将导致持续积分，积分项可能会变得很大。当偏差反向时，需要很长的时间来使积分项返回正常值。这一现象称为积分饱和，积分饱和现象使控制系统的动态品质变差。积分饱和示意图如图 1-29 所示。

$t=0$ 时，给定值大幅变化，由于给定值 r 与系统输出 y 的偏差为正，PI 控制器输出 u 增加并很快达到饱和位置。但由于偏差并没有消除，故积分项 I 继续增加，当 $t=10$ 时偏差为零，积分项达到其最大值。积分项使控制器输出继续处于饱和状态，直到经过较长时间的反向积分后，积分项才达到一个较小值，经过几次振荡后，最后稳定在某一位置，过程输出也接近给定值。

积分饱和的产生，可能是由大的给定值变化、大的扰动、设备故障或串级系统中副调节器切手动引起的。如果不采取措施，只要偏差存在，积分项就将继续增加，其结果会导致反向积分时间过长，控制品质下降。

抗积分饱和算法是在出现积分饱和时，通过停止积分作用或倒推计算输入偏差的方法来抑制积分饱和。

常见的抗积分饱和措施有以下几种：

（1）给定值变化限制。限制给定值变化的方法，可以使控制输出不会达到执行器上下限，从而避免积分饱和现象。但这种方法不能克服干扰的影响。

（2）停止积分算法。该算法是当执行器达到上下限时，停止对某一方向偏差的

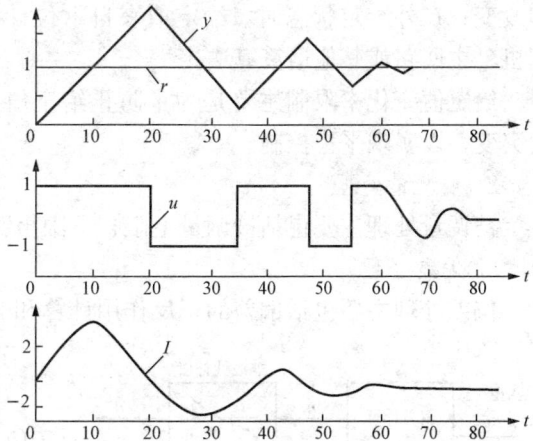

图 1-29　积分饱和示意图

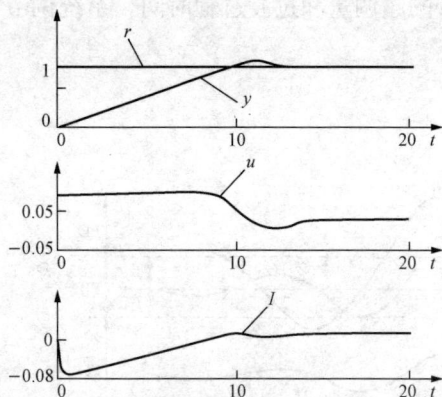

图 1-30 抗积分饱和 PID 应用效果图

继续积分。

（3）增量式算法。增量式算法本身具有抗积分饱和功能，这是因为当执行器达到限值时，积分作用将自动停止。

（4）反向计算。当计算出的控制量越限时，重新计算积分项，使新的控制输出等于边界，这就是反向计算的原理。

当使用抗积分饱和 PID 算法后，过程输出 y、控制输出 u 和积分项 I 的变化，使系统的调节品质得到了明显的改善，如图 1-30 所示。

三、数字 PID 控制算法的工程实现

一个模拟调节器只能控制一个回路，而一段 PID 控制算法却可以被多次重复使用。一个实用的 PID 控制算法一般由给定值处理、被调量处理、偏差处理、PID 运算、控制量处理和手/自动无扰切换等几部分组成，如图 1-31 所示。

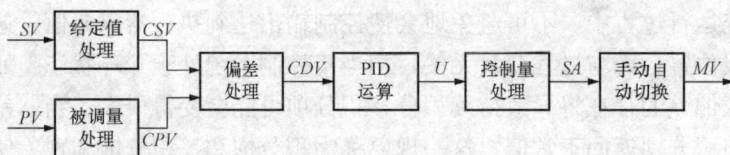

图 1-31 PID 算法组成

1. 给定值处理

给定值处理包括选择给定值（SV）和给定值变化率限制（SR）两部分，如图 1-32 所示。

切换信号（CL/CR）既可以来自操作面板，也可以由外部逻辑信号控制。它可以将控制系统设置成内给定状态（CL）或外给定状态（CR）。在内给定状态时，给定值由操作员给定和改变；在外给定状态时，给定值来自上位计算机、主回路或其他运算算法。

给定值变化率限制主要是为了防止给定值的突变，以实现平稳控制。

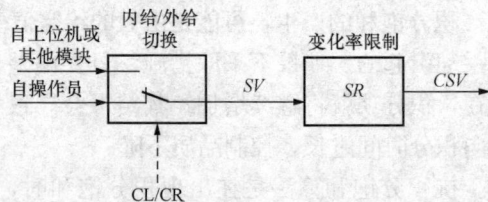

图 1-32 给定值处理

2. 被调量处理

被调量处理主要包括被调量上限、下限报警和被调量变化率限制等。

3. 偏差处理

偏差处理主要包括偏差的正反作用计算和非线性补偿等，如图 1-33 所示。

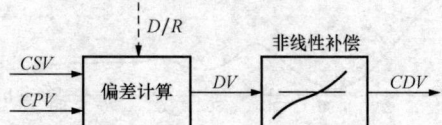

图 1-33 偏差处理

正反作用计算是根据逻辑信号 D/R 来进行的。当 $D/R=0$ 时，称为正作用，此时 $DV=CSV-CPV$，被调量增加时控制输出将减少；

当 $D/R=1$ 时，称为反作用，此时 $DV=CPV-$

CSV，被调量增加时控制输出将增加。

非线性补偿环节用来实现非线性 PID 控制。对于控制精确度要求不高的场合，使用带有死区的 PID 控制器可以避免系统在给定值附近的频繁波动。

4. PID 计算

这一部分根据偏差信号 CDV 及所选用的 PID 算法产生控制输出。

5. 控制量处理

控制量处理主要包括输出补偿、输出报警、输出限幅、输出保持和输出闭锁等功能，如图 1-34 所示。

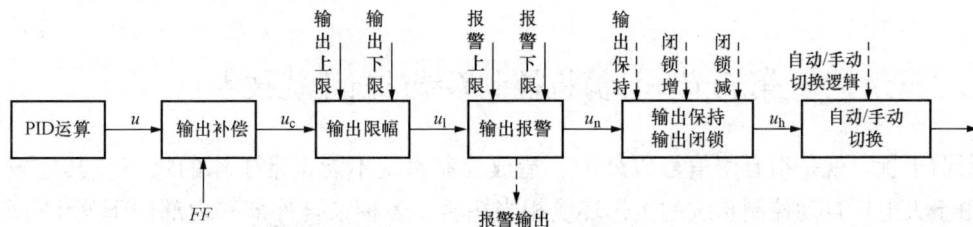

图 1-34　控制量处理

（1）输出补偿。输出补偿环节在 PID 运算输出 u 上叠加一补偿信号 FF，即 $u_c = u + FF$。前馈控制系统中的前馈信号就是从补偿环节引入的。

（2）输出限幅。当 $u_c > u_{max}$ 时，$u_1 = u_{max}$；当 $u_c < u_{min}$ 时，$u_1 = u_{min}$。

（3）输出报警。当 $u_1 > u_{high}$ 时，产生输出高报警；当 $u_1 < u_{low}$ 时，产生输出低报警。

（4）输出保持和闭锁。输出保持和输出闭锁环节限制输出在某方向上的变化，以达到安全控制的目的。

当逻辑信号 Hold=1 时，$u_h(k) = u_h(k-1)$，输出保持不变；

当逻辑信号 Block Inc=1 时，u_h 不能增加，但可以减少；

当逻辑信号 Block Dec=1 时，u_h 不能减少，但可以增加。

6. 手/自动的无扰切换

控制系统可以处于自动或手动两种状态之一。手/自动状态的切换可以由操作员通过操作器进行，也可由外部逻辑信号进行。

实现手/自动切换需要控制器与操作器相互配合。在自动状态下，控制输出即为 PID 的计算输出，操作器上的自动指示灯亮，操作器输出操作键不起作用；在手动状态下，控制输出随操作器手动操作变化，操作器上的手动指示灯亮。手/自动切换应是无平衡、无扰动的。对于使用增量式 PID 算法的控制器来说，手/自动无扰切换的实现如图 1-35 所示。

积分器输入端的切换开关处于自动或手动两种状态之一，且二者均为增量，因此相互切换时不会引起扰动。对于位置式 PID 算法，一种实现手/自动无扰切换的方法如图 1-36 所示。

这里采用了跟踪技术，当控制器工作在手动方式时，PID 运算输出 v 跟踪控制器输出 u；当控制器工作在自动方式时，手动输出 w 跟踪控制器输出 u。

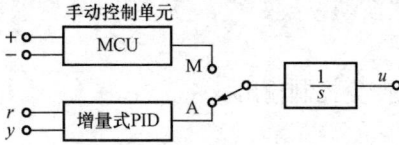

图 1-35　增量式 PID 算法的无扰切换　　　　图 1-36　PID 控制器的手/自动无扰切换

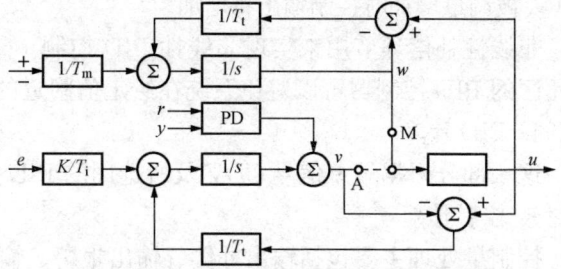

第五节　计算机控制系统的抗干扰技术

所谓干扰，就是指有用信号以外的、造成控制系统不能正常工作的噪声或其他破坏因素。由于火电厂自动控制系统的工作环境相当恶劣，各种来自外部和内部的干扰十分频繁，如果不加以消除或抑制，将影响整个计算机控制系统的稳定性和可靠性，系统调试难度也会增加。

一、干扰的来源和传播途径

干扰是客观存在的，为消除干扰就必须研究干扰的来源、传播途径和作用方式，从而得到消除或抑制干扰的各种方法和措施。

（一）干扰的来源

干扰的来源是多方面的。对于控制系统来说，干扰既可能来自外部，也可能来自系统内部。

内部干扰与系统结构和制造工艺等有关；外部干扰与系统结构无关，由系统所处的环境因素决定。内部干扰，主要是由分布电容和分布电感等分布参数所引起的耦合感应，如电磁场辐射感应、长线传输的波反射、元器件的噪声、多点接地的电位差和寄生振荡等干扰；外部干扰，主要是空间电磁场的影响，包括输电磁场、无线电波、雷电、火花放电、弧光放电和辉光放电等。

尽管外部干扰和内部干扰产生的原因不同，但是它们的传播途径和影响控制系统的机理基本相同，因此消除或抑制它们的方法和措施没有本质区别。

（二）干扰传播途径

在控制设备的工作现场往往有许多强电设备，强电设备的启动和工作过程，将对控制设备产生干扰电磁场，另外还有来自于空间传播的电磁波、雷电的干扰和高压输电线周围交变磁场等也会对控制设备产生影响。干扰的传播途径主要有静电耦合、磁场耦合和公共阻抗耦合等。

1. 静电耦合

静电耦合是电场通过电容耦合途径窜入其他线路的。在两根导线之间会构成电容，在印刷电路板上各印刷线路之间或变压器各绕组之间也都会构成电容。既然存在分布电容，就存在以频率为 ω 的干扰信号，通过阻抗为 $1/j\omega c$ 的各种通道，窜入电场干扰。两平行导体之间的电容耦合及其等效电路如图 1-37 所示。

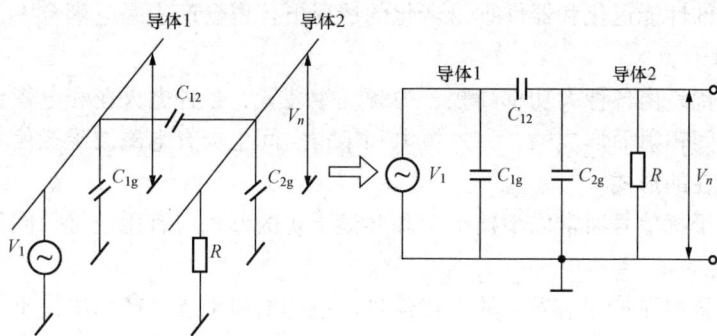

图 1-37　两平行导体之间的电容耦合

图中 C_{12} 是导体 1 和导体 2 之间的分布电容的总和，C_{1g} 和 C_{2g} 分别是导体 1 和导体 2 的对地总电容，而 R 是导体 2 的对地电阻。如果导体 1 上有干扰电压 V_1 存在，导体 2 作为接受干扰的导体，则导体 2 上出现的干扰电压 V_n 为

$$V_n = \frac{j\omega R C_{12}}{1 + j\omega R(C_{12} + C_{2g})}$$

当导体 2 对地电阻 R 很小，使得 $j\omega R(C_{12}+C_{2g}) \ll 1$ 时，

$$V_n = j\omega R C_{12} V_1$$

这表明干扰电压 V_n 与干扰信号频率 ω、幅值 V_1、输入阻抗 R 和耦合电容 C_{12} 成正比例关系。

当导体 2 对地电阻 R 很大，使得 $j\omega R(C_{12}+C_{2g}) \gg 1$ 时，有

$$V_n = \frac{C_{12}}{C_{12} + C_{2g}} V_1$$

在这种情况下，干扰电压 V_n 由电容 C_{12}、C_{2g} 的分压关系和 V_1 确定，其幅值比前一种情况大得多。

2. 磁场耦合

空间磁场耦合是通过导体之间的互感进行的。在任何载流导体周围空间中都会产生磁场，而交变磁场则引起其周围的闭合回路产生感应电动势，因此设备内部的线圈或变压器的漏磁会引起干扰。

电磁场辐射也会造成干扰。当高频电流流过导体时，会在该导体周围产生向空间传播的电磁波，此时整个空间充满了从长波到微波范围的电磁波，一般称为无线电干扰。无线电干扰极易被电源线和长信号线接收后，传播到控制系统中。

3. 共阻抗干扰

共阻抗干扰是指电路各部分公共导线阻抗、地阻抗和电源内阻压降相互耦合形成的干扰，这是机电一体化系统普遍存在的一种干扰。串联接地方式，由于接地电阻的存在，三个电路的接地电位明显不同，如图 1-38 所示。

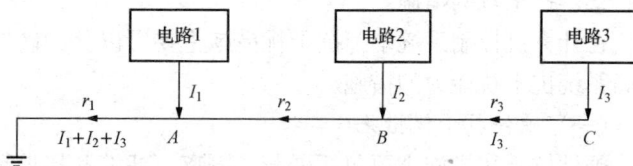

图 1-38　接地共阻抗干扰

4. 漏电耦合干扰

漏电耦合干扰是因绝缘电阻降低而由漏电流引起的干扰，多发生于工作条件比较恶劣的

环境，另外在器件性能退化和器件本身老化的情况下，也会产生漏电耦合干扰。

5. 电磁辐射干扰

电磁辐射干扰是由各种大功率高频、中频发生装置、各种电火花和电视台等产生的高频电磁波向周围空间辐射而形成的，另外雷电和宇宙空间也会有电磁波干扰信号。

二、干扰存在的形式

在电路中，干扰信号通常以串模干扰和共模干扰的形式与有用信号一同传输。

1. 串模干扰

串模干扰是叠加在被测信号上的干扰信号，也称横向干扰。产生串模干扰的原因有分布电容的静电耦合、长线传输的互感、空间电磁场引起的磁场耦合和 50Hz 的工频干扰等。串模干扰示意如图 1-39 所示。

在图 1-39 中，U_s 表示理想测试信号，U_c 表示实际传输信号，U_g 表示不规则干扰信号。图 1-39（a）表示干扰来自信号源内部，而图 1-39（b）表示干扰来自于导线的感应。在机电一体化系统中，被测信号是直流信号或变化比较缓慢的信号，而干扰信号经常是一些杂乱的波形并含有尖峰脉冲，如图 1-39（c）所示。

2. 共模干扰

共模干扰往往是指同时加载在各个输入信号接口端的共有的信号干扰，如图 1-40 所示。

在图 1-40 所示的电路中，检测信号输入 A/D 转换器，A/D 转换器的两个输入端上即存在公共的电压干扰。由于输入信号源与主机有较长的距离，因此输入信号 U_s 的参考接地点和计算机控制系统输入端参考接地点之间，存在电位差 U_{cm}，这个电位差就在转换器的两个输入端上，形成共模干扰。以计算机接地点为参考点，加到输入点 A 上的信号为 U_s+U_{cm}，加到输入点 B 上的信号为 U_{cm}。

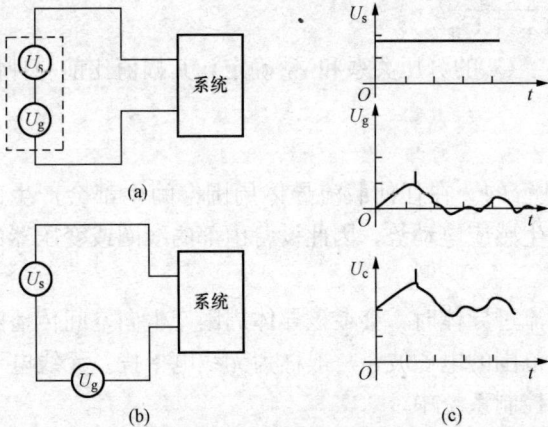

图 1-39　串模干扰示意图　　　　　　图 1-40　共模干扰示意图

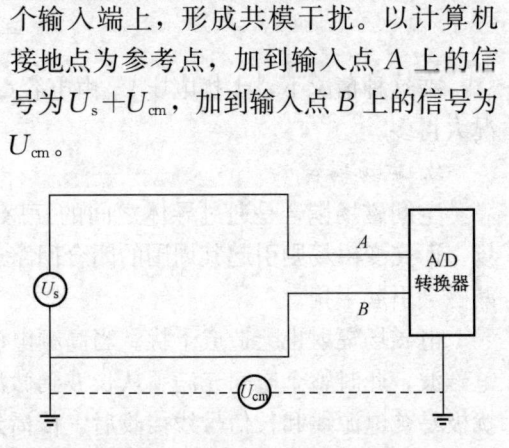

三、抗干扰的措施

在计算机控制系统中，抗干扰措施主要可以分为硬件和软件两大类，另外还有多种其他提高系统抗干扰能力的措施。

（一）硬件抗干扰措施

硬件抗干扰措施主要包括屏蔽、隔离、滤波和接地等。

1. 屏蔽

屏蔽是指利用导电或导磁材料制成的盒状或壳状屏蔽体，将干扰源或干扰对象包围起来，从而割断或削弱干扰场的空间耦合通道，阻止其电磁能量的传输。按需屏蔽的干扰场的性质不同，可分为电场屏蔽、磁场屏蔽和电磁场屏蔽。

屏蔽技术在各种领域都得到了广泛的应用。计算机控制系统带有屏蔽的设备多种多样，如为防止信号在传输过程中受到电磁干扰，在同轴电缆中设置了屏蔽层等；在变压器绕组线包的外面包一层铜皮作为漏磁短路环。变压器的结构如图 1-41 所示。

2. 隔离

干扰隔离技术广泛应用于火电厂机组的电气设备，为保证安全和可靠性，在计算机控制系统中也被广泛采用。常用的隔离技术有光电隔离、变压器隔离和继电器隔离等。

（1）光电隔离。光电隔离是以光作为媒介，在隔离的两端之间进行信号传输的，所用的器件是光电耦合器。由于光电耦合器在传输信息时，不是将其输入和输出的电信号进行直接耦合，而是借助于光作为媒介物进行耦合的，因此光电隔离具有较强的隔离和抗干扰能力。在计算机控制系统中，光电隔离既可以用作一般 I/O 的隔离，也可以代替脉冲变压器起线路隔离和脉冲放大作用。光电隔离电路如图 1-42 所示。

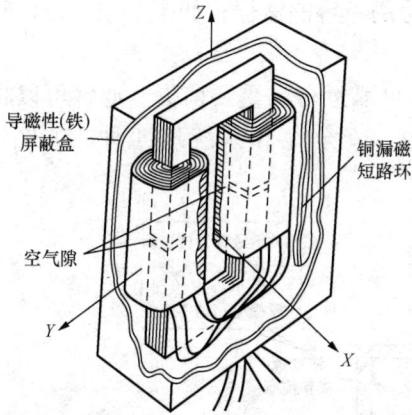

图 1-41　变压器的结构

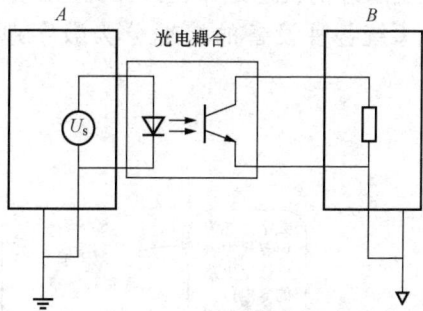

图 1-42　光电隔离电路

（2）变压器隔离。变压器隔离的常用设备是隔离变压器，隔离变压器将各种模拟负载与数字信号源隔离开来，也就是把模拟地和数字地断开。传输信号通过变压器获得通道，而共模干扰由于形成不了回路而被抑制，如图 1-43 所示。

（3）继电器隔离。由于继电器触点不仅较多，而且能够承受较大的负载电流，因此继电器隔离应用也非常普遍。又因为继电器线圈和触点仅有机械上的联系，而没有直接的电的联系，所以可利用继电器线圈接收电信号，而利用其触点控制和传输电信号，这样可实现强电和弱电的隔离，如图 1-44 所示。

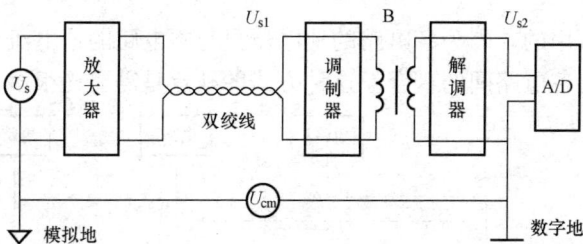

图 1-43　变压器隔离

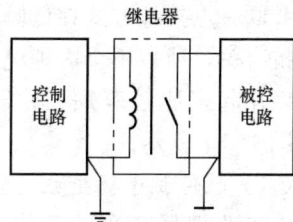

图 1-44　继电器隔离

3. 滤波

滤波是抑制干扰传导的一种重要方法。由于干扰源发出的电磁干扰的频谱，往往比要接收的信号的频谱宽得多，因此当接收器接收有用信号时，也会接收到干扰信号，滤波可以通过软件和硬件实现，这里主要介绍硬件滤波的方法。

接点抖动抑制电路对抑制各类接点和开关在闭合或断开瞬间，因接点抖动所引起的干扰是十分有效的，如图 1-45（a）所示。

交流信号抑制电路，主要用于抑制电感性负载在切断电源瞬间所产生的反电势。这种阻容吸收电路，可以将电感线圈的磁场释放出来的能量，转化为电容器电场的能量储存起来，以降低能量的消散速度，如图 1-45（b）所示。

输入信号的阻容滤波电路既可作为直流电源的输入滤波器，也可作为模拟电路输入信号的阻容滤波器，如图 1-45（c）所示。

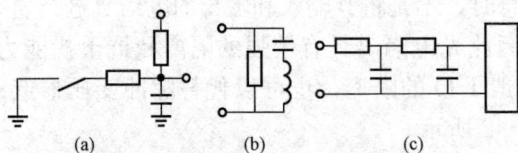

(a)　　　　(b)　　　　(c)

图 1-45　干扰滤波电路

4. 接地

正确合理的接地是保证计算机控制系统安全和可靠运行的重要前提。通常可以将计算机控制系统各种设备的接地分为数字地、模拟地、安全地和系统地四种，如图 1-46 所示。

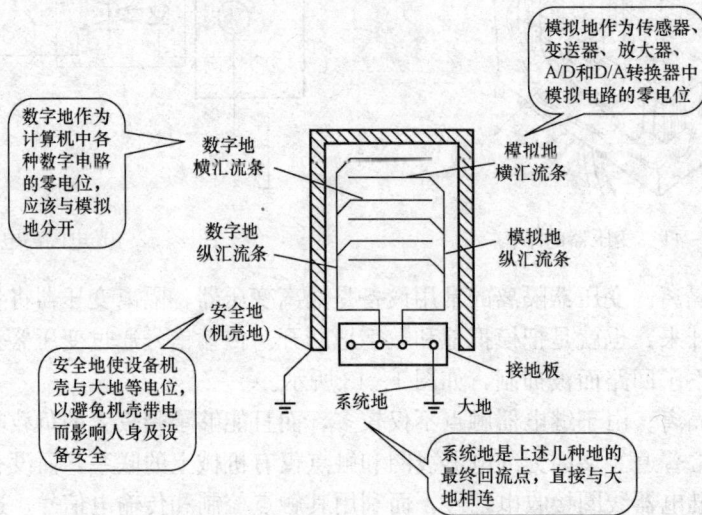

图 1-46　数字地、模拟地、安全地和系统地示意图

并联一点接地方式在低频时是最适用的，因为各电路的地电位只与本电路的地电流和地线阻抗有关，所以不会因地电流而引起各电路间的耦合。这种方式的缺点是需要连很多根地线，使用起来比较麻烦。并联一点接地方式如图 1-47 所示。

（二）软件抗干扰措施

在工业现场环境的干扰下，应用软件可能受到破坏，使程序无法正常执行，如

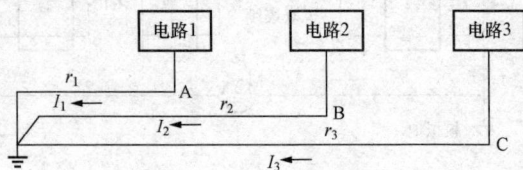

图 1-47　并联一点接地

由于干扰导致计算机主频晶振频率的偏离和不稳定，从而引起定时器/计数器的中断频率变化，出现记数的错误和时钟异常等现象；输入/输出接口状态受到干扰，造成控制状态混乱或系统发生"死锁"等情况。

软件抗干扰技术具有性/价比高、设计灵活、可靠性强和容易实现等优点。常用的软件抗干扰技术包括软件滤波、软件"陷阱"和软件"看门狗"等。

1. 软件滤波

借助于软件来识别有用信号和干扰信号，并且滤除干扰信号的方法称为软件滤波。

2. 软件"陷阱"

在软件的运行过程中，瞬时电磁干扰可能会使 CPU 偏离预定的程序指针，进入未使用的 RAM 区和 ROM 区，引起一些莫名其妙的现象，其中死循环和程序"飞掉"是常见的。为了有效地排除这种故障，常采用软件"陷阱"法。

软件"陷阱"法的基本原理：将系统存储器中没有使用的单元用某一种重新启动的代码指令填满，作为软件"陷阱"，以捕获"飞掉"的程序。具体地讲，就是通常当 CPU 执行一条指令时，程序就自动转到某一起始地址，从这一起始地址开始存放一段使程序重新恢复运行的热启动程序，该热启动程序扫描现场的各种状态，并根据这些状态，判断程序应该转到系统程序的哪个入口，使系统重新投入正常运行。

3. 软件"看门狗"

"看门狗"就是使用软硬件相结合的办法，通过监控定时器定时检查某段程序或接口，当超过一定时间，系统没有检查这段程序或接口时，即认定系统运行出错，也就是产生了干扰，这时可利用软件进行系统复位或按事先预定的方式运行。

4. 故障自诊断

在计算机控制系统运行的过程中，元件、部件、整机、主机和外设等均可能发生故障。为了迅速准确的确定系统内部是否发生故障和故障发生的部位，计算机控制系统必须具有故障自诊断功能。

自诊断功能主要包括检查 CPU、RAM、I/O 通道、控制软件和寄存器等数据的有效性；设定软件出入口标志和程序存储区的写保护；给每个数字控制器设置一个监视定时器功能等。

思 考 题 与 习 题

1-1 为什么火电厂要采用计算机控制系统？

1-2 画图说明计算机控制系统的基本组成，并简要说明各部分的主要作用。

1-3 计算机控制系统的基本形式包括哪些？

1-4 画图说明 DAS 的基本组成和工作原理。

1-5 为什么 SCC 系统又称为最优控制系统？

1-6 在计算机控制系统中，为什么要对输入信号进行采样？采样定理的主要内容是什么？在实际工作中，怎样确定采样周期？

1-7 在 AI 信号的 A/D 转换中，数据经过了哪些转换？会产生哪些误差？

1-8 试述多路切换开关的工作原理和作用。

1-9   AI 模件和 AO 模件的主要性能指标有哪些？

1-10   计算机输入数据的预处理包括哪些内容？为什么要对数据进行标度变换？数字滤波的作用是什么？

1-11   为什么会产生积分饱和现象？常见的抗积分饱和措施有哪些？

1-12   常用的硬件抗干扰技术包括哪些？软件抗干扰技术又包括哪些？

第二章 DCS 的体系结构

自从 1975 年 DCS 诞生以来，随着多种科学技术的发展和应用，DCS 也在不断地更新和完善。尽管不同的 DCS 产品在技术的先进性、硬件的互换性、软件的兼容性、操作的一致性和价格的多样性等方面，很难达到完全的统一，但是从 DCS 的基本结构、功能和可靠性等方面来分析，仍然具有相同或相似的体系结构。

火电厂 DCS 是一个大型的和复杂的管控一体化综合性系统，通常由四级结构组成，即管理级、监控级、控制级和现场级组成。也可以根据生产实际需要，有所取舍地进行设置。

DCS 主要由三大部分组成，即过程控制站（process control unit，PCU）、人/机接口和通信网络。

DCS 使用了多种软硬件可靠性措施，完全能够保证 DCS 设备的正常工作，可靠地实现数据的传输、转换、存储、显示、记录和打印；无论是在现场或是在控制室，工作人员都可以方便地对生产过程状态进行监视和操作；当设备出现故障时，DCS 的自诊断功能将立即发挥作用，不仅可以将故障信息进行显示、报警、存储、记录和打印，而且可以按照设计的要求，自动地进行相应的处理和维护；在必要时，工作人员还可以进行手/自动的无扰切换，顺利地实现人工控制，使生产过程继续进行，避免事故的发生。

第一节 DCS 的发展历程

一、DCS 的发展历程

DCS 的产生有其必然性，主要有两方面的因素促成了 DCS 的产生：一是人们的需求和市场的竞争，二是科学和技术的支撑。

在 20 世纪 70 年代前，随着市场的竞争，工业生产规模的不断扩大和复杂程度的提高，在早期的集中式计算机控制系统中，由于一个工控机要控制和监视数量众多的回路，而且性价比相对较低，导致了计算机控制系统的可靠性得不到保证。虽然可以采用双机运行方式，能够暂时维持计算机控制系统的工作，但是其性能并没有发生实质性的改变，而且还提高了成本，因此人们迫切需要更加可靠的计算机控制系统。

在 20 世纪 70 年代初，科学和技术的进步也为 DCS 的产生提供了必备的条件，主要体现在两方面：一方面是大规模集成电路的研制取得了重大突破，产生了性价比高的微处理器。微处理器的出现具有划时代的意义，它为 DCS 的发展奠定了坚实的基础；另一方面是计算机、自动控制、通信、网络、电子、材料、测量、抗干扰和人/机接口等多种技术的发展。

1972 年 Honeywell 公司就已经开始研制 DCS；1974 年首次提出了 DCS 的控制理论；1975 年正式推出了世上第一套 DCS，即 TDC-2000。TDC-2000 的推出是一个里程碑，它标志着 DCS 时代的到来。

TDC-2000 应用了计算机、自动控制、通信、CRT 显示和集成电路等多种技术，将多个性价比高的微机处理机分散到生产现场，完成了生产过程的测量和控制，实现了人/机通信等功能。TDC-2000 体现了 DCS 的分散控制的基本原则，即控制分散（危险分散）、操作集中和集中监视。

与过去的常规仪表控制系统和集中式计算机控制系统相比，TDC-2000 控制的基本原则和技术基础都有本质的不同。它突破了常规仪表控制功能单一的局限性，改变了常规仪表控制系统过于分散和人/机通信困难的状况，消除了集中式计算机控制系统集中控制固有的危险性等。

按 DCS 的发展历程，一般可以将 DCS 分为四代。

1. 第一代 DCS

出现在 20 世纪 70 年代，处于初创阶段，其产品还是 DCS 的雏形。

第一代 DCS 具备了 DCS 的主要特征，即信息集中、控制分散和大量使用性价比高的微处理器。不仅使用了 8 位微处理器，而且还使用了 DCS 的三大组成部分，即过程控制站、人/机接口和通信网络。

2. 第二代 DCS

出现在 20 世纪 80 年代。随着 DCS 的发展和应用，人们对 DCS 的认识，从知之甚少，发展到不仅能应用，而且能开发。

第二代 DCS 主要技术特征是系统的功能扩大或者增强。如 16 位微处理器的使用，控制算法的扩充；常规控制、逻辑控制和批量控制的结合；过程操作管理范围的扩大和功能的增添；CRT 分辨率的提高和色彩的增加；多微处理器技术的应用等。

另一个明显的变化是数据通信系统有了很大的发展，如通信系统已采用局域网（LAN）；通信范围不断扩大；数据传输速率显著提高等。

第二代 DCS 需要完善的方面还有很多，如不同品牌 DCS 的通信存在一定的困难等。

3. 第三代 DCS

出现在 1987 年，以 Foxboro 公司推出的 I/A S 系统为标志。I/A S 系统符合国际标准组织的开放系统互联/参考模型（open systems interconnection/reference model，OSI/RM）。

第三代 DCS 主要技术特征是使用了 32 位微处理器；系统网络通信功能也有所增强；不同品牌的 DCS 能够进行数据通信；克服了第二代 DCS 在应用过程中的自动化孤岛等困难；系统的软件和控制功能也有增强，即系统已不再是常规控制、逻辑控制和批量控制的综合，而是增加了各种自适应或自整定的控制算法；人们不仅可以在对被控对象的特性了解较少的情况下，应用 DCS 产品提供的控制算法，由系统自动搜索或通过一定的运算，获得较好的控制器参数，而且还可以方便地应用第三方应用软件。

在 20 世纪 80 年代末，已有几万套 DCS 投入运行，DCS 厂家和使用企业从中获得了巨大的经济利益，人们对 DCS 评价很高。

4. 第四代 DCS

出现在 20 世纪 90 年代初，最主要标志是两个"I"开头的单词：信息（information）和集成（integration）。第四代 DCS 主要是为集中管理而研制，在信息的管理和通信等方面，它提供了综合的解决方案，能够实现管控一体化。

（1）主要技术特征。在硬件上，采用了开放的工作站，使用精简指令集计算机（reduced instruction set computing，RISC）替代复杂指令集计算机（complex instruction set computer，CISC），采用了客户机/服务器（client/server，C/S）的结构；在网络结构上增加了工厂信息网（Intranet），并可与 Internet 网联网。

在软件上，则采用 Unix 系统和 X-Windows 的图形界面，系统的软件更丰富，如一些优化和管理的良好界面的软件被开发并移植到 DCS 中。

DCS 在制造业和计算机集成制造系统（CIMS）也得到了应用。

（2）主要产品。ABB 公司的 Industrial^{IT}、Emerson 公司的 PlantWeb（Emerson Process Management）和利时公司的 MACS、Honeywell 公司的过程知识系统（Experion PKS）、Foxboro 公司 A2 和横河公司工厂资源管理系统（R3 PRM）等。

综上所述，DCS 在多年的应用和发展过程中，主要变化是通信网络、操作站和带 I/O 模块的过程控制站等三大组成上的变化，而系统的体系结构并没有发生重大改变。目前的 DCS 正在向着更加开放式、更加标准化、更加产品化和更加智能化等方向发展。

二、DCS 的主要特点

DCS 是以微处理器为核心，以多种技术为基础的新型计算机控制系统。信息集中、控制分散和大量使用高性价比的微处理器是 DCS 的主要特征。

与早期的集中式计算机控制系统和常规控制系统相比，DCS 具有更大的优越性。

1. 功能的分散

DCS 有许多控制器和过程控制站，其核心部件是数量庞大的微处理器，每个控制器都具有独立性，可单独完成它所承担的各种任务和控制功能。DCS 的全部控制功能，可以由很多分散的过程控制站、通信处理机和操作台等共同协调实现。

2. 位置的分散

DCS 的一个重要的特点是控制器"就近安装"，即把控制器安装在距离被控对象尽可能近的地方。这样既可以节省电缆和减少电路干扰，又能使大量数据在现场处理，即减少信息的传输量，减轻上位机的压力，设备位置的分散可以提高 DCS 的可靠性。

3. 良好的人/机接口

DCS 采用了先进的多种技术，除能方便地实现常规指示、记录和声光报警外，还提供了各种直观显示和灵活方式，如使用大屏幕和 CRT 显示器显示总貌、参数一览、流程图、趋势、报警、操作指导和故障诊断等，方便操作员和工程师等技术人员分析和处理生产过程的现状；支持按钮、专用键盘、鼠标、滚动球和触摸屏等多种操作方式。

4. 一体化的管理和控制

计算机网络技术的发展，使得 DCS 的多个工作站和数量庞大的控制器可以协同工作，能够将回路（设备）控制、机组（车间）控制与全厂管理有机地结合在一起，实现管理和控制一体化，提高企业的经济效益。

5. 超强的可靠性

DCS 可靠性的基础是采用了高质量的电子元器件、合理的电路制作工艺、有效的抗干扰措施、强大的软件编程技术和先进的多种技术。DCS 可靠性的体现是多方面的，如系统冗余、设备冗余和容错设计，使得当出现局部软、硬件故障时，不会影响整个系统的正常运行；分散式设计使得当个别回路故障时，不会影响其他回路；自诊断和专家系统技术使得系统能及时发现故障，并能及时采取最合理的措施等。所有这些技术和措施，都为 DCS 长期稳定运行提供了可靠的保证。

6. 高效的工作质量

采用 CRT 显示过程参数和状态，不仅可以节省大量控制盘、台、箱、柜、显示仪表和电缆的数量，而且也保证了工作质量。

7. 优良的开放性

由于 DCS 采用了开放式、标准化、模块化和系列化设计，因此增加或减少设备非常方便，几乎不影响整个系统的正常工作。

8. 灵活的控制

DCS 是软、硬件相结合的产品，除了必不可少的硬件和设备外，有关控制回路的增删、控制方案的变化和监控画面的修改等工作，都可由软件来实现，通过按钮、专用键盘、鼠标、滚动球和触摸屏等多种操作方式完成。

9. 齐全的控制功能

除使用常规的 PID 控制方法外，DCS 还可以实现各种先进的控制策略。如使用 Smith 预估算法克服控制对象的大迟延；使用自整定调节器来弥补对象时变对控制性能的影响；使用鲁棒控制器提高控制系统的抗干扰能力等。另外 DCS 的控制算法和 CRT 取代了不少的常规模拟控制仪表和显示仪表，这使得整个系统仪表和接线的数量大大减少，也为构成更加复杂的控制系统提供了可能。

10. 方便的安装、调试和维护

DCS 大量应用积木式结构的模件、多芯电缆和标准化端子接线板，这使安装工作变得简单；丰富的控制算法和透明化的组态，又便于发现系统的组成问题和控制质量的好坏；完善的设备带电插拔和自诊断功能，使维护工作变得快捷。所有这些都为 DCS 的安装、调试和维护工作创造了良好的条件。

三、火电厂 DCS 的特点

大型火电厂的 DCS 除具有上述的 DCS 主要特征外，还有它固有的特点。

1. 可靠性要求高和控制复杂

国家、社会和企业对火电厂生产过程的要求是相当高的。火电厂机组的控制是一个大型而复杂的工程，不仅锅炉、汽轮机、发电机、燃料、给水和除灰等设备的数量庞大，而且相互间的关系非常复杂，另外电网调度对电能生产的要求也很高，因此火电厂的 DCS 都具有回路反馈控制、顺序控制和混合控制等复杂控制功能，能够满足电力企业的各种要求，可以实现复杂计算、先进控制和优化管理的目标。

2. 使用全球定位系统（global positioning system，GPS）

除了使用 DCS 的系统内的时钟同步方式外，越来越多的火电厂正在使用安全和可靠的 GPS 卫星对时系统。

3. 管控一体化方式

鉴于电能、电网调度和电业管理的特殊要求，火电厂已推行"火力发电厂厂级监控信息系统技术要求"，因此管控一体化是符合国情的技术，火电厂 DCS 管理和控制的衔接问题，早已得到了落实。

4. 全部电气部分纳入 DCS

由于火电厂机电设备数量众多，因此电气部分的 DCS 管理十分重要。DCS 在 I/O 模件、扫描周期、人/机接口和增大系统容量等方面功能的扩大，也加速全部电气纳入 DCS 的进程。

DCS 为电力企业创造了良好的经济效益，国外有关资料表明：DCS 投资回收期为 $1\sim2$ 年，采用先进控制策略后，可使回收期缩短至 $0.5\sim1$ 年。这里还引用其他的一些参考数据：将常规模拟仪表控制系统改为 DCS，取得经济效益占整体效益的 60%，其原因是每个操作人员可操作管理 200 个控制回路，而使用模拟仪表时，只能管理 100 个控制回路；DCS 的日常维修量可减少 30%，并且可以长期平稳地运行；DCS 先进控制策略所取得的经济效益占整体效益的 30%，其原因是先进控制回路可以降低能耗和减少事故等；优化控制所取得的经济效益占整体效益的 8%，其原因是优化控制可以提高 DCS 的性能和发挥企业的潜力等；厂级信息管理系统（management information system，MIS）的效益是整体效益的 2%。人们可以依据 MIS 及时提供的生产设备、产品质量和安全运行等可靠信息，作出最合理的选择。

四、我国火电厂主要的国内外 DCS 厂家

在多种技术的影响下，在节能环保和提高生产效率的需求下，产生了对生产和管理颇有影响的第四代 DCS。我国火电厂已经应用了国内外很多不同厂家的 DCS 产品。

（一）主要的国外 DCS 厂家

目前我国火电厂采用了很多国外 DCS 产品，比较具有代表性的是 Siemens、艾默生（Emerson）和 ABB 三家公司。

1. Siemens

Siemens 公司是电力系统、仪表和控制（I&C）成功的供应商，其技术的先进性、开放性和可靠性等始终被人注目，尤其是在现场总线技术产品上的影响力巨大，该公司已有超过 1500 套控制系统装置被应用。

在我国电站中采用 Siemens 的 Teleperm 系统较多。目前在"全集成自动化"的架构下，Siemens 又推出了 SPPA-T3000 系统，已经在国内电厂项目陆续使用。

2. Emerson

Emerson 公司发表的"PlantWeb 数字化工厂管控网"涵盖了 DeltaV 和 Ovation 系统，Ovation 系统的前身由西屋过程控制公司于 1997 年推出，是 WDPF 的更新换代产品，在电厂获得了广泛的应用。

3. ABB

ABB 公司在"Industrial^{IT}"的架构下，在 ABB 贝利 INFI-90 Open 形成的 Symphony 系统基础上，进一步开发了 800 系列的新产品，制造了基于最新微电子技术的 MCF5407 CPU 芯片，还研制了新一代在线控制和管理模件 BRC300，推出了 Industrial^{IT} Symphony 系统。ABB 贝利公司的产品在中国电力方面的应用多达 200 多项。

（二）主要的国内 DCS 厂家

在自行研发早期计算机控制技术的基础上，在对国外 DCS 的工程应用和技术引进的过程中，逐渐形成了我国独立自主的 DCS 产业，特别是在大型火力发电厂中的应用方面，国产 DCS 已取得了可喜的业绩。

目前不少的国内 DCS 厂家为我国火电企业的发展作出了显著的贡献，比较具有代表性的有和利时、国电智深和上海自动化仪表股份有限公司等多个公司。

1. 和利时

自 20 世纪 90 年代以来，和利时将自主研发的核心技术与国际先进技术相结合，与时俱进地推出了 HS-DCS-1000、HS-2000 和 MACS 系列等系统。MACS 系列具有开放化、信息化、智能化、小型化和可靠性高等特点。

在大型火电厂的 DCS 应用中，和利时的 DEH、ETS 与 MACS 构成一体，符合汽轮机控制要求，能够满足大型电厂控制和安全保护的要求；在开放的实时/关系数据库基础上，子系统模块可以满足电站信息化的需求；在管控一体化方面，和利时具有制造执行管理系统（MES）。

2. 国电智深

国电智深根据多年 DCS 应用的实践经验，在对国外技术的引进基础上，形成了具有自主知识产权的 EDPF-NT、EDPF-NT$^+$ 和 EDPF-BA 的 EDPF 系列产品。其中 EDPF-NT 系统已经成功应用在 200～600MW 和 450t/h 循环流化床机组上。

3. 上海自动化仪表股份有限公司（上自仪）

上自仪 DCS 产业起源于 1991 年，现已与国家核电技术有限公司共同组建了国核自仪系统工程有限公司，逐步做到了具备核电工程仪控系统设计、控制系统集成、核电仪控设备成套供应等能力，并拥有自主知识产权，形成较大规模批量化建设中国品牌核电站的能力。

上自仪开发了具有自主知识产权的 SUPMAX500，SUPMAX800，2000 年在山东章丘 2×135MW 机组上 SUPMAX800 获得成功，实现了 DAS、MCS，FSSS、SCS、ECS、BLS、DEH 和 ETS 等功能。上自仪此后又完成了 SUPMAX1000（升级为 MAX DNA）和 SIMAX 等产品的鉴定。

有关国产 DCS 主要的结论如下：

（1）已经接近或达到国际先进水平。国产 DCS 在网络结构、硬件体系、软件体系、系统容量、系统实时性、人/机接口、I/O 模件、系统控制功能、系统精确度、系统灵活性、可扩展性、系统可靠性、可用性、可维护性、系统稳定性和系统安全性等方面，已经接近或达到国际先进水平。

（2）性价比高。国产 DCS 的性价比高，非常适合在 300MW 以下机组中选用，600MW 以上机组的应用范围也正在逐步扩大。在我国电力的 DCS 领域，国内厂家已经具备了相当的竞争能力。如和利时公司成功地实现了秦山 600MW 核电站的综合计算机监控系统，并在国内外公司的竞争中，获得了秦山一期 300MW 核电站计算机系统改造和大亚湾核电站等各个核电站部分的 DCS 合同。

（3）售后服务好。国产 DCS 占尽天时、地利、人和。备品和备件容易到位，售后服务质量能够得到保证。

五、我国火电厂应用 DCS 的历程

从 20 世纪 80 年代中后期开始，我国火电厂自动化开始进入了高速发展的时期，经历了若干具有标志性的事件，取得了一系列明显的成果。

1. 电力领域开始应用 DCS

我国火电厂自动化以平圩和石横工程为试点，从美国分别引进 300MW 和 600MW 机组成套技术，这是我国自动化技术与国际水平的第一次碰撞，它的震撼力是强大的。西方发达国家大型火电机组的高度自动化水平的设计理念，完善的控制和保护的功能，还有先进的管理思想，不仅对我们多年来的陈旧观念形成了极大的冲击，而且由此引发一场管理思想和设计理念的革命。经过大约五年多时间的实践，我国工程技术人员终于成功地完成了引进技术的消化，这使我国火电厂自动化水平产生了一次大的飞跃。

在平圩和石横工程 300MW 和 600MW 机组技术引进时，采用了 SPEC-200＋DAS 作为机组的主要控制系统，即后来人们称之为"组件组装仪表和数据采集系统"的平圩和石横模式。

从 20 世纪 80 年代末开始，华能国际电力公司等单位成套进口了一批大型火电机组，其主控系统均放弃了平圩和石横模式的配置，而采用当时最先进的 DCS，这标志着 DCS 开始进入到我国电力领域。

2. 自主创新 DCS 开始进入高端电力市场

1988 年中国电科院电厂自动化所开发出了第一套国产 DCS，即 EDPF-1000，并应用于首阳山电厂 200MW 机组上。尽管当时问题很多，与国外差距很大，但毕竟标志着我国 DCS 自主创新的起步。随后国产 DCS 大批涌现，其市场从中小型机组改造起步，逐步进入新建电厂 200MW 和 300MW 机组。

到目前为止，新建机组国产 DCS 市场占有率已超过 30％，其中 200MW 及以下机组几乎全部采用国产 DCS，300MW 机组国产 DCS 市场占有率接近 50％，国产 DCS 也已在国华锦界电厂 4×600MW、国电龙山电厂 2×600MW 亚临界压力机组和国电庄河电厂 2×600MW 超临界压力机组上成功投入运行。

目前国电智深公司的 EDPF-NT 系统和北京和利时公司 MACSV 系统，已分别被谏壁电厂、徐州电厂和台山电厂采纳，并将在 1000MW 超超临界压力机组上应用。这一切标志着我国自主创新的 DCS 已开始进入高端电力市场。

3. 火电厂 DCS 应用技术基本成熟

进入 20 世纪 90 年代，DCS 应用从 DAS 和 MCS 两种功能迅速发展到 DAS、MCS、SCS、FSSS 和 DEH 五种功能，直至将发变组和厂用电控制（ECS）纳入 DCS，因此 DCS 应用技术基本成熟。

4. 火电厂 DCS 的信息化模式

继我国火电厂机组级成功推广应用 DCS，并取得成熟的应用经验后，1997 年我国专家适时提出了厂级监控信息系统（supervisory information system in plant level，SIS）和 MIS 概念，形成了独特的 SIS＋MIS 的中国火电厂信息化模式，它与国外由制造业延伸出来的 MES＋ERP 信息化模式，有明显的差别。

2000 年国家经贸委颁发的《火力发电厂设计技术规程》（DL 5000—2000）第 12.10 条明确规定："当电厂规划容量为 1200MW 及以上、单机容量为 300MW 及以上时，可设置厂级监控信息系统。"为了提高发电机组的经济效益，将控制发电机组 DCS 的有关信息引入到 MIS，使管理人员也能实时掌握生产动态、优化生产过程、减少设备损耗和降低生产成本。

如果单纯使用 MIS，则成效并不显著。主要原因是机组及其控制设备是连续运行的，过程和控制数据巨大，DCS 的信息传输是 MIS 的瓶颈；DCS 或 MIS 的突发性传输负荷，很容易造成 MIS 的崩溃。

鉴于以上原因，提出了 SIS 的设想。同时电力行业信息化建设的发展，也为 SIS 提供了长期而广阔的市场前景。SIS 作为 21 世纪电厂自控系统规范中增加的新内容，不仅可以应用于新建 DCS 项目，而且可以应用于 DCS 老系统改造。

　　5. 火电厂辅机可以应用 FCS

　　2002 年 9 月，山东莱城电厂率先成功投运了以 PROFIBUS-DP 现场总线为基础的 SIM-CODE 智能开关，拉开了试点应用现场总线的序幕。在随后的四、五年间，许多机组的局部系统中和辅助车间系统也纷纷进行现场总线系统的试点。2007 年 3 月，在华能玉环电厂补给水处理系统中，全面采用现场总线技术并通过鉴定，这标志在火电厂辅助车间系统中，推广应用现场总线系统的条件已经成熟。

　　6. 数字化火电厂的建设步伐正在加快

　　2008 年 1 月和 7 月，华能先后决定在吉林九台电厂 2×660MW 超临界压力机组和南京金陵电厂 2×1000MW 超超临界压力机组上，较大规模的采用现场总线系统，这标志着我国建设数字化电厂的序幕真正拉开，建设数字化火电厂的步伐正在加快。

　　7. 我国火电厂控制技术已经发生跃变

　　继 20 世纪 80 年代引进 300MW 和 600MW 亚临界压力机组后，从本世纪初开始的 600～1000MW 大型超（超）临界压力机组的发展，是火电厂自动化技术的第二次重大的技术飞跃。超超临界压力机组自动化系统的重要性更高，技术更复杂，它也必将引起火电厂自动化控制、管理和体制的再一次革命。

　　8. 火电厂 DCS 的应用范围

　　DCS 是当前计算机控制在火电厂应用得最多的一种形式，其主要控制内容包括：DAS、单元机组协调控制系统（CCS）、锅炉炉膛安全监控系统（FSSS）、辅机顺序控制系统（SCS）、汽轮机数字电液控制系统（DEH）、汽机旁路控制系统（BPCS）、给水泵小汽机控制系统（MEH）、汽轮机监测仪表（TSI）、除灰除渣控制系统、吹灰控制系统、水处理控制系统、脱硫和发电机电气控制系统等。

　　DCS 在我国火电厂的应用范围如图 2-1 所示。

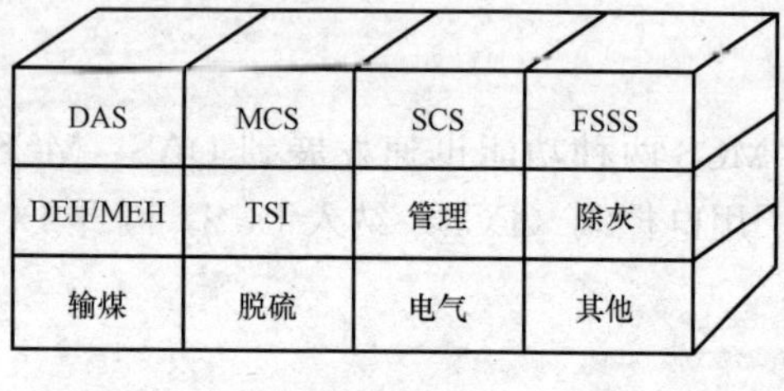

图 2-1　DCS 在我国火电厂的应用范围

六、DCS 的发展趋势

　　目前的 DCS 正向着技术的深度和广度发展。

　　在广度方面，向着大系统和管控一体化的方向发展。从单一过程和单一对象的局部控制，发展到对整个工厂和企业，甚至对社会经济、国土利用、生态平衡和环境保护等大规模复杂系统进行综合的控制。

　　在深度方面，则向着智能化方向发展。逐步地引入了自适应和自学习等控制方法；模拟生物的视觉、听觉和触觉，自动地识别图像、文字和语言；进一步根据感知的信息进行推理分析、直观判断、自学习、自行解决故障和问题。

　　特别指出：20 世纪 90 年代兴起的 FCS 是另一新型的计算机控制系统，已广泛地应用在工业生产过程自动化的某些领域。FCS 的现场总线将各智能现场设备，各级计算机和自动化设备互联，形成了一个数字式、全分散、双向串行传输、多分支结构和多点通信的通信网络。

第二节 DCS 的体系结构

目前大约有十几个国家，60 多个公司推出了自己开发的 DCS 产品，这些产品不仅型号众多并自成一体，而且用途也各有侧重。当前中国市场上流行的 DCS 品牌近 20 个，可分为欧美型、日本型和国内型等三种。在我国应用较为广泛的一些 DCS 产品及其厂家如表 2-1 所示。

表 2-1　　　　　　　　　在我国应用较为广泛的 DCS 产品及其厂家

生产厂家	产品名称	生产厂家	产品名称
ABB	AC800F、AC800M Industrial^{IT} System 800xA	Rockwell	ProcessLogix
Emerson	DeltaV、OVATION	和利时	HOLLiAS、MACS
Siemens	PCS7、APACS、T-XP	浙大中控	WebField ECS、WebField JX、WebField GCS
Invensys	I/A Series、A^2	上海新华	XDPS-400+、DEH-IIIA
Honeywell	PKS	国电智深	EDPF-NT
Yokogawa	CS1000、CS3000	威盛	FB-2000NS

虽然不同品牌的 DCS 产品各有特点，但是在 DCS 的组成、结构和功能等方面，还是存在着许多共同之处。

一、DCS 的三大组成和四级结构

DCS 主要包括通信网络、人/机接口和带 I/O 模件的过程控制站等三大部分。过程控制站主要实现生产过程的控制，同时也为 SIS 和 MIS 提供所需的数据，过程控制站的组成通常主要包括控制器、电源、机柜和 I/O 模件等，有的还带有通信接口；人/机接口实现人/机对话，主要包括操作员站、工程师站和历史站等；通信网络遵循通信协议，使用通信接口和通信介质等相关设备，将过程控制站和人/机接口等联系起来，进行数据交换和信息共享，决定通信网络性能的三要素是网络拓扑、传输介质和介质访问控制方法。

一个火电厂的 DCS 为了实现信息集中、危险（控制）分散和管控一体化的理想目标，基本上都采用了纵向上分层、横向上相互协调、由上至下和逐步求精的金字塔式的网络体系结构，通常都采用局域网，可以与 Internet 连接。通常火电厂的 DCS 分为管理级、监控级、控制级和现场级等四级结构。

由于这四级的每一级对设备数量、种类、功能和数据传输速度等要求各不相同，因此允许不同级的网络拓扑、传输介质和介质访问控制方法存在差异。又因为各种科学技术的发展及其应用非常迅速，而 DCS 是这些科学技术的综合应用，所以即使是实现具体某一级通信网络性能的方法也是多种多样的。这里仅给出 DCS 的网络体系结构示意图，如图 2-2 所示。

DCS 在横向上，同一层次的设备独立工作和相互协调，共同完成一个确定的功能和任务；在由上至下的纵向上，分别实现厂级管理、厂级监控、车间级监视与操作和现场设备的过程控制等。

综上所述，DCS 的纵向分层、横向分散的金字塔式分级递阶结构，体现了大系统理论

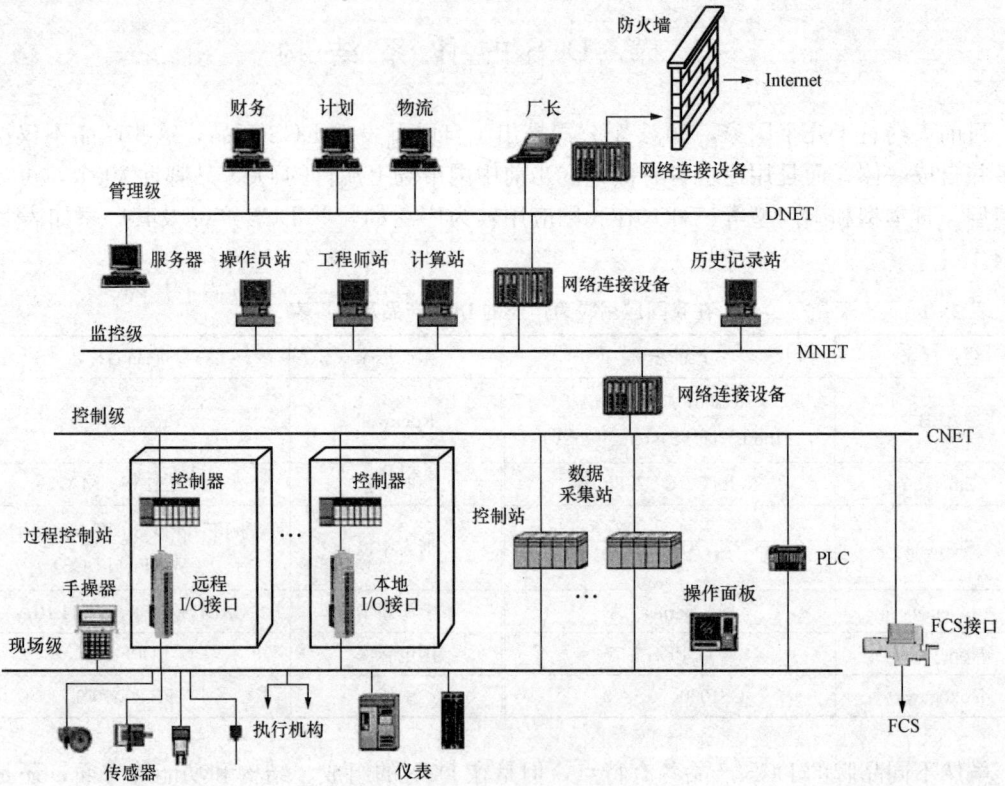

图 2-2　DCS 的网络体系结构示意图

的分解和协调的思想，是分散控制和集中管理有机地结合。

（一）管理级

通常我国电厂的 DCS 管理级主要包括 SIS 和 MIS。

SIS 能够处理全厂的实时数据，主要完成厂级生产过程的监控和管理，厂级故障诊断和分析，厂级性能计算、分析和经济负荷调度等任务；MIS 主要为全厂运营、生产和行政的管理工作服务，主要实现设备管理、维修管理、生产经营管理和财务管理等。

厂级 SIS 和 MIS，对内是实现厂级生产过程自动化和管理现代化的系统，对外是实现电网运营和调度的系统。火电厂厂级管理工作站具有管理全厂的运行自动化的功能，可以完成全厂经济管理（EDC）、自动发电控制（AGC）、自动电压控制（AVC）、事故分析、事故处理、历史数据保存、检索管理、系统授权管理和运行报表打印等任务。

管理级设有管理和实时监控两类计算机。管理计算机承担全厂的管理决策、计划管理和行政管理等任务，主要是为厂长和各管理部门服务；实时监控计算机承担全厂过程控制质量监视、运行优化和全厂负荷分配等任务，主要为值长服务。

管理级计算机间的管理数据交换是通过各自的通信接口和管理级通信介质实现的，管理级计算机是 DCS 信息展示和企业管理人员的人/机交互的主要平台。

（二）监控级

监控级的主要设备有操作员站、工程师站和历史记录站等，借助于网间连接器，监控级的各种工作站可以按全双工工作方式与管理级、控制级共享数据和交换信息。

监控级的各种工作站是 DCS 信息展示和控制人员的人/机交互的主要平台。

（三）控制级

控制级是火电厂分散控制的重要级，由过程控制站、数据采集站、可编程逻辑控制器（programmable logic controller，PLC）和控制级网络传输介质等组成。控制级能够实现连续控制、逻辑控制、顺序控制和批量控制等。利用 FCS 接口，控制级能够与 FCS 连接，实现对现场总线的控制。

借助于网络传输介质、数据采集站、I/O 模件和网间连接器等，过程控制站可以接受来自现场级和监控级的控制信号，也可以将过程控制站的处理信号传输给现场级和监控级。

在火电厂 DCS 的现场级中，除了现场总线仪表外，PLC 是应用比较多的控制设备。PLC 的主要应用是开关量顺序控制，也可以实现模拟量的控制，但这不是它的长处。

PLC 作为一种通用的工业控制器，已经被广泛应用于火电厂的化学水处理、自动排污和输煤等过程控制，并取得了可观的经济效益。PLC 还具有很强的联网通信能力。PLC 产品外观如图 2-3 所示。

（四）现场级

现场级主要由现场级网络传输介质、I/O 总线、执行机构、手操器、控制面板、各种传感器和仪表构成，如果现场总线集成于 DCS，则一般还包括现场总线仪表。

图 2-3 PLC 产品外观

在火电厂 DCS 中，现场级设备是最基层的自动化设备，它接受来自现场的各种检测仪表传输的过程信号，对过程信号进行实时的处理，将测量值和报警值向现场级的通信网络传输；现场级设备也接受现场级的通信网络的控制指令，根据过程控制的要求，在进行相应的控制运算后，利用输出信号去驱动现场执行机构，实现对生产过程的控制，满足火电厂生产中的 MCS、SCS、FSSS、CCS 和 DEH 等系统的需要。

二、火电厂 DCS 先进的系统性能

基于网络的 DCS，以开放的网络体系、先进可靠的硬件、各种系统软件和应用软件为基础，几乎可以满足所有火电厂的要求。DCS 先进的系统性能，主要表现在以下几方面：

（1）服务器选择了高性能的工控机，CPU 主频不低于 2GHz，内存不小于 512M，硬盘不小于 80G。

（2）操作员站和工程师站：CPU 采用了 Pentium4 以上处理器，主频不低于 1GHz，内存不小于 256M，硬盘不小于 40G，显示器分辨率 1600×1280。

（3）过程控制站主控单元的 CPU 为 Pentium II 以上，带 32M 内存，配有 2M 显存。

（4）各 I/O 信号处理单元全部为智能结构。

（5）丰富的全汉字图形组态，可以实现复杂漂亮的图形界面，并支持动画技术、图形缩放技术和多级窗口技术，可以进行各种数据、曲线、棒图和各种仪表盘等的实时显示。

（6）功能强大的控制组态可实现各种批处理流程、PID 回路、复杂回路、逻辑回路、混合回路和先进控制算法等。

（7）具有丰富的历史记录分析、历史记录处理、日志记录处理、报警记录的统计报告和

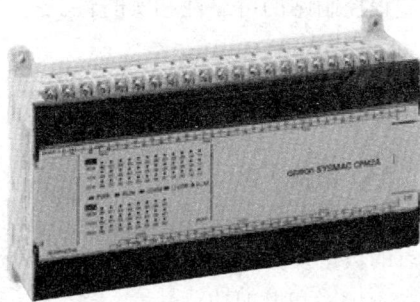

事故追忆的统计分析报告等功能。一条日志信息由事件发生的时间、变量描述和事件描述组成，可以用文字形式描述。

（8）系统硬件和软件的高可靠性，表现在以下几方面。

1）在 I/O 处理单元上采用小模块结构，使危险进一步分散。

2）具有控制回路算法，可实现 PID 控制、串级控制、补偿控制和快速动作回路控制等。

3）每路信号在模件处都增加了多重过压和过流保护措施，使得各模件在大信号干扰下不损坏。

4）参照核电安全计算机系统设计标准，采取了大量的措施确保软件可靠性。

5）操作站等采用 Windows NT 操作系统，过程控制站则采用先进的技术和设备，以确保过程控制站的可靠性和实时性。

第三节　DCS 的组成

一、硬件系统

DCS 硬件采用积木式结构，不仅可以灵活地配置过程控制站、操作员站和工程师站等节点的数量及其硬件组成，如内存容量、硬盘容量和外部设备种类等，而且可以根据需要进行系统扩展和增加功能。

（一）过程控制站

过程控制站是 DCS 进行生产过程控制的核心部件，不同厂家 DCS 的过程控制站的名称可能不同。如在 ABB 公司的 INFI-90 中，称为过程控制单元（PCU），在其升级换代产品 Symphony 中，称为现场控制单元（HCU）；在艾默生（Emerson）公司的 WDPF 中，称为分布式处理单元（distributed process unit，DPU），在其升级换代产品 Ovation 中，称为 Ovation 控制器；在 TXP 系统中，称为自动化系统 AS620 等。

过程控制站主要作用是实现单元机组各种子系统的控制功能，如火电厂的 FSSS、CCS 和 DEH 等系统的控制。过程控制站可以同时完成模拟量连续控制和开关量顺序控制，也可能仅完成其中的一种控制。

过程控制站里的控制器有各种存储器，可以存储数据和各种控制算法。为保证 DCS 控制的可靠性，通常每个控制器不仅实现了 1∶1 冗余配置和无扰切换，而且配备了自诊断软件和指示灯，可以监视控制器的工作状态。

过程控制站里的 I/O 模件是控制器与现场设备之间的接口，实现数据的处理和交换。

过程控制站里的通信接口实现控制器与监控级数据的处理和交换，有的 DCS 过程控制站里不设通信接口。

过程控制站电源分为多级。为保证电源的可靠性，通常也进行 1∶1 的冗余配置。

（二）数据采集站

如果过程控制站仅接收由现场设备送来的信号，而不直接完成控制功能，则称其为数据采集站。通常由分散的过程控制站和数据采集站等就地实现数据采集和控制。

（三）操作员站

操作员站是人/机接口。它执行整个火电厂的集中监视和过程控制任务，实现火电厂的实时图形显示、各种事件的发布、各种报表显示、报警显示、复归显示、系统自诊断信息的显示、设备的实时操作和处理等，操作员站还可以作为厂级管理工作站部分功能的备用。

（四）工程师站

工程师站也是人/机接口。它除了具有程序开发、调试和培训仿真等功能外，还兼有操作员站的全部功能，可以作为操作员站的冷备用。

（五）网络连接设备

DCS 不同级的网络连接设备，通常有路由器（router）、交换机（switch）和网关（gateway）等。

1. 路由器

路由器的主要作用是连通不同的网络和选择信息传输的线路。确切些说，路由器是一种连接多个网络或网段的网络设备，它能将不同网络或网段之间的数据信息进行"翻译"，以使它们能够相互"读"懂对方的数据，从而构成一个更大的网络。

路由器不仅能实现局域网之间连接，更重要的应用还是在于局域网与广域网、广域网与广域网之间的互连。路由器产品的外观如图 2-4 所示。

2. 交换机

交换机是按照通信两端传输信息的需要，用人工或设备自动完成的方法，把要传输的信息传输到符合要求的相应路由上的技术统称。广义的交换机就是一种在通信系统中完成信息交换功能的设备。

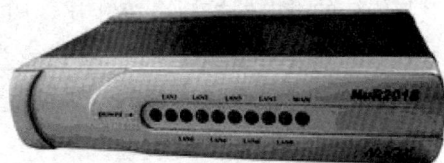

图 2-4 路由器产品的外观

交换机除了能够连接同种类型的网络之外，还可以连接不同类型的网络。

3. 网关

网关又称为网间连接器或协议转换器。网关是最复杂的网络互连设备，通常被用于广域网互连，也可以用于不同局域网互连。网关主要功能如下：

（1）线路控制。控制通信线路的通断和监视线路状态等。

（2）终端控制。终端的选择、接通、释放和编码的转换等。

（3）组织多路通信。正确组织多个数据，实现各条通信线路与计算机之间的通信。

（4）字符的组合和分解。将通信线路的串行码装配组合成并行码传输给计算机，或者将计算机的并行码分解成串行码送给通信线路。

（5）传输控制。执行通信协议，完成传输控制。

（6）传输速度的调节和数据缓冲。通信线路上的数据传输率，一般低于计算机的输入和输出传输率。当有多条通信线路时，需要设置缓冲器以调节速度。网关具有传输速度的调节和数据缓冲的功能。

（7）文电处理。文电的自动编号、组合汇集、分析编辑、交换记录和错误诊断等。

（8）差错处理。采用有效的误差检测和校正方法，发现和纠正通信线路上发生的差错；使用差错恢复程序和重复执行等措施，控制其余各种差错。

网关产品的外观如图 2-5 所示。

（六）历史记录站

过时的实时数据就成为历史数据。历史数据不仅是企业安全和经济运行的宝贵资源，而

图 2-5 网关产品的外观

且也是各级管理和控制人员作出正确决定的依据。历史记录站不仅能高效和准确地保存生产过程的大量珍贵的历史数据，而且可以使 DCS 的其他站点共享历史数据。

（七）服务器

服务器是网络上一种为客户端计算机提供各种服务的高性能的计算机，它在网络操作系统的控制下，将与其相连的硬盘、打印机和各种专用通信设备，提供给网络上的客户站点共享，也能为网络提供集中计算、信息发表和数据管理等服务。

服务器的构成与微机基本相似，有处理器、硬盘、内存和系统总线等，它是针对具体的网络应用量身定做的，因此服务器与微机在处理能力、稳定性、可靠性、安全性、可扩展性和可管理性等方面，存在很大差异。

服务器的性能主要体现在运算能力、可靠性和强大的外部数据吞吐能力等方面。

（八）PLC

与传统的继电器控制系统相比，PLC 在操作、控制、效率、精确度和可靠性等方面，都具有无法比拟的优点。PLC 还代表当今电气控制技术的世界先进水平，它已与数控、CAD/CAM 和工业机器人技术并列为工业自动化技术的四大支柱。

（九）手操器和控制面板

手操器和控制面板具有现场监视、自由选择输入信号、设置上/下限、控制输出的限幅范围和远程手/自动切换等功能。

二、软件系统

DCS 软件系统可分为系统软件、应用软件、通信软件和组态软件等四类。DCS 的软件系统结构框图如图 2-6 所示。

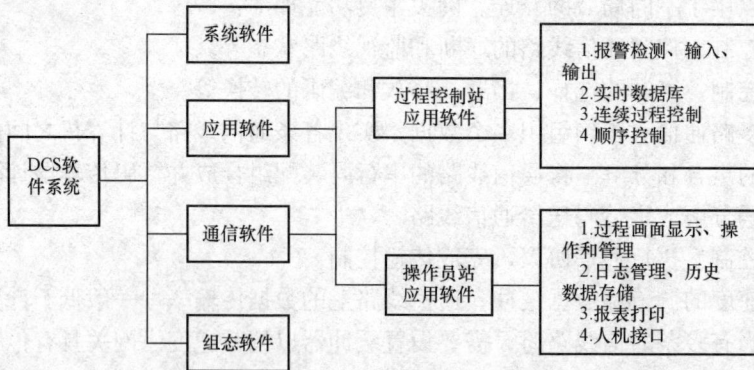

图 2-6 DCS 的软件系统结构框图

1. 操作员站应用软件

由过程画面显示、操作、管理、日志管理、历史数据存储、报表打印和人/机接口等软件组成。

2. 过程控制站应用软件

由报警检测、输入、输出、实时数据库、连续过程控制和顺序控制等软件组成。

3. 组态软件

通常每个 DCS 产品都提供了相当丰富的运算算法和控制算法等。常用的运算算法和控制算法有加、减、乘、除、求平方根、一阶惯性、超前滞后和纯迟延补偿等，工程师主要利用这些算法，通过组态来构成所需的单回路、前馈、串级、比值和选择等控制回路。和利时公司 MACSV 系统的控制算法请参看附录。

组态软件系统包括组态环境和运行环境两个部分。

组态环境相当于一套完整的工具软件，可以利用它设计和开发需要的应用系统。组态生成的结果是一个数据库文件，即组态结果数据库。

运行环境是一个独立的运行系统，它根据组态结果，在数据库中按照指定的方式进行各种处理，完成人们组态设计的目标和功能，组态环境和运行环境既互相独立，又密切相关，如图 2-7 所示。

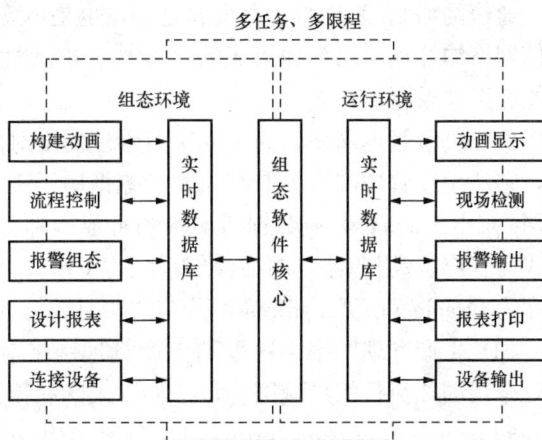

图 2-7 组态环境和运行环境的关系

4. 网络操作系统

服务器必须配置网络操作系统才能完成文件服务、打印服务、数据库服务、通信服务、信息服务、分布式服务、网络管理服务和 Internet/Intranet 服务等任务。同时网络操作系统也为计算机用户提供了高可靠性的实时运行平台和功能强大的开发工具，计算机用户称为客户。

比较流行的网络操作系统有 NetWare、Windows 2003 Server/Advance Server、LinuxWindows NT 和 Unix 等。

三、DCS 网络的技术要求

局域网是一个高通信速率、低误码率和快速响应的局部网络，它具有组织灵活、易于扩展和资源共享的特点。局域网的主要技术要求如下：

（1）一般覆盖范围小于 10km。

（2）采用专用的传输介质来构成网路，传输速率为 10～100Mbps。

（3）多台设备共享一个传输介质。

（4）网络的布局比较规则。在单个局域网内部，一般不存在交换节点和路由选择问题。

（5）拓扑结构主要为总线型和环型。

1. DCS 网络的主要特点

与一般的办公的局域网有所不同，DCS 主要实现工业控制和管理，DCS 网络的主要特点如下：

（1）快速的实时响应能力。一般办公室自动化计算机局部网络响应时间为 2～6s，而通常 DCS 网络的要求为 0.01～0.5s。

（2）极高的可靠性。DCS 必须连续和正常运行，要求数据传送误码率低于 10^{-11}～10^{-8}。

（3）适合于在恶劣环境下工作。能抗电源干扰、雷击干扰、电磁干扰和低电位差干扰等。

（4）分层结构。为适应 DCS 设备控制、信息监视、生产过程操作和企业管理的不同应用的需要，DCS 网络必须具有分层的结构，因此可分为决策管理网络（DNET）、生产管理网络（MNET）、控制网络（CNET）和过程控制站内的 I/O 总线等不同层次，而且这些层次的设备数量、设备的种类、通信系统的结构、数据传输的速率和可靠性的要求等，存在着较大的差异。

2. DCS 网络的技术要求

通信网络是 DCS 的三大组成之一，也是体现过程分散控制和企业集中管理的重要途径。通信网络的结构、层次和组成的可靠性、扩展性、灵活性、开放性和传输方式等，对 DCS 性能有至关重要的影响。

（1）决策管理网络。这里的决策管理网络对应于管理级。决策管理网络是办公自动化系统，它从生产管理网络提取有关生产数据用于制定综合管理决策。决策管理网络一般使用以太网（Ethernet），具有数据传输快和可连接外部网络等特点。通常决策管理网络的计算机模式为客户机/服务器，网络操作系统为 Unix、VAX/VMS 和 Net Ware 等；分布式关系数据库为 Oracle 和 Informix 等，分布式实时数据为 PI、InfoPLUS 和 ONSPEC 等。

（2）生产管理网络。这里的生产管理网络对应于监控级。生产管理网络一般选用局域网，采用国际流行的局域网协议，如以太网和传输控制协议/因特网互联协议（transmission control protocol/internet protocol，TCP/IP）等，TCP/IP 也称为网络通信协议。

（3）控制网络。这里的控制网络对应于控制级。控制网络是 DCS 的中枢，应具有良好的实时性、快速的响应性、极高的安全性、恶劣环境的适应性、网络的互连性和开放性等特点。

控制网络选用局域网，通常符合 OSI/RM 和 802 标准。控制网络选用国际流行的局域网协议，如以太网、制造自动化协议（MAP）和 TCP/IP 等。

通常控制网络传输介质为同轴电缆或光缆，传输速率为 $1\sim100$Mbps，传输距离为 $1\sim5$km。

（4）I/O 总线。过程控制站内的 I/O 总线能将多种 I/O 信号送到控制器，由控制器读取 I/O 信号，而 I/O 模块相互之间并不直接交换数据。I/O 总线的速率较低，通常为 $1\sim10$Mbps；I/O 总线有并行总线和串行总线两种形式；通常将控制器模件和 I/O 模件装在一个机柜内或相邻的机柜内。

第四节　DCS 体系结构的实例

一、Industrial[IT] Symphony 系统

Industrial[IT] Symphony 系统是 ABB 公司于 2003 年推出的基于 Industrial[IT] 概念的 Symphony 系统新品，向下兼容 Symphony 系统，它是融和 IT 技术和专业知识的一套开放式控制系统。

为方便叙述，我们将 Industrial[IT] Symphony 系统仍简称为 Symphony 系统。

1. 系统结构

Symphony 系统的模块化结构可以按照工艺过程来配置 DCS，保证被控制对象的独立性、完整性；从系统中最基本的电缆、端子单元、电源模块，到最高层的控制模件、系统接

口和通信网络都可以冗余配置，使系统具有高可靠性；系统分层划分合理，控制与 I/O 分开的控制方式，也提高了系统的可靠性。

Symphony 系统的结构组成示意如图 2-8 所示。

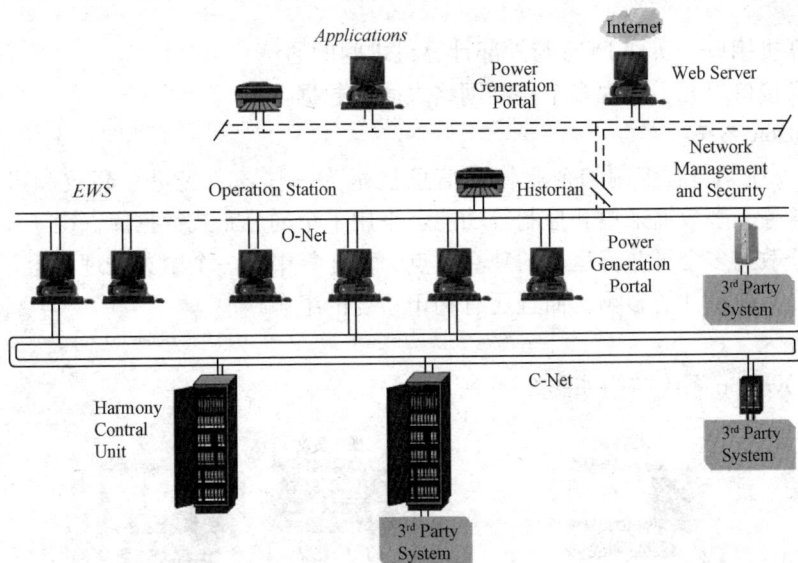

图 2-8　Symphony 的结构组成示意

2. 系统组成

按功能划分，Symphony 系统主要由通信网络、现场控制单元（HCU）、人系统接口（Power Generation Portal）、系统组态与维护工具（Composer）、计算机接口（ICI）和网络接口单元（IIL）等部分组成。

（1）通信网络。Symphony 系统通信网络采用多层的通信网络，各层网络各司其责，并且通信功能被分别分配到不同层的控制主机中，以适应企业和技术发展的需要。根据应用功能的不同，具体层次可分为操作网络（Onet）、控制网络（Cnet）、控制总线（C.W）、和 I/O 扩展总线（X.B）四个层次。

（2）现场控制单元。包括完成过程控制所必需的所有硬件，如控制器、I/O 模件、端子单元和电源等设备。现场控制单元具备控制系统设计、组态、调试和维护管理等功能。一个控制器模件可以控制上百个回路，监视上千个过程变量；控制层网络以 10Mbps 的速度可在62500 个节点之间传递信息。

（3）人系统接口。提供运行人员与 DCS 之间的图形交流界面。具备"例外报告"等传递形式，发挥了智能数据链传输数据的优势。

所谓例外报告就是在过程控制中产生的一些涉及测量数据、操作、报警和管理的信息，经过一定的技术处理而形成的一种反映信息值的专门报告。具体地讲，当过程变量的变化超过了预先规定的有效值时，该变量的信息才通过网络通信，否则系统认为该信息没有变化，仍使用该点的前一次值。

（4）系统组态和维护工具。完成控制系统设计、组态、调试和维护管理等功能。有 SA-MA 图和 200 多种功能码可供使用，先进而实用的工业控制算法使系统设计和组态非常方便。

SAMA 图是美国制造业等协会制定的一种约定，一种规范，它提供了各种标准图符，如加、减、乘、除、微分、积分、或门、与门、切换、最大值、最小值、上限幅和下限幅等，供人们使用。

（5）计算机接口。实现 DCS 与外部计算机之间的通信。

（6）网络接口单元。实现多个控制网络之间的数据交换。

二、Ovation 系统

Ovation 系统集过程控制和企业管理信息技术为一体，有先进、高效和可靠的通信网络，具备多任务、多数据采集和控制等功能，采用了全局分布式数据库。由于全局分布式数据库将功能分散到多个可并行运行的独立站点，而非集中到一个中央处理器上，因此不仅使系统性能不受其他事件的影响，而且还有利于系统的组态。

1. 系统结构

典型的 Ovation 系统结构如图 2-9 所示。

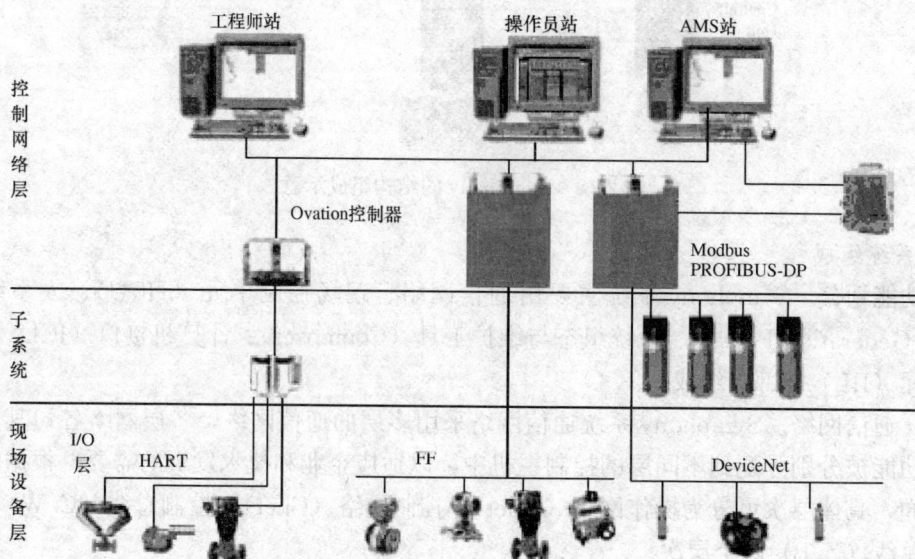

图 2-9　典型的 Ovation 系统结构

2. 系统组成

Ovation 系统主要由网络部分、工作站和 Ovation 控制器三大部分的组成。变送器和阀门定位器等现场设备可以选用 HART 和基金会现场总线（foundation fieldbus，FF），现场的开关量可以选用 DeviceNet，电动机控制的电气设备可以选用 DeviceNet 或 PROFIBUS-DP。

DeviceNet 是一种基于 CAN 总线技术的符合全球工业标准的开放型通信网络。可以连接底层低端工业设备，又可以连接变频器和操作员终端等复杂设备。

Modbus 在连接至不同类型总线或网络的设备之间提供客户机/服务器通信。

传输远程 I/O 信号应该采用现场总线。在 DCS 中，通常使用可寻址远程传感器（highway addressable remote transducer，HART）来传输远程 I/O 信号。如现场的变送器与过程控制站的机柜距离比较远，就可以将来自 16 个变送器来的信号编成为一组，可用 HART 将该组信号送到控制器，由控制器同时读进 16 个变送器来的信号。

在从美国和欧洲进口的 DCS 中，几乎都有 HART 板。HART 协议采用基于 Bell202 标准的频移键控信号，在低频的 4~20mA DC 上叠加幅度为 0.5mA 的音频数字信号，进行双向数字通信，数据传输率为 1.2Mbps。HART 协议规定主要的变量和控制信息由 4~20mA 传送；在需要的情况下，另外的测量、过程参数、设备组态、校准和诊断信息可以被访问。

目前大多数 DCS 的 I/O 模件包括现场总线模件；在控制器的功能块库中，包含了现场总线算法。

（1）网络部分。Ovation 系统由互为冗余网、数据交换站、操作员站、工程师站、历史站和控制器等各节点构成，可以构成一个完全确定的实时数据传输网络。它遵循通用的网络通信协议及其通信设备，如 TCP/IP 协议，Ovation 系统可以构成局域网和广域网的信息系统。

（2）工作站。根据站的使用功能不同分为几种不同功能站，如数据库服务器、工程服务器、操作员站、历史报表站和其他功能站。

（3）控制器。控制器采用了 PCI/ISA 总线接口和多任务系统实时操作系统，具有标准的 PC 结构，冗余的控制器能够保证系统的可靠性和安全性。Ovation 控制器支持 FF、PROFIBUS-DP 和 DeviceNet 三种现场总线标准。

3. 自诊断功能

内嵌的容错和诊断程序减少了系统的维护工作。在控制器和每个 I/O 模件上，都有每条支线的状态指示灯，通过数码管指示的状态和出错代码，可以方便地发现故障的原因。如果 I/O 模件出现故障，则系统的处理过程如下：

（1）在控制器的 I/O 模件上，用 LED 显示出错代码。

（2）出错信息被发送到操作员站上的系统信息窗，以画面形式显示出错信息，同时将其存储在控制器的闪存（flash memory）中。

4. AMS™Suite 设备管理组合

智能设备管理系统是资产优化程序组和 PlantWeb 结构体系的核心技术。AMS 设备管理系统具有诊断、故障排除、监控、组态、合理化标定和文档记录等功能。AMS 设备管理系统的主要作用如下：

（1）提高生产质量；

（2）增加生产量；

（3）提高利用率；

（4）降低操作和维护成本；

（5）降低与安全、健康和环境相关的成本；

（6）降低设备使用成本；

（7）降低废物处理和返工的成本。

5. 软件系统

软件系统的组态建立器、控制建立器、图形建立器、安全建立器、测点建立器和高效工具数据库等构成了一套高效工具，如安全建立器提供了就地和远程两种安全保护；允许定义多个级别进入系统；可按用户姓名、设备功能或逐点等分别设置安全界面。

三、MACSV 系统

和利时公司的 MACSV 系统是综合自动化系统。它使用了以太网和现场总线技术，控制网络可连接各工程师站、操作员站、过程控制站、通信控制站和数据服务器等，适用于大型控制系统工程。

1. 系统结构

MACSV 系统硬件由工程师站、操作员站、过程控制站、通信控制站、系统服务器、系统网络、监控网络和控制网络等组成。其中过程控制站包括主控单元设备和 I/O 单元设备。

MACSV 系统软件包括工程师站组态软件、操作员站在线软件、现场控制器运行软件和服务器软件等。

MACSV 系统结构如图 2-10 所示。

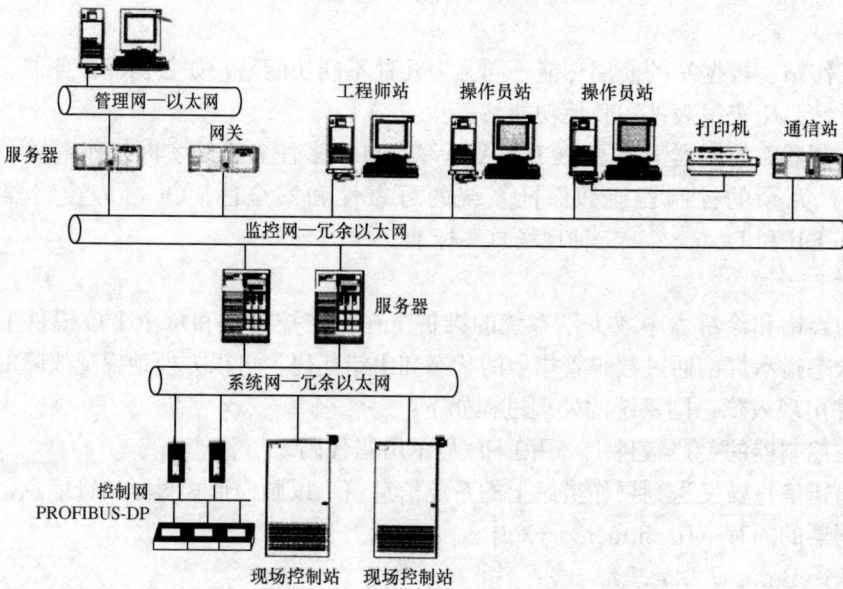

图 2-10　MACSV 系统体系结构

2. 系统组成

MACSV 系统由以下几个部分组成：

（1）通信网络。MACSV 系统的通信网络可分为监控网络、系统网络和控制网络三个层次，监控网络实现工程师站、操作员站、高级计算站与系统服务器的互连，系统网络可将过程控制站与系统服务器互连，控制网络实现过程控制站与过程 I/O 单元的数据交换。

（2）工程师站。工程师站由高档微机及其软硬件配套设备组成，具有系统数据库组态、设备组态、图形组态、控制语言组态、报表组态、事故库组态、离线查询、调试和下载等功能。

（3）操作员站。由高档微机或工业微机及其软硬件配套设备组成，具有流程图显示、流程图操作、报警监视、报警确认、日志查询、参数列表显示、参数列表显示控制、在线参数修改和报表打印等功能。

（4）现场控制站。由专用控制柜和专用控制软件组成。在控制柜中，包括电源、主控单元、过程 I/O 单元、通信单元和控制网络等组件。可根据组态的数据库和算法完成多项任务，如控制运算、连锁运算、控制输出、数据采集和处理等。

（5）系统服务器。系统服务器由高档微机或服务器构成，可以完成实时数据库管理、数据库存取、历史数据库管理、历史数据库存取、文件存取服务、数据处理和系统装载等功能，系统服务器可双冗余配置。

3. MACSV 系统的功能

MACSV 系统具有如下功能：

（1）数据采集。

（2）控制运算。

（3）设备、报警和状态监视。

（4）历史数据管理和实时数据处理。

（5）远程通信。

（6）图形显示和打印。

（7）日志、事件顺序记录和事故追忆。

（8）组态、调试和下载。

（9）故障诊断。

四、AC800FR

ABB 公司的 AC800FR 是 Industrial IT DCS，可以采用现场设备控制级和过程处理控制级体系结构，实现过程控制，过程站可以采用冗余的 PM802 总线控制器和分布式 S800I/O，系统软件包括工程师站软件 CBF6.2、监控软件 DIGIVIS6.2。AC800FR 的体系结构如图 2-11 所示。

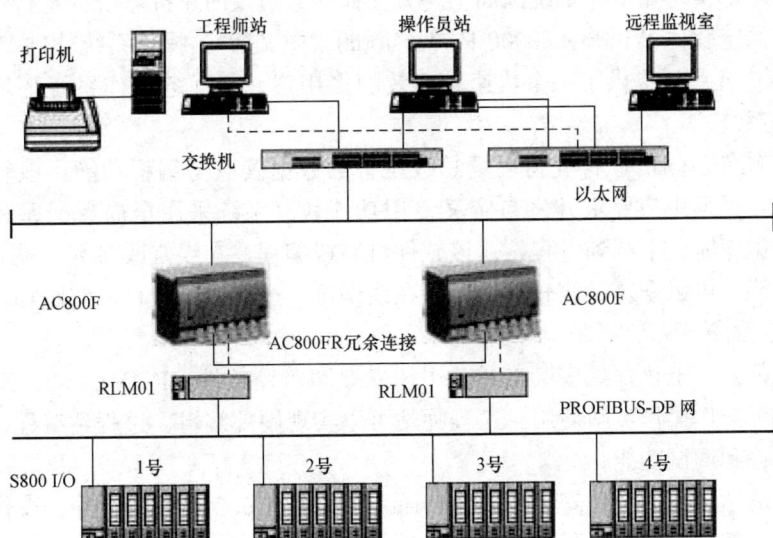

图 2-11 AC800FR 的体系结构

1. 两级体系结构

（1）现场设备控制级。控制器和 I/O 模块采用 PROFIBUS 现场总线。PROFIBUS-DP 网络是网络集成的最底层，主要是连接现场设备，如各种电动调节阀、切断阀和差压变送器等。与这些现场设备相关的各种检测或控制信号，以不同形式传输至 ABB DCS 系统的 S800 系列的各种 AI、AO、DI 或 DO 模块。这些模块都带有通道隔离功能，安全可靠，可有效的保护模块。

PROFIBUS-DP 主要用于工业自动化系统的高速数据传送，实现调节和控制功能，是一种高速低成本通信，用于设备级控制系统与分散式 I/O 的通信，是计算机网络通信向现场级的延伸。

（2）过程处理控制级。主要由工程师站、操作员站和工业以太网交换机组成。以工程师站作为主要控制核心，由两台上位机、PLC 控制单元和以太网卡等组成工业以太网，监控站利用 DIGIVIS6.2 监控软件实现对工作现场进行监督控制，PM802 总线控制器，I/O 系统采用分布式 S800I/O 系列，通过分布式 S800I/O 系列通信模块，对参数进行采集，上位机将实时数据库的数据，送到服务器的关系数据库中，进行保存和数据处理。过程控制级通过工业以太网，将上位机系统、现场监测和控制点，紧密结合为一个整体，从而实现对整个控制系统的计算机在线远程诊断。

2. 主要软件

（1）DIGIVIS6.2 监控软件。该软件显示功能支持标准预定义显示。此系统可实时诊测显示系统总体结构、系统过程站和系统模件三大部分，以图形显示和文字详细提示的方式，将诊断状态信号显示在画面上；Digivis 软件趋势显示功能支持趋势组态，趋势点数量无软件限制，同时支持 FTP 协议数据远传功能；Digivis 还可以记录现场各种设备的报警信息，在操作员站画面上进行显示，并在报警记录表中记录，可以很方便地进行故障查询。

DIGIVIS6.2 实现了对整个系统的模拟量、开关量的采集和处理，并显示在监控画面上，有无故障等都实时显示在系统画面上，方便操作人员及时掌握系统的运行情况。

（2）操作系统软件 Windows 2000 Professional（中文版）。操作系统软件 Windows 2000 Professional（中文版）提供了一个快速、高效的多用户、多任务操作系统环境，是目前使用广泛的工控系统。

（3）CBF 软件。CBF 软件支持现场总线设备的数据读取与编程功能。该软件也提供用户自定义接口，根据用户要求开发自定义专用功能块。系统采用全局数据库和变量实现共享，该全局数据库完全下载到过程站；该软件可离线编程，在线修改参数，被修改的参数具备自动备份功能，可以恢复；该软件还可以在线调试，进行单步运行、跟踪和仿真调试。

3. 主要人/机界面

（1）工程师站。工程师站安装有软件 CBF6.2 和监控软件 DIGIVIS6.2。工程师站在不进行组态时，可兼作操作员站使用。工程师站可以实现硬件编辑、过程站编程、操作员站组态等一体化编程和调试功能。

（2）操作员站。操作员站安装了 Industrial IT Digivis6.2 版中文软件。操作员可通过趋势画面观察参数的动态情况，了解过程控制系统的状态。

4. 过程站配置

过程站配置如表 2-2 所示。

5. AC800FR 的主要功能

（1）生产过程参数的采集和记录。所有参数可以经数据采集站，送入上位机进行保存和处理。同时可以根据实际需要，分别对一些重要参数进行实时趋势和历史趋势显示。

表 2 - 2 过程站配置

设 备 类 型	模板型号	模 板 说 明
AI：4～20mA	AI810	模拟量输入模板 8 点
RTD：Pt100	AI830	热阻信号输入模板 8 点
TC：E	AI835	电压信号输入模板 8 点
AO：4～20mA	AO810	模拟量输出模板 8 点
DI：24V DC	DI810	数字量输入模板 16 点
DO：24V DC	DO810	数字量输出模板 16 点
基本控制单元	PM802F	基本控制单元
以太网通信模块	EI803	以太网通信模块
同步模块	EI803	同步模块
PROFIBUS 通信主站模块	FI830	PROFIBUS 通信主站模块
PROFIBUS 通信从站模块	CI840	PROFIBUS 通信从站模块
电源模块	SA801	电源模块
PROFIBUS-DP 连接器	PC0011	PROFIBUS-DP 连接器

（2）工艺监控画面显示。在工艺流程图上实时显示所有工艺参数，不同的流程画面可通过切换按钮进行切换。

（3）参数报警和软硬件故障诊断。所有过程参数均可设定多种报警功能，以使参数越过报警值时，提醒操作人员进行及时处理。另外如果上位机的程序与过程站相冲突或系统硬件出现故障时，系统均以醒目的方式，提示维护人员去处理，而且报警一览画面还详细记录报警时间、报警位号、报警确认时间和故障消除时间，方便事后分析。

（4）报表和历史趋势。生产中的一些参数，需要及时打印，可形成报表。报表分为班报、日报和月报，可定时打印，也可手动任意时间打印。

（5）登录。ABB Industrial IT DCS 系统有两种操作级别，即工程师级和操作员级。操作员级可以对控制方式、阀位值和设定值进行修改，并可观察所有画面和参数；工程师级除操作员的功能外，还可修改所有的控制参数和系统参数。

思 考 题 与 习 题

2 - 1 支持 DCS 产生的主要技术包括哪些？

2 - 2 DCS 的主要特点是什么？

2 - 3 火电厂 DCS 的主要特点是什么？

2 - 4 DCS 火电厂的具体应用包括哪些内容？

2 - 5 DCS 的体系结构具有什么特点？

2 - 6 DCS 由三大部分组成和四级结构组成，请分别说明它们的作用。

2 - 7 体现 DCS 先进的系统性能有哪些内容？

2 - 8 DCS 硬件系统的主要内容包括哪些？

2 - 9 DCS 软件系统的主要内容包括哪些？

2 - 10 DCS 网络的特点是什么？

第三章　DCS 的 通 信 网 络

网络通信技术是 DCS 的主要技术之一。决定 DCS 网络性能的三要素是网络拓扑、传输介质和介质访问控制方法，而通信设备、通信环境和传输距离等也对网络性能有很大的影响。

DCS 的每个设备的软硬件组成、功能特点和数据交换方式等存在很大的差异，为了保证各种设备之间相互通信的性能，避免通信的冲突和堵塞现象，通信发送方和接收方都应当遵循相应的数据传输控制的约定，即网络通信协议，网络通信协议也称为数据链路控制规程或网络通信规程等。

网络通信协议的制定机构主要有国际标准化组织（ISO）、国际电报电话咨询委员会（CCITT）、美国国家标准局（NBS）、美国国家标准学会（ANSI）和欧洲计算机制造商协会（ECMA）。

DCS 的通信网络是 DCS 三大组成部分之一，DCS 的通信网络性能对整个 DCS 的各种性能指标有极大的影响。

第一节　数 据 通 信 基 础

数据通信包括建立通信线路、建立数据传输链路、数据传输、数据传输结束和拆线等五个基本阶段。下面简要介绍有关数据通信的基本知识。

一、常用通信术语

1. 数据

数据被定义为有意义的实体，可分为模拟数据和数字数据。

2. 信号

信号是数据的电子或电磁编码，可分为模拟信号和数字信号。模拟信号和数字信号的传输方式示意如图 3-1 所示。

调制/解调器（modulator/demodulator，Modem）是一种信号转换的接口，其作用有两个：一是将数字信号转换为模拟信号，即调制作用；二是将模拟信号转换为数字信号，即解调作用，调制/解调器产品的外观如图 3-2（a）所示。

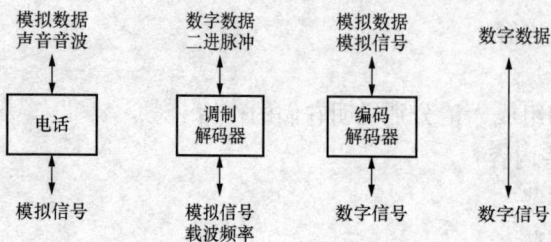

图 3-1　模拟信号和数字信号的传输方式示意图

在长距离的传输过程中，模拟信号的强度会不断地衰减，为此常用放大器来增强信号的能量，但噪音分量也会增强，可能会引起信号畸变，因此要尽量抑制和消除噪声；在长距离的传输过程中，数字信号也会衰减，克服的办法是使用中继器（repeater），由中继器将数字信号恢复为"0"和"1"的标准电平后，继续传输。中继器产品的外观如图 3-2（b）所示。

3. 信息

信息是数据的内容和解释。

4. 信源

信源是通信过程中产生和发送信息的设备或计算机。

5. 信宿

信宿是通信过程中接收和处理信息的设备或计算机。

6. 信道

信道是信源和信宿之间的通信线路。

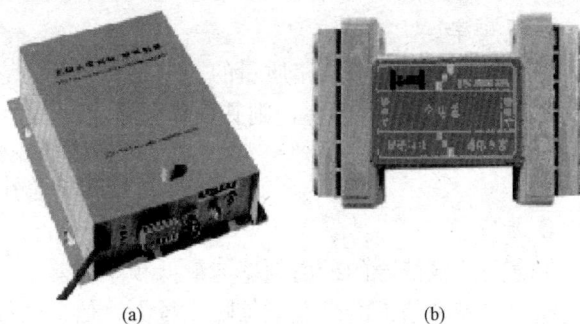

图 3-2　调制/解调器、中继器产品的外观
（a）调制/解调器；（b）中继器

7. 基带

"基带"是基本频带的简称，即电信号所固有的基本频率。

基带信号传输就是按数据信号的原样进行传输，即数字信号以原来的"0"、"1"形式传输，不加任何调制。基带信号传输的主要缺点是传输信号受线路的影响大，容易发生畸变，另外传输距离和传输信号的带宽也很有限。

8. 宽带

目前还没有一个公认的宽带定义，一般是以拨号上网速率的上限（56kbps）为分界，将 56kbps 及其以下的接入称为"窄带"，反之则归类为"宽带"。

在宽带信号传输发送端，要对数字信号进行调制，将其变换为模拟信号；在接收端，需对接收来的模拟信号进行解调，还原成数字信号，因此通常宽带信号传输需要使用调制/解调器。

与基带传输相比，宽带传输的主要优点有三个：一是能在一个信道中传输声音、图像和数据等多种信息；二是信道的容量大；三是宽带传输的距离比基带远。宽带网的主要缺点是成本较高和技术复杂。

二、数据通信中的主要技术指标

数据通信是一种将计算机技术与通信技术结合起来的新型通信方式，它根据通信协议，利用数据传输技术，实现两个节点之间传输数据信息。为了衡量数据在传输时的数量和质量，需要引进一些技术指标。

1. 数据传输速率

（1）比特率。比特率又称为数据传输速率。在一个数据传输系统中，数据传输速率反映了每秒内所传输的信息量的多少，即每秒钟传输的二进制位数（bits per second，bps）。

（2）波特率。波特率即是指信号被调制后，在单位时间内的波特数，即单位时间内载波参数变化的次数，即调制速率。调制速率是对符号传输速率的一种度量，通常以波特每秒（bps）为单位。

2. 信道容量

信道容量表示一个信道的最大数据传输速率，单位是 bps。

信道容量与数据传输速率是有区别的，前者表示信道的最大数据传输速率，是信道传输数据能力的极限，而后者是实际的数据传输速率，正如公路上的最大限速与汽车实际速度的关系一样。

3. 误码率

误码率是衡量通信线路质量的一个重要指标，它表示二进制数据信号在传输过程中被传错的概率。设 P_e 为误码率，则其计算公式为

$$P_e = \frac{传错的比特数}{传送的总比特数}$$

4. 带宽

带宽是传输信号的最高频率与最低频率之差。在模拟信道中，通常带宽表示信道传输信息的能力，模拟信道的带宽或信噪比越大，信道的极限传输速率也越高。这就是为什么人们总要增加通信信道带宽的原因。

三、串、并行通信

串、并行通信原理框图如图 3-3 所示。

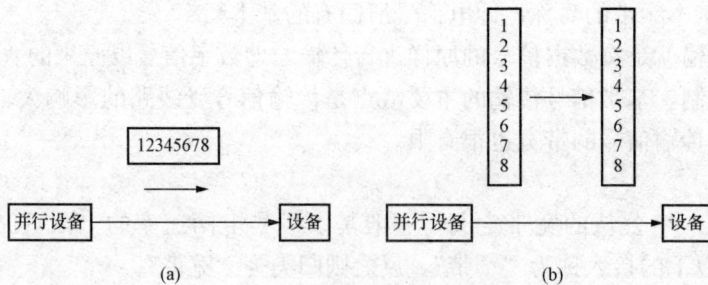

图 3-3　串、并行通信原理框图

(a) 串行通信；(b) 并行通信

下面介绍常用的串行通信技术。

1. RS-232C 串行通信标准

RS-232C 信息格式如图 3-4 所示。

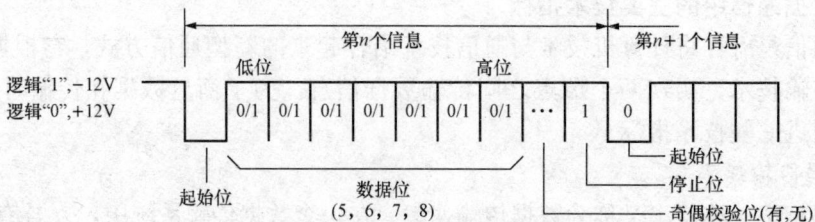

图 3-4　RS-232C 信息格式

由于 RS-232C 是在 TTL 电路之前研制的，它的电平不是 +5V 和地，而是采用负逻辑，即逻辑"0"（+5V～+15V）和逻辑"1"（-5V～-15V），因此 RS-232C 不能直接与 TTL 电平相连，必须进行电平转换，RS-232C/422/485 转换器、网桥、路由器和调制/解调器等，都可使 RS-232C 与 TTL 电路相连。

RS-232C 虽然使用很广，但由于推出时间比较早，在现代通信网络中，已暴露出明显

的缺点，主要表现在以下的几个方面。

（1）传输速率不够快。RS-232C 的最高速率为 20kbps。虽然这种传输速率与异步通信可以很好地匹配，但对某些同步通信系统，其传输速率却不能得到满足。

（2）传输距离不够远。根据 RS-232C 标准，各装置之间电缆长度不超过 15m，即使在较好的信号通信中，电缆长度也不超过 60m。

（3）RS-232C 接口标准规定要使用一个 25 针连接器，但并未明确规定其外形尺寸的大小和形状等，因此出现了互不兼容的 25 芯连接器。

（4）接口要使用非平衡发送器和接收器，两个传输方向只有一个信号地。

（5）接口处各信号间容易产生串模干扰。

2. 其他串行通信标准

针对 RS-232C 的不足，不断出现了一些新的串行通信标准，如 RS-422 和 RS-485 等。

3. 20mA 电流环

RS-232C 传输的方式为串行电压控制。在工程实际中，也可以采用串行电流控制方式。20mA 电流环就是使用串行电流控制的一种接口电路，全双工 20mA 电流环是将 20mA 电流作为逻辑"1"，零电流作为逻辑"0"。

所谓全双工通信方式主要是指通信双方能够同时发送和接收信号，如电话的通话方式。虽然目前的 20mA 电流环还不是正式标准，但是在长距离传输的共模噪声抑制和隔离等方面，20mA 电流环传输方式优于 RS-232C 传输方式。

四、数据同步方式

在传输线路上传输数据时，为了保证发送端发送的信号能被接收端正确无误地接收，接收端必须与发送端同步。

同步技术直接影响着通信质量。为了实现同步，可以有多种方法。在短距离传输中，可以增加一根控制线来控制数据的发送。但在远距离传输中，这种方法会增加线路成本，因此必须采取其他的同步手段。

常用的同步方式有异步传输和同步传输两种。异步传输和同步传输格式如图 3-5 所示。

1. 异步传输

异步传输的每个字符在独立传输时，前后分别加上起始位和结束位，以表示一个字符的开始和结束，当接收端每收到一个字符时，便开始进行同步。

通常起始位设为"0"，结束位为"1"，结束位的长度可以为 1 位、1.5 位或 2 位。当不传输字符时，传输线一直处于停止状态，即高电平状态。当检测到传输线上有 1→0 的跃变，说明发送端开始发送字符，接收端立即应用这个电平的变化启动定时机构，按发送的顺序接收字符；在发送字符结束后，发送端又使传输线处于高电平，直至下一个字符。

在异步传输方式中，由于不需要发送端和接收端之间另外传输定时信号，因此实现起来比较简单，但缺点有两个：一是传输效率较低；二是由于发收双方时钟的差异，导致传输速率不能太高。

2. 同步传输

在开始发送一帧数据前，同步传输必须发送固定长度的帧同步字符，接着发送数据字符，发送完数据后再发送帧终止字符，这样就实现了字符与帧同步，最后连续发送空白字符，直到发送下一帧时重复上述的过程。

字符之间不可预测的时间间隔

| I O | 起 | | | | | | | | | 止 | | 起 | | | | | | | | | 止 | 起 | |

一个字符　　　　　　　　　　　　一个字符

(a)

| 同步标志 | 控制字段 | 数据字段 | 控制字段 |

(b)

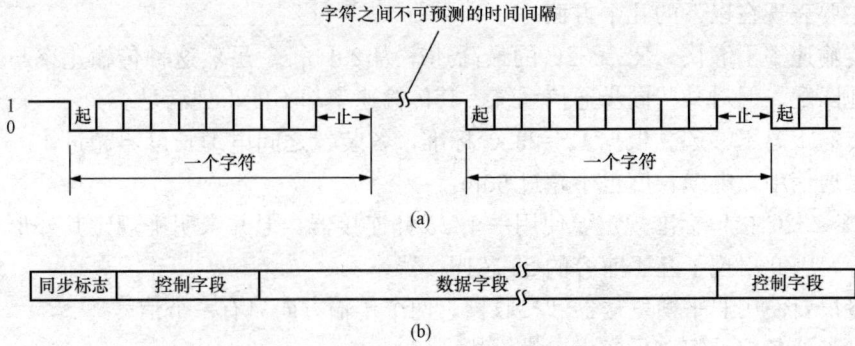

图 3-5　异步传输和同步传输格式

（a）异步传输；（b）同步传输

同步传输的优点是以块为单位，额外开销小，传输效率高，在数据通信中得到了广泛应用；缺点是发送端和接收端控制复杂，对线路要求也较高。

五、多路复用技术

多路复用技术是有效地利用数据传输系统，将许多单个信号在一个信道上同时传输的技术，如一条宽带信道被划分为多条逻辑基带信道后，能进行多个数据的同时传输。

多路复用技术的基本原理是发送端将各路信号传输到多路复合器，多路复合器先采用调制技术，将各路信号调制为互不混淆的调制信号，接着通过一个信道将其传输到接受端；接受端利用解调技术对这些信号加以区分，并使它们恢复成原来的信号，从而达到多路复用的目的。多路复用的原理框图如图 3-6 所示。

常用的多路复用技术有频分多路复用、时分多路复用、波分复用和码分复用等。

1. 频分多路复用

在物理信道的可用带宽超过单个原始信号所需带宽情况下，可将该物理信道的总带宽进行分割，即分割成若干个与传输单个信号带宽相同或略宽的子信道，每个子信道传输一路信号，频分多路复用技术的工作原理如图 3-7（a）所示。

通常宽带信号是将数字信号调制成频分复用模拟信号，再送到模拟信道上去传输的模拟信号。这种模拟信号通常由某一个频率或几个频率组成，它占用了一个固有频带，这就是为什么宽带信号也称做频带信号或模拟信号的原因。

2. 时分多路复用

利用每个信号在时间上的交叉，可以在一个传输通道上传输多路数字信号。这种交叉既可以是位一级的，也可以是由字节组成的块或更大量的信息。每个信号源的时间片序列，称为一条通道时间片的一个周期，即一帧。时分多路复用技术的工作原理如图 3-7（b）所示。

如果传输介质能达到的位传输速率超过传输数据所需的数据传输速率时，可采用时分多路复用技术。时分多路复用可以传输数字信号，也可以同时交叉传输模拟信号。

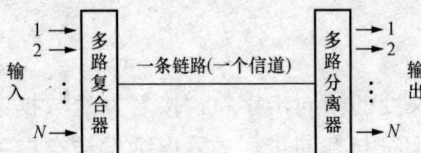

3. 波分复用

波分复用是将一系列载有信息而波长不同的光信号合成一束，沿着单根光纤传输到信号的接收

| 输入 | 1→ 2→ ⋮ N→ | 多路复合器 | —条链路(一个信道) | 多路分离器 | →1 →2 ⋮ →N | 输出 |

图 3-6　多路复用的原理框图

(a)

(b)

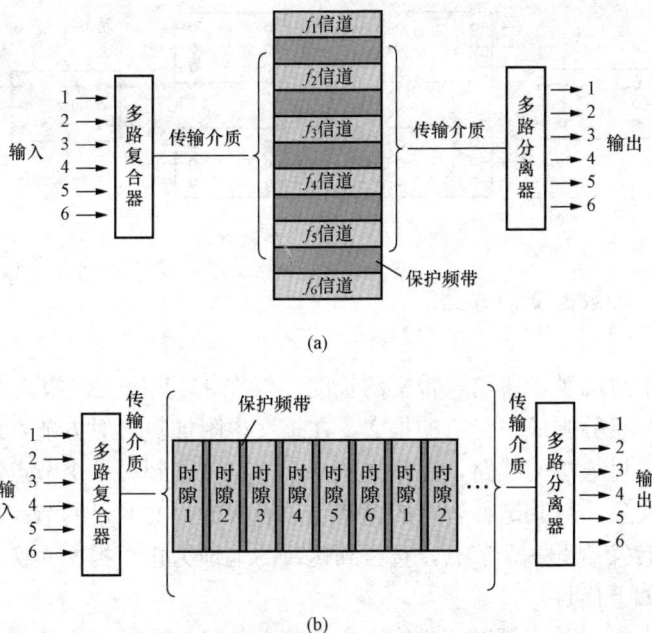

图 3-7 频分和时分多路复用原理框图

(a) 频分多路复用；(b) 时分多路复用

端，然后将各个不同波长的光信号分开的通信技术。

采用波分复用技术后，可以在一根光纤上使用不同的波长传输多种光信号。单纤可传输 16 种波长，每一波长速率为 2.5Gbps，这样可构成传输速率为 40Gbps 的传输系统。单纤波分复用示意如图 3-8 所示。

4. 码分复用

码分复用主要用于无线移动通信中。

六、数据交换技术

数据交换技术就是按某种方式动态地分配传输线路资源的技术。如电话交换机在用户呼叫时，为用户选择一条可用的线路进行接续，用户挂机后则断开该线路，该线路又可分配给其他用户。

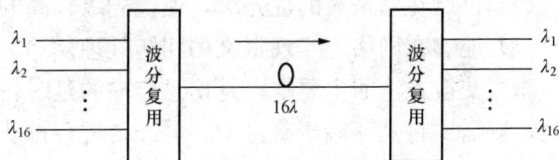

图 3-8 单纤波分复用示意

采用数据交换技术可以节省线路投资，提高线路利用率。实现数据交换的方法主要有电路交换、报文交换和分组交换。

1. 电路交换

电路交换可以通过电话系统连接实现。电路交换包括建立线路连接、使用线路通信和释放线路连接三个过程。在通信过程中，电路交换只是为通信双方提供建立线路的连接，交换机对通信双方的信息内容不进行任何干预。电路交换示意如图 3-9 所示。

电路交换方式的主要优点如下：

(1) 信息传输延迟小。就给定的接续路由来说，传输延迟是固定不变的。

(2) 信息编码方法、信息格式和传输控制程序等都不受限制。

电路交换的主要缺点是建立连接的时间较长和线路利用率低。尽管如此，电路交换仍是

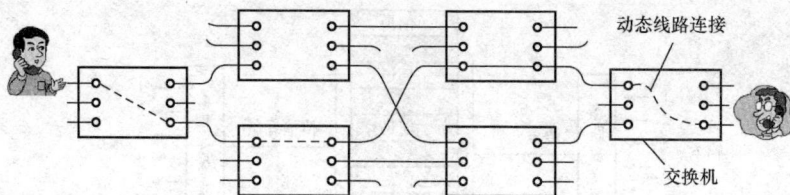

图 3-9　电路交换示意

局域网可以使用的一种数据交换方式。

2. 报文交换

所谓报文就是信息的逻辑单位，报文的长度一般在 10kb 以上。报文交换方式的工作原理是先将待发送的信息分割成一份份的报文，在报文中附加包含对方节点地址等有关信息的报头和报尾，接着通过连接的线路，将报文从一个节点传输到另一个节点；报文交换的每一个节点接收整个报文后，对其进行暂时的存储，最后根据报文的目的节点地址，寻找一条空闲通道，将此报文转发给下一个节点，直至到达目的地址为止，报文交换又称为存储转发。

报文交换具有如下优点：

（1）在传输多个报文时，可以分时使用一个节点与另一个节点之间的连接线路，线路的利用率高。

（2）当网络上的信息量增大时，就电路交换而言，就只好拒绝一些传输的请求，如处于忙音的状态的电话不能通话。而报文交换不要求发送者与接收者同时处于工作状态，在接收者"忙"的时候，网络节点可先将报文暂存在中间的某个节点中，等待线路的空闲。

（3）一个报文可以同时发给多个接收者。

（4）可以建立报文的优先级，使优先级较高的报文优先转发。

（5）能够在网络上实现报文的纠错处理。

报文交换方法的主要缺点是信息传输的延时较长，如对于大的报文，当网络节点内存不够时，则需要将其存储于磁盘中，另外要进行排队等待等，因此通常报文交换不适用于实时性通信和交互式通信。

3. 分组交换

分组交换也称包交换。它将报文划分成多个更小的等长部分，每个部分叫做一个数据段，报文分组的长度为 1kb 左右。在每个数据段的前面加上一些必要的控制信息组成首部，就可以构成了一个分组。首部用于指明该分组发往何地址。

分组交换就是交换机根据每个分组的地址标志，将每个分组转发至目的地的过程。分组交换网兼有电路交换和报文交换的优点。

分组交换的主要特点如下：

（1）在一条物理线路上，分组交换可提供多条逻辑信道，提高了线路的利用率。

（2）对转发节点的存储要求较低，可以用内存来缓冲分组，因此通信速度快。

（3）转发延时小，适用于交互式通信。

（4）当某个分组出错时，可以仅重发出错的分组，因此通信效率高。

（5）有强大的纠错机制、流量控制和路由选择功能。

（6）由于各分组可通过不同路径传输，因此容错性好。

（7）需要分割报文和重组报文，增加了端站点的负担。

七、模拟信号的调制

由于模拟信号传输的基础是载波，载波具有幅度、频率和相位三大要素，因此模拟信号的调制一般有移幅键控法、移频键控法和移相键控法等三种基本形式，如图 3-10 所示。

1. 移幅键控法

移幅键控法采用载波的两种不同幅度来表示二进制的两种状态，该调制技术易受增益变化的影响。

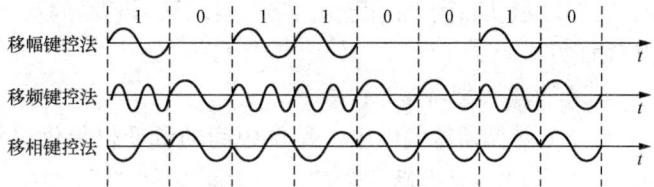

图 3-10　数字调制的三种基本形式

2. 移频键控法

移频键控法是用载波频率附近的两种不同频率来表示二进制的两种状态，该调制技术可以实现全双工通信方式。

3. 移相键控法

移相键控法是用载波信号相位移动来表示数据，该调制技术对传输速率起到加倍的作用，允许使用两相或多于两相的相移。

八、数字信号的编码方式

通常数字信号可以用单极性脉冲和双极性脉冲来表示，其中脉冲又分为归零脉冲和不归零脉冲两种形式，如图 3-11 所示。

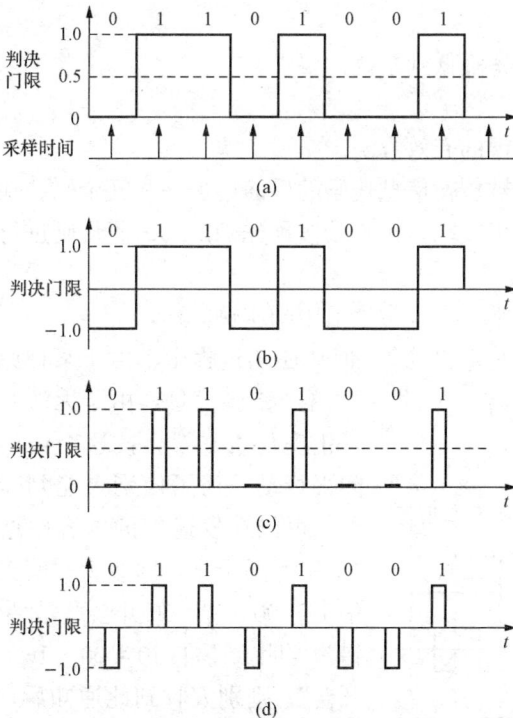

图 3-11　由矩形脉冲表示的数字信号
(a) 单极性脉冲；(b) 双极性脉冲；(c) 单极性归零脉冲；
(d) 双极性归零脉冲

1. 不归零码

（1）单极性不归零码。无电压表示"0"，恒定正电压表示"1"，每个码元时间的中间点是采样时间，判决门限为半幅电平。

（2）双极性不归零码。"1"码和"0"码都有电流，"1"为正电流，"0"为负电流，正幅度和负幅度相等，判决门限为零电平。

（3）单极性归零码。当发"1"码时，发出正电流，如果持续时间小于一个码元的时间宽度，就发出一个窄脉冲；当发"0"码时，仍然不发送电流。

（4）双极性归零码。"1"码发正的窄脉冲，"0"码发负的窄脉冲，两个码元的时间间隔可以大于每一个窄脉冲的宽度，采样时间是脉冲的中心。

综上所述，在不归零码传输中，难以确定一位的结束和另一位的开始，即要使发送器和接收器二者同步或定时，需要使用其他的方法；归零码的脉冲较窄，由于脉冲宽度与传输频带宽度成反比的关系，因此归零码在信道上占用的频带较宽；双极性码的直流分量大大减少，这对数据传输是很有利的。

2. 曼彻斯特编码

在曼彻斯特编码中，每一位的中间有一跃变，位中间的跃变既是时钟信号，又是数据信号；"1"表示从高到低的跃变，"0"表示从低到高的跃变。基带信号编码就是曼彻斯特编码的应用之一。

3. 差分曼彻斯特编码

在差分曼彻斯特编码中，每位中间的跃变仅提供时钟定时，而每位开始时有无跃变用"0"或"1"表示，有跃变为"0"，无跃变为"1"。

曼彻斯特编码和差分曼彻斯特编码都具有自同步和抗干扰性能。这是因为它们都是将时钟和数据包含在数据流中，在传输代码信息的过程中，也将时钟同步信号传到了对方；在每位编码中，有一跃变，不存在直流分量。曼彻斯特编码和差分曼彻斯特编码的主要缺点是调制速率被减少一倍。这是因为每一个码元都被调成两个电平，因此数据传输速率只有调制速率的 $1/2$。

不归零码、曼彻斯特编码和差分曼彻斯特编码格式如图 3 - 12 所示。

九、差错的校验

通信线路上总有噪声存在，噪声与有用信息的叠加就会出现通信差错，差错可用误码率来度量。数据通信系统的基本任务是高效而无差错地传输数据，提高数据传输质量的方法有很多，下面介绍两种常用的技术方法。

1. 选择高性能的通信线路

选择高性能的通信线路，使误差出现的概率降低到系统的要求。

2. 抗干扰编码

抗干扰编码是帮助发现错误和自动纠正错误的有效方法。

所谓抗干扰编码，就是按一定的规则，在被传输信息代码的后面增加一些冗余码。在数据通信过程中，将冗余码与信息码一起发送到接收端，接收端按预先确定的编码规则进行译码，最终可以发现错误或纠正错误。

为了说明误码抗干扰编码的基本原理，先举一个日常生活中的实例。

如果你发出一个通知："明天 14：00～16：00 开会"，但在通知过程中，由于某种原因产生了错误，别人收到的却是"明天 10：00～16：00 开会"这个错误信息，由于无法判断其正确与否，就会按这个错误时间去行动。为了使别人能判断正误，可以在发通知的内容中增加"下午"两个字，即改为"明天下午 14：00～16：00 开会"，如果仍错为"明天下午 10：00～16：00 开会"，则别人收到此通知后，根据"下午"两字，即可判断出其中"10：00"发生了错误。但仍不能纠正其错误，因为无法判断

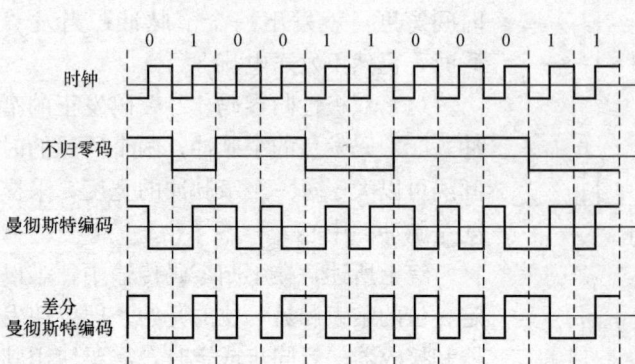

图 3 - 12　三种编码格式

"10：00"错在何处，即无法判断原来究竟是几点钟。这时别人可以要求你再发一次通知，这就是检错重发的基本原理。

为了实现不但能判断正误（检错），同时还能改正错误（纠错），可以把发的通知内容再增加"两个小时"四个字，即改为："明天下 14：00～16：00 两个小时开会"。如果其中"14：00"仍错为"10：00"，则不但能检错，同时还能纠错，因为从其中增加的"两个小时"四个字中，可以判断出正确的时间为"14：00～16：00"。

从上例的说明可知：为了能判断传输的信息是否有误，可以在传输时增加必要的附加判断数据；如果还要求能纠错，则需要增加更多的附加判断数据。在不发生误码的情况之下，这些附加数据是完全多余的，但如果发生误码，即可利用被传信息数据与附加数据之间的特定关系，实现检错和纠错，这就是抗干扰编码的基本原理。

无论检错和纠错，其能力都是有限的。如在上例中，若开会时间错为"16：00～18：00"，则无法实现检错与纠错，因为这个时间也同样满足附加数据的约束条件。

3. 常用检错和纠错编码技术

（1）奇偶校验。奇偶校验可以在两个级别上实现：一是在原始数据字节的最高位或最低位增加一个奇偶校验位，使结果中 1 的个数为奇数（奇校验）或偶数（偶校验）。如1100010 增加偶校验位后为 11100010；二是在通信过程中实现，即在发送时增加奇偶校验位。

（2）循环冗余校验。与简单奇偶校验相比，循环冗余校验码检错能力极强。循环冗余校验差错检测原理是收发双方约定一个生成多项式 $G(x)$，发送方根据发送的数据和 $G(x)$，计算出循环冗余校验和并把它加在数据的末尾；接收方则用 $G(x)$ 去除接收到的数据，如果有余数，则传输有错。循环冗余校验的校验和是 16 位或 32 位的二进制位串。

（3）海明码。海明码是较为常用的纠错码，它可以对 CPU 与硬盘的通信等进行纠错。

第二节 网 络 通 信 协 议

一个完整的计算机网络需要有一套复杂的协议集合，而复杂网络协议的最好组织方式就是层次模型。在应用分层的方法分析网络协议时，涉及的主要内容包括分层的原理、不同层间的相互关系和对等实体等。

1. 分层的原理

分层的原理是将整个庞大而复杂的网络通信问题，划分为若干个容易处理的小问题。

（1）根据不同层次进行抽象分层。

（2）明确定义每层能够实现的具体功能。

（3）每层功能的选择应该有助于制定符合国际标准的网络协议。

（4）各层边界的选择应该有助于减少接口的通信量。这里的接口是指网络分层结构中，各相邻层之间的通信。

（5）层数要合理。因为层数过少，将无法避免不同的功能混杂在同一层中；层数过多，则体系结构会过于庞大。

2. 不同层间的相互关系

不同层间的相互关系描述如下：

（1）第 n 层的功能是定义在第（$n-1$）层功能基础上的，第 n 层的实体只能使用（$n-1$）层提供的服务。至于（$n-1$）层服务是怎样实现的，第 n 层及其以上的层则并不知道，也不需要了解。

（2）不包括最高层的第 n 层向第（$n+1$）层提供服务。此服务包括第 n 层及其以下层提供的服务。

（3）最低层只提供而不使用服务；最高层只接受服务而不提供服务；中间层既是其下一层服务的用户，又是上一层服务的提供者。

（4）由于各层只与相邻层发生联系，因此仅在相邻层间设有接口。

3. 对等实体

在不同系统中的同一层实体叫做对等实体。当两个系统相互通信时，实际上是各自所有的对等实体在它们所处的层间的通信，因此对等实体的通信必须遵循其所在层的通信协议。

目前 DCS 的网络通信协议主要有 OSI/RM 和 TCP/IP 等。

一、OSI/RM 协议

1. 七层模型

OSI/RM 由七层组成，也称为 OSI 七层模型。OSI/RM 框图如图 3-13 所示。

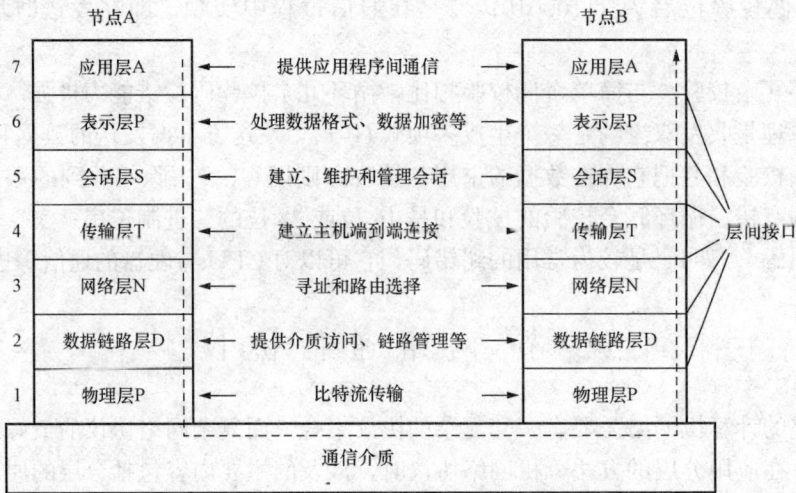

图 3-13　OSI/RM 框图

2. 七层模型的描述

OSI/RM 通过七层的描述，说明了三级抽象，即体系结构、服务定义和协议规格。这七层由低到高分别是物理层、数据链路层、网络层、传输层、会话层、表示层和应用层。

第一层到第三层属于低三层，描述了网络通信连接的链路内容；第四层到第七层为高四层，说明了端到端的数据通信内容。

3. 七层模型的功能

（1）物理层。物理层协议阐述了网络的机械和电气接口等物理连接内容。

物理层处于整个 OSI/RM 的最低层，它是建立在电缆、物理端口及其附属设备等物理介质基础上的协议和会话。工作在物理层的物理介质主要包括网络接口卡（network interface card，NIC）、中继器、集线器（HUB）、双绞线、同轴电缆、RJ-45 接口、串口和并口等。

物理层设备是最低层次的网络设备，主要负责实际的信号传输，即比特流。

（2）数据链路层。数据链路层协议主要描述了控制相邻系统之间的物理链路，即在传输比特信息的基础上，怎样保证相邻节点间可靠的数据通信。为了保证数据的可靠传输，用户数据被封装成帧。帧是数据链路层的协议数据单元，只在数据链路层中有意义。

帧和链路控制协议（LCP）的表示如图 3-14 所示。

帧由帧头标识、接收地址、控制、协议、LCP、校验和和帧尾标识等段组成。其中控制段用来表示数据连接帧的类型，LCP 段中的数据段包含实际要传输的数据，校验和段用于检测传输中帧出现的错误。

数据链路层可使用的协议有 SLIP、PPP、X.25 和帧中继等。工作在这个层次上的交换机俗称"第二层交换机"，如调制/解调器、网桥和低档的交换机。

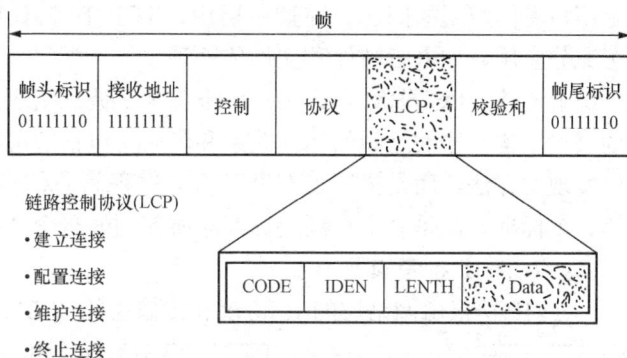

图 3-14 帧和链路控制协议（LCP）的表示

数据链路层设备只认识数据链路层和物理层的数据，即帧和比特流。

（3）网络层。设置网络层的主要目的有两个：一是提供路由，即选择到达目标主机的最佳路径，并沿该路径传输数据包；二是能够消除网络拥挤，即能够控制流量，避免冲突和堵塞。

网络层协议描述的内容包括建立与拆除网络连接、路径选择与中继、网络连接多路复用、分段和组块、服务选择与流量控制等。网络层协议解决的不是同一网段内部的通信问题，而是整个网络的通信问题。

网络层设备主要负责路由，即选择合适的路径的功能。如路由器就是典型的网络层设备，它能够识别帧中的三层地址。如一台 IP 地址为"192.168.1.1"的计算机要一台 IP 地址为"10.1.1.2"的计算机进行通信，虽然它们不在同一子网，但是通过路由器的路由，可以实现二者的通信。

现在许多较高档的交换机也可直接工作在这个层次上，并提供路由功能，人们称它们为"第三层交换机"。

（4）传输层。与传输层有关的协议是网络传输协议。它描述了有关网络数据传输标准的内容。如多路复用与分割、从映像传输地址到网络地址、传输连接的建立与释放、分段与重新组装、组块与分块等。

利用网络传输协议和传输层设备，可以实现可靠的端到端的数据传输，能够解决数据在网络之间的传输质量问题。如人们经常说的服务质量（quality of service，QoS），就是传输层的主要内容。

（5）会话层。会话层协议主要描述了从会话连接到传输连接的映射、数据传输、会话连接的恢复与释放、会话管理、令牌管理和活动管理等。

利用传输层设备可以提供会话服务。会话可能是一个用户通过网络登录到一个主机，或者是一个正在建立的用于传输文件的会话。

（6）表示层。虽然表示层以下的五层完成了端到端的数据传输，并且是可靠和无差错的传输，但是数据传输只是手段而不是目的，最终的目的还是能够实现数据的使用。

表示层协议描述了数据管理的内容，即屏蔽通信双方不同的数据表示方法。表示层协议的主要内容是数据语法转换、语法表示、表示连接管理、数据加密和数据压缩等。

（7）应用层。这是 OSI/RM 的最高层，它要解决的也是最高层次的问题，即直接面对的是用户具体应用的问题。在这一层中，TCP/IP 协议中的 FTP、SMTP 和 POP 等协议得到了充分应用，如电子邮件和文件传输等。

综上所述，OSI/RM 是作为一个框架来协调和组织各层所提供的服务，它定义了开放系统的层次结构、层次之间的相互关系和各层所包括的可能的任务。OSI/RM 并没有提供一个可以实现的方法，而是描述了有助于协调进程间通信标准制定的相关概念。即 OSI/RM 并不是一个标准，而是一个在制定标准时所使用的概念性框架，只是一个参考模型而已。

二、TCP/IP 参考模型

TCP/IP 协议由网络层的 IP 协议和传输层的 TCP 协议组成。它是 Internet 最基本的协议，也是 Internet 的基础之一。

一般可以简单地这样认为：TCP/IP 协议是 TCP 负责发现传输的问题，一有问题就发出信号，要求重新传输，直到所有数据安全正确地传输到目的地；IP 是给 Internet 的每一台电脑规定一个地址。

TCP/IP 协议并不完全符合 OSI 的七层参考模型。它只采用了应用层、传输层、Internet 层和网络接口层等四层结构。OSI/RM 与 TCP/IP 参考模型的对应关系如图 3-15 所示。

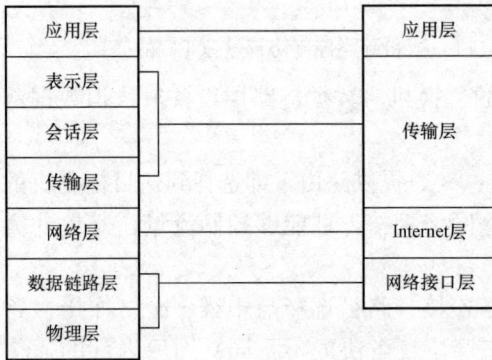

图 3-15　OSI/RM 与 TCP/IP 参考模型的对应关系

第三节　网络传输介质和通信设备

一、网络传输介质

在 DCS 网络中，通常采用的传输介质分有线和无线两大类。有线传输介质主要包括双绞线、同轴电缆和光纤三种。传输介质对 DCS 网络的通信质量有很大的影响。传输介质的选择，主要取决于网络拓扑的结构、实际需要的通信容量、可靠性要求和能承受的价格范围等。传输介质的主要性能介绍如下。

（1）物理特性：物理特性说明了传输介质的特性。

（2）传输特性：传输特性包括信号发送技术、调制技术、传输容量和传输频率范围等。

（3）连通性：连通性是指节点与节点的连接方式。节点与节点的连接，既可采用点到点连接，也可以使用多点连接。

（4）地理范围：在不用中间设备并将失真限制在允许范围内的情况下，整个网络所允许的最大距离就是地理范围。

（5）抗干扰性：在存在扰动的情况下，装置、设备或系统保持其性能不降低的能力，称为抗干扰性，抗干扰性是衡量介质的数据传输性能指标之一。

（6）相对价格：相对价格包括元件、安装和维护等价格，它在组网选择时是很重要的因素。

（一）双绞线

双绞线的线芯是铜线或镀铜钢线，截面直径在 0.038～0.142cm 之间，是将两根相互绝缘的导体以螺旋状的形式相互缠绕而成。在数据传输的过程中，双绞线可以消除自发性的电磁干扰。

双绞线可分为屏蔽双绞线和非屏蔽双绞线。由于在屏蔽双绞线的双绞线与外层绝缘封套之间，有一个金属屏蔽层，因此可以减少辐射、防止信息被窃听和阻止外部电磁干扰的进入。与同类的非屏蔽双绞线相比，屏蔽双绞线具有更高的传输速率。屏蔽双绞线的结构示意如图 3-16 所示。

图 3-16 屏蔽双绞线的结构示意

计算机网络中最常用的是 3 类和 5 类非屏蔽双绞线，它们均由 4 对双绞线组成。3 类双绞线传输速率可达 10Mbps；而 5 类双绞线传输速率可达 100Mbps。

双绞线的主要特性如下：

（1）物理特性：铜质线芯，传导性能良好。

（2）传输特性：双绞线的带宽可达 268kHz，能够传输模拟信号和数字信号。当传输模拟信号时，每 5～6km 需要一个放大器；当传输数字信号时，每 2km 左右需要一个中继器。

（3）连通性：可用于点到点连接或多点连接。

（4）地理范围：局域网的双绞线传输速率为 100kbps 时，可传输 1km；而速率为 10～100Mbps 时，可传输 100m。

（5）抗干扰性：在 10kHz 以下的低频时，双绞线的抗干扰性能强于同轴电缆，而在 10～100kHz 高频时，双绞线的抗干扰性能弱于同轴电缆。另外双绞线的保密性差，误码率高，不适合于通信安全性和可靠性要求高的应用。

（6）相对价格：双绞线的相对价格比同轴电缆和光纤低很多。

（二）同轴电缆

同轴电缆按其截面直径，可分为粗缆和细缆两种。粗缆直径为 10mm，细缆直径为 5mm，它们均被广泛用于局域网中。同轴电缆由塑料封套、网状屏蔽层、绝缘层和中心铜线等组成。同轴电缆和单芯光纤的基本组成示意如图 3-17 所示。

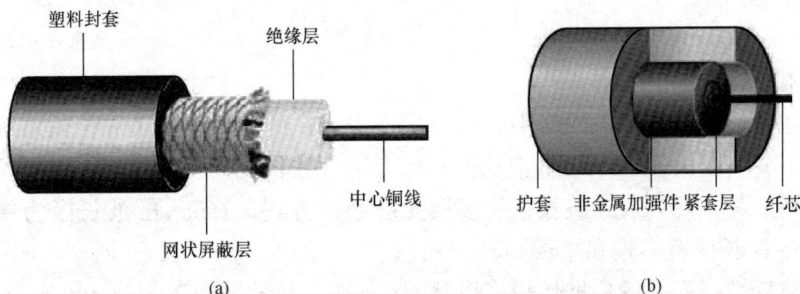

(a)

(b)

图 3-17 同轴电缆和单芯光纤的基本组成示意

（a）同轴电缆；（b）单芯光纤

同轴电缆的主要特性如下：

（1）物理特性：单根同轴电缆直径约为 $1.02\sim2.54cm$，可工作在较宽的频率范围内。

（2）传输特性：基带同轴电缆仅用于数字传输，阻抗为 50Ω，并使用曼彻斯特编码，数据传输速率最高可达 10Mbps。

宽带同轴电缆可用于模拟信号和数字信号传输，阻抗为 75Ω。当传输模拟信号时，带宽可达 $300\sim450MHz$。

（3）连通性：同轴电缆可用于点到点连接或多点连接。

（4）地理范围：基带同轴电缆的最大距离不超过 10km；宽带电缆的最大距离不超过 100km。

（5）抗干扰性：同轴电缆能力比双绞线强。

（6）相对价格：同轴电缆的相对价格比双绞线高，比光纤低。

（三）光纤

光纤是"光导纤维"的简称。由于光在不同物质中的传播速度不同，因此光从一种物质射向另一种物质时，在两种物质的交界面处，会产生折射和反射，而且折射光的角度会随入射光的角度变化而变化。当入射光的角度达到或超过某一角度时，折射光就会消失，如果入射光全部被反射回来，就形成了光的全反射。不同的物质对相同波长光的折射角度是不同的，即不同的物质有不同的光折射率，相同的物质对不同波长光的折射角度也是不同。

单芯光纤一般由护套、非金属加强件、紧套层和纤芯等构成，如图 3-17（b）所示。

光可以在玻璃或塑料制成的纤维中形成全反射，光纤正是利用了这一特性而实现数据传输的。光纤通信就是利用光波作为载波来传输信息，而以光纤作为传输介质实现信息传输，从而实现数据通信的目的。

通常光纤的一端的发射装置使用发光二极管或一束激光将光脉冲传输至光纤，光纤的另一端的接收装置使用光敏元件检测脉冲。光纤通信系统主要由光终端机、传输介质、光中继器和电终端等组成。光纤通信系统构成的框图如图 3-18 所示。

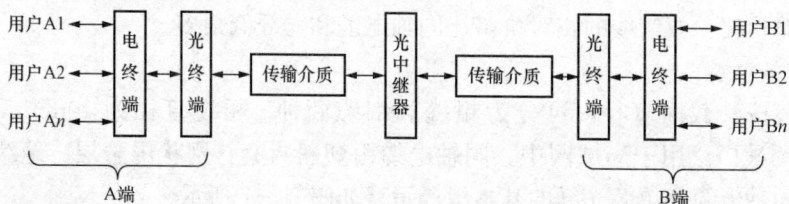

图 3-18　光纤通信系统构成的框图

光纤的主要特性如下：

（1）物理特性：在计算机网络中，均采用一来一往的两根光纤组成传输系统。按波长范围可分为 $0.85\mu m$ 波长区、$1.3\mu m$ 波长区和 $1.55\mu m$ 波长区等三种。不同的波长范围光纤损耗特性也不同，其中 $0.85\mu m$ 波长区为多模光纤通信方式，$1.55\mu m$ 波长区为单模光纤通信方式，$1.3\mu m$ 波长区有多模和单模两种方式。

（2）传输特性：光纤的数据传输率可达 Gbps 级，传输距离不超过 100km。

（3）连通性：光纤可用于点到点连接或多点连接。

（4）地理范围：光纤可以在 $6\sim8km$ 的距离内不用中继器传输。

（5）抗干扰性：光纤不受噪声或电磁影响，而且能够提供良好的安全性。

（6）相对价格：目前价格比同轴电缆和双绞线都高。

（四）无线传输介质

1. 微波通信

微波的频率在 2～40GHz 之间，可同时传输大量信息。由于微波是沿直线传播的，因此在地面的传播距离有限。

2. 卫星通信

卫星通信是一种特殊微波通信形式，它将地球同步卫星作为中继来转发微波信号。卫星通信可以克服地面微波通信距离的限制，三个同步卫星可以覆盖地球上全部通信区域。

3. 红外通信和激光通信

红外和激光通信要将传输的信号分别转换为红外光和激光信号后，才能直接在空间沿直线传播。

二、网络通信设备

在 DCS 的数据通信系统中，主要有网卡、调制/解调器、中继器、集线器、网桥、路由器、桥由器和网关等通信设备。

1. 网卡

网卡是网络接口卡的简称。服务器和工作站上的每个计算机都必须有一块网卡，网卡一端通过总线接口与微机相连，另一端通过电缆接口与网络传输介质相连。网卡的作用是将计算机内部的信号格式与网络上传输的信号格式相互转换。转换的内容有网络的数据发送/接收速度、被传输的帧格式的细节和发送/接收方式等。网卡实现了计算机与网络的物理连接及其逻辑连接。

可以根据网卡适用的计算机总线标准和位数，对网卡进行分类。常用的总线有 ISA、PCI、EISA 和 MCA 等几种标准，总线的位数则有 8 位、16 位、32 位和 64 位。由于网卡在制造时是按网络的体系结构设计的，因此选择不同的网络体系结构时，也应注意选择相应的网卡。

2. 集线器

集线器作用是对多个终端设备进行控制，将多条低速信息汇集成一条高速信道之后，再与主机相连，使用集线器可以降低通信费用，提高通信线路利用率。

集线器属于数据通信系统中的基础设备，是不需任何软件支持或只需很少管理软件管理的硬件设备。由于集线器与中继器的区别仅在于集线器能够提供更多的端口服务，因此集线器又叫多口中继器。集线器产品的外观如图 3 - 19 所示。

图 3 - 19　集线器产品的外观

3. 网桥

网桥不仅包含了中继器的功能和特性，可以连接多种相同的传输介质，而且还可以连接不同的物理分支，如以太网和令牌网，因此能将数据包在更大的范围内传输。网桥的典型应用是将局域网分段成子网，这样就降低了数据传输的难度。

4. 桥由器

桥由器是网桥和路由器的合并。

5. 网关

网关工作在 OSI/RM 的对话层、表示层和应用层。网关能互连异类的网络,当网关从一个环境中读取数据后,首先剥去该数据的源协议,然后用目标网络的协议进行重新包装,使之适应目标环境的要求,网关的典型应用是网络专用服务器。

第四节 网络拓扑结构

采用从图演变而来的"拓扑"的方法,可以抛开计算机网络中的具体设备,把工作站和服务器等网络单元抽象为"点",将网络中的电缆等传输介质抽象为"线",由点和线组成的几何图形就构成了计算机网络的拓扑结构。

常见的网络拓扑结构主要有星形、总线型、环形、树形和网状结构等五种,如图 3-20 所示。

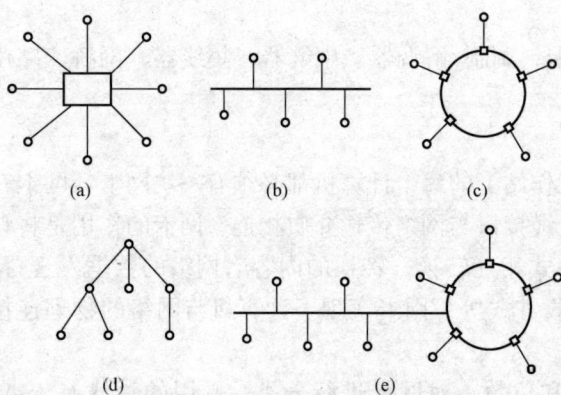

图 3-20 网络的拓扑结构

(a) 星形;(b) 总线型;(c) 环形;(d) 树形;(e) 混合型

一、星形结构

星形结构网络是局域网应用得最为普遍的一种,其主要特点如下所述。

(1) 控制简单。每个节点直接与中心节点连接,不同节点之间的通信只由中心节点控制。当一个节点的设备出现故障后,只影响该节点的通信,不会使整个网络的通信陷于瘫痪状态。

(2) 故障诊断及其隔离容易。当某一个节点的通信出现故障时,可以通过简单的排查,很快就能确定故障节点的位置,如果需要隔离,则将该节点从网络中删除即可;当整个网络的通信都不正常时,就可以考虑是否是中心节点出现了故障。

(3) 电缆长度及其安装工作量较大。如果节点数量较多,则电缆长度及其安装工作量相当可观。

(4) 网络可靠性依赖于中心节点。各节点的分布处理能力较低,中央节点负担较重,容易形成瓶颈。中心节点的可靠性就是整个网络的可靠性,即如果中心节点出现故障,则整个网络不能正常工作。

二、总线型结构

总线型结构网络的所有设备都直接和总线相连,其主要特点如下:

(1) 易于扩充。当需要增加一个用户时,只要添加一个接线器,即可与总线连接;当需要减少一个用户时,只要将该节点与网络的连线断开即可。

(2) 故障定位比较困难。虽然单个节点失效不会影响整个网络的正常通信,但如果总线干线被断开,则整个网络或者相应主干网段就不能正常工作了。因此为了排除网络的故障,需要对故障进行定位。为了降低故障定位工作的难度,最好对整个网络进行分段排查,因此工作量较大,故障定位有时比较困难,如图 3-21 所示。

(3) 电缆长度及其安装工作量较小。由于设备直接与总线干线连接,因此电缆长度及其

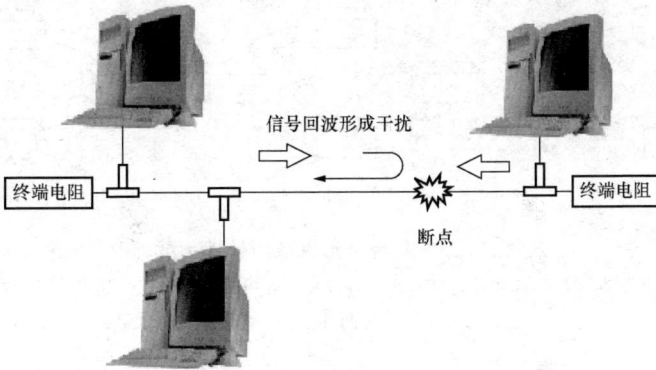

图 3 - 21 故障定位

安装工作量较小。

（4）管理成本高。由于总线型网络允许的发送节点一次仅有一个，其他节点必须等待获得发送权，因此管理成本高。

（5）较高的可靠性。由于总线型网络结构简单，又是无源工作，通常还是冗余配置，因此有较高的可靠性。

（6）通信范围受到限制。由于信号在总线上传输的过程中存在衰减，因此总线干线的总长度、每段干线的长度、设备数量和最小距离等都有一定的限制。

（7）需要终端电阻。为了防止信号在主干电缆终端处产生回波而形成反射，在主干电缆的两端，应该加上相应的终端电阻以吸收信号能量，防止因阻抗不匹配而导致信号的回波反射出现。

三、环形结构

环形网络是一条首尾相连的闭合环通信线路，各节点通过环接口与环形网络相连。环接口有两种操作模式，即监听模式和传输模式。环型网络的主要特点如下：

（1）令牌传输。令牌是一种特殊的比特组合，以区别数据帧和其他控制帧。令牌用于控制网络节点的发送权，只有持有令牌的节点才能发送数据。当一个节点要发送帧时，需要获得令牌，并将其移出环，因此令牌传输不存在线路的争用问题。环本身必须有足够的延迟来容纳一个完整的令牌，延迟由两部分组成，即每站的 1 比特延迟和信号传播延迟，对于短环，必要时需要插入人工延迟。

（2）确定的传输迟延。有确定的传输迟延，适合于有特定时间要求的场合。

（3）易于安装和重新配置。要增加和删除设备，只需要改变两条连线。

（4）具有较高的传输效率。现在的环型网络多采用光纤作为传输介质，具有较高的传输效率。

（5）单个环网的可靠性差。由于一个节点的故障将导致整个单环网崩溃，因此在实际应用中，为提高单个环网的可靠性，几乎都是采用冗余的双环环形结构。双环环形网故障处理示意如图 3 - 22 所示。

（6）双环维护比较复杂。

四、树形结构

树形结构是在总线型网上加分支形成的，在传输数据的过程中，有时需要经过多条链

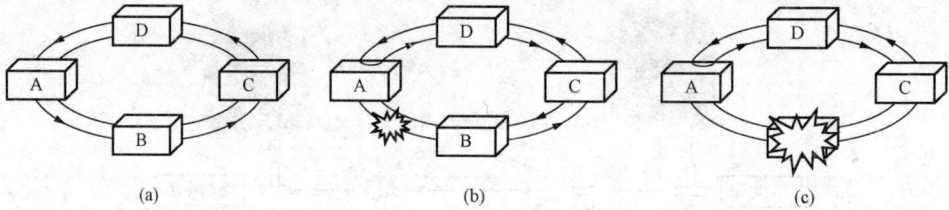

图 3-22 双环环形网故障处理示意

(a) 两个反向旋转的冗余环；(b) 一个环故障时，可将两环接在一起组成单个大环；
(c) 节点故障时，可将两环接在一起组成单个大环

路，传输迟延较大。

五、混合型结构

混合型结构至少包含两种不同的网络拓扑结构。其主要优点是易于扩展、安装、故障诊断和故障隔离等，主要缺点是需用带智能的集线器。

由于 DCS 的四级结构的每一级对网络性能的要求各不相同，因此每一级可以采用不同的网络拓扑结构，而且为了保证可靠性，几乎都对控制级的通信介质和关键设备进行了冗余配置。

综上所述，网络拓扑结构与网络传输介质的选择和控制方法密切相关，不仅会影响网上节点的运行速度，而且还涉及了网络软、硬件接口的复杂度等方面的内容。由于网络的拓扑结构和介质访问控制方法是影响网络性能的最重要因素，因此应根据实际情况，选择最合适的拓扑结构、相应的网卡和传输介质等，确保组建的网络具有较高的性能。

第五节 介质访问技术

鉴于局域网种类繁多和发展迅速，1980 年 2 月，美国电气和电子工程师学会（IEEE）成立 802 课题组，研究并制定了局域网标准 IEEE802。

802 标准定义了网卡如何访问传输介质，如何在传输介质上传输数据，还定义了网络通信设备之间连接的建立、维护和拆除的途径。遵循 802 标准的产品包括网卡和路由器等局域网络设备。

符合 802 标准常用的介质访问技术主要有三种：802.3 总线结构的载波监听多路访问/冲突检测（carrier sense multiple access/collision detect，CSMA/CD）、802.4 令牌总线访问技术和环形结构的 802.5 令牌环访问技术。其他的介质访问技术有虚拟局域网等。

一、CSMA/CD 访问技术

CSMA/CD 的典型应用是以太网，有"先听后发"和"边发边听"两种工作方式。下面对 CSMA/CD 和以太网分别进行介绍。

（一）CSMA/CD 的两种工作方式

1. 先听后发

使用 CSMA/CD 方式时，总线上各节点都在监听总线，即检测总线上是否有别的节点发送数据。如果发现总线是空闲的，则立即发送数据；如果监听到总线忙，这时节点需要持续等待或者等待一个随机时间，直到监听到总线空闲时，才能将数据发送出去，这就是先听后发工作方式。

2. 边发边听

在发送数据的过程中，很容易发生传输冲突的现象。当两个或两个以上节点同时监听到总线空闲，并开始发送数据时，就会发生碰撞，产生冲突；传输延迟也可能会导致冲突的产生。即第一个节点发送的数据在未到达目的节点时，另一个要发送数据的节点就已监听到总线空闲，并开始发送数据。当两个被传数据发生冲突时，这两个数据都因被破坏而产生碎片，无法到达正确的目的节点。为确保数据的正确传输，每一节点在发送数据时，要边发送边检测冲突，这称为边发边听工作方式。

CSMA/CD 的工作过程是当检测到总线上发生冲突时，就立即取消传输数据，随后发送一个短的阻塞信号，以加强冲突信号，这样可以保证网络上所有节点都知道总线上已经发生了冲突；在阻塞信号发送后，等待一个随机时间，然后再将要发送的数据发送一次，如果还有冲突发生，则重复监听、等待和重传的操作，如图 3 - 23 所示。

虽然 CSMA/CD 有结构简单和轻负载时延小等优点，但是当网络通信负荷增大时，会出现冲突增多、网络吞吐率下降和传输延时增加等现象，通信性能就会明显下降。另外各节点是通过竞争才获得总线使用权的，如果某个节点运气不好，就有可能需要很长的时间才能发送一帧，因此当总线网节点比较多时，实时性较差。

（二）以太网

以太网不是一种具体的网络，而是总线型拓扑结构的 IEEE802.3 通信协议标准。应用在工业中的以太网，称为工业以太网。通常工业以太网的主要特点如下所述。

（1）实时性。以太网通信协议和令牌调度算法保证了通信的实时性。

（2）开放性。兼容 TCP/IP 协议。

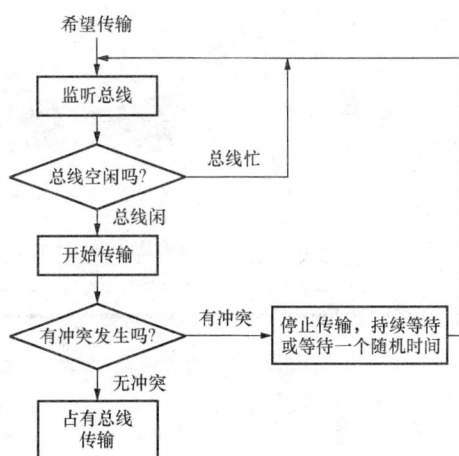

图 3 - 23　CSMA/CD 的工作过程示意图

（3）安全性。能防止"冲击波"等网络病毒对过程控制站的影响。

（4）稳定性。当出现网络故障时，单网网络风暴不影响通信，双网网络风暴不影响过程控制站的控制性能。

所谓网络风暴通常是指网络通信出现丢包、响应迟缓和时断时通等现象，主要原因是网络通信设备损坏，如网卡或交换机损坏等，另外病毒攻击和黑客活动也容易产生网络风暴。

（5）易维护性。使用标准以太网硬件可降低了维护人员培训费用和备品备件成本。

根据数据传输的速率，可以将以太网分为标准以太网（10Mbps）、快速以太网（100Mbps）、千兆以太网（1000Mbps）和万兆以太网（10Gbps）等。

1. 标准以太网

使用 CSMA/CD 的访问控制方法，标准以太网的常用传输介质如下：

（1）10Base-5 粗同轴电缆。采用基带传输，由粗同轴电缆构成的以太网示意如图3 -24所示。

（2）10Base-2 细同轴电缆。采用基带传输，由细同轴电缆构成的以太网示意如图3 -25所示。

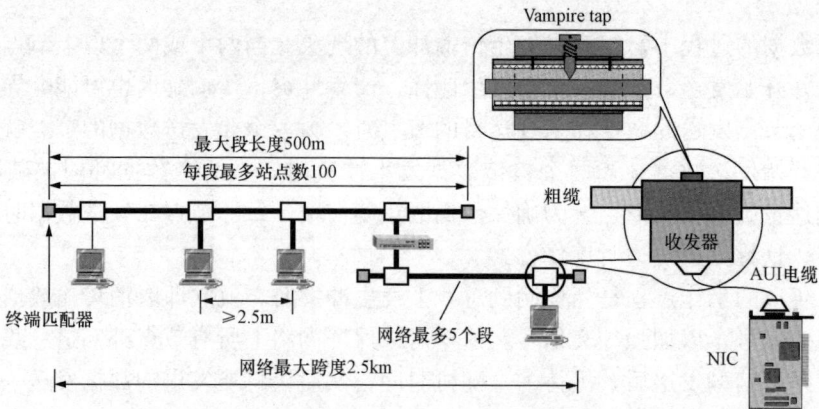

图 3-24　由粗同轴电缆构成的以太网示意

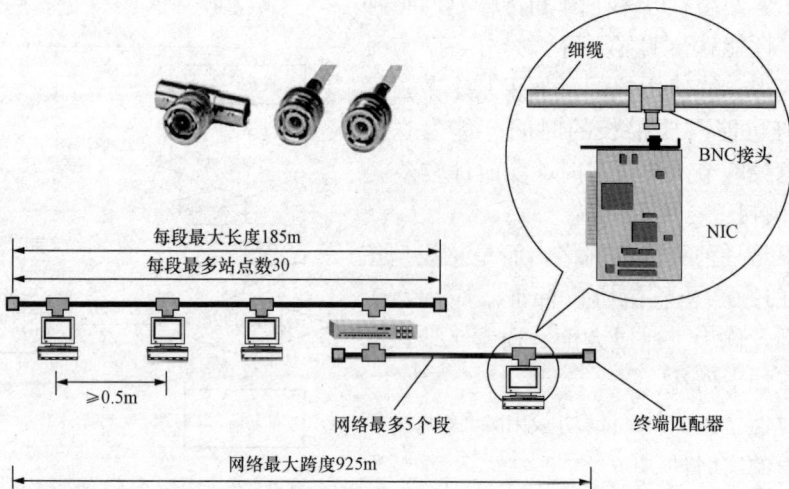

图 3-25　由细同轴电缆构成的以太网示意

（3）10Base-T 双绞线电缆。

（4）1Base-5 双绞线电缆。

（5）10Broad-36 同轴电缆（RG-59/U CATV）。

（6）10Base-F 光纤。

在上述的表示中，前面的数字表示传输速度，单位是 Mbps；最后的一个数字表示单段网线长度，基准单位是 100m；Base 代表基带；Broad 代表带宽；T 表示双绞线；F 表示光纤。

2. 快速以太网

快速以太网通信速率为 100Mbps，可分为 100BASE-TX、100BASE-T4 和 100BASE-FX 三个子类。其中 100BASE-TX 和 100BASE-T4 是基于双绞线的快速以太网技术，而 100BASE-FX 是使用光纤的快速以太网技术。

由于采用快速以太网可以提高传输速率、增加带宽和减小数据冲突，还可以使用交换技术来弥补基于 CSMA/CD 协议的数据包的竞争延迟或丢失等问题，因此目前快速以太网非常流行。

3. 千兆以太网

千兆以太网也称为高速以太网，采用 802.3z 标准，用于核心服务器与高速局域网交换机的连接，通信速率为 1000Mbps；仍采用 CSMA/CD 技术，在一个冲突域中，支持一个中继器；向下兼容 10BASE-T 和 100BASE-T；如果采用全双工通信方式，则用于交换机与交换机、交换机和工作站的连接，不受 CSMA/CD 的限制；如果采用半双工通信方式，则用于中继器与 CSMA/CD 访问技术的共享连接，受 CSMA/CD 的限制。

4. 万兆以太网

万兆以太网处于发展初期，采用 802.3ae 标准，目前还存在价格较高和厂品的端口达不到真正的线速处理要求等问题。

二、令牌环访问技术

令牌环技术适用于环形网络，并已成为流行的环访问技术。令牌有"忙"和"闲"两种状态。

当某一个节点要发送数据，并获得空令牌后，将令牌置"忙"，并以帧为单位发送数据。如果下一节点是目的节点，则将帧拷贝到接收缓冲区，并在帧中标志出帧已被正确接收和复制，同时将帧送回环上，否则只是简单地将帧送回环上。在帧绕行一周到达源节点后，源节点回收已发送的帧，并将令牌置"闲"状态，再将令牌向下一个节点传输。

当令牌在环路上绕行时，可能会产生令牌的丢失，此时应在环路中插入一个空令牌。令牌的丢失将降低环路的利用率，而令牌的重复也会破坏网络的正常运行，因此必须设置一个监控节点，以保证环路中只有一个令牌绕行。当令牌丢失，则插入一个空闲令牌；当令牌重复时，则删除多余的令牌。令牌环网的主要工作过程如图 3-26 所示。

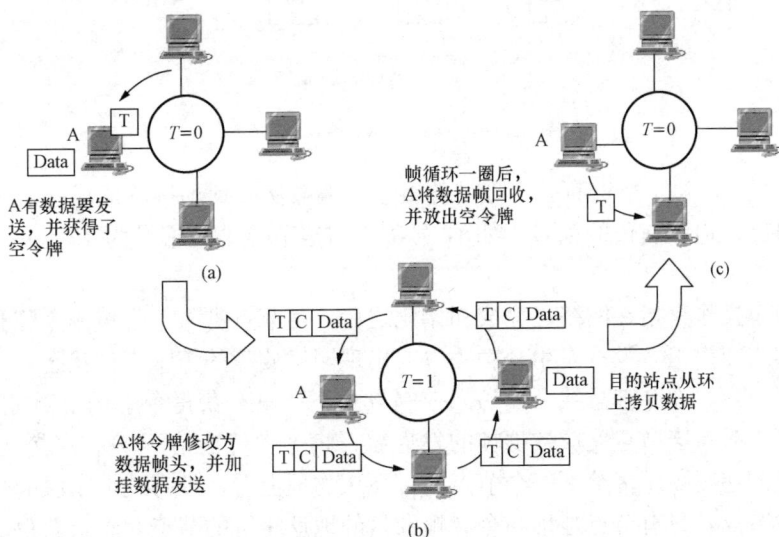

图 3-26 令牌环网的主要工作过程示意

令牌环网的传输介质可以是双绞线、同轴电缆和光纤。令牌环网的物理和逻辑结构都是一个环状，其组成包括主机、环接口、环接口连线、符合 802.5 协议的网卡和传输介质等。令牌环网的结构示意如图 3-27 所示。

令牌环访问是无争用型介质访问控制方式，具有网络利用率高，网络性能对传输距离不

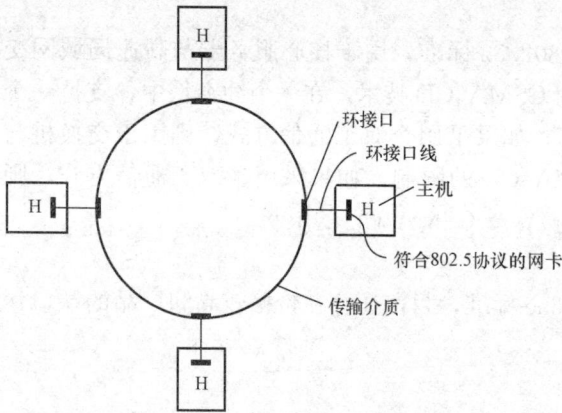

图 3-27　令牌环网的结构示意

敏感，每个节点具有同等的介质访问权等优点，缺点是控制复杂和双环维护比较困难等。

光纤分布式数据接口（fiber distributed data interface，FDDI）常用于令牌环的双环环形网中。基于数据传输速率为 100Mbps 的光纤局域网，网络覆盖范围为 2~200km，目前价格非常昂贵。

三、令牌总线访问技术

CSMA/CD 与令牌环两种介质访问方式优点的综合，就产生了令牌总线介质访问控制方式。

令牌总线的传输速率为 1~10Mbps，传输介质使用的是 75Ω 电视用宽带同轴电缆，每个节点必须有一块符合 802.4 协议的网卡。从逻辑上看，令牌总线网所有节点形成一个逻辑环；从物理上看，该网仍为总线结构。令牌总线网的结构示意如图 3-28 所示。

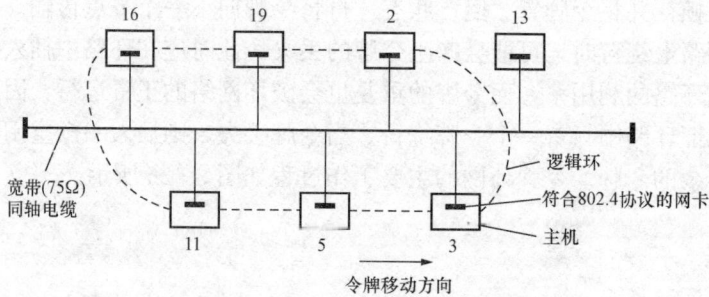

图 3-28　令牌总线网的结构示意

在图 3-28 中，每个节点有一个地址的编号，编号从大到小排队形成一个逻辑环，每个节点都知道自己左边和右边的编号。如 16 号节点右边节点地址编号为 19，左边节点地址编号为 11。

正常的稳态操作是指在网络已完成初始化之后，各节点进入正常传输令牌和数据，并且没有节点要加入或撤出，没有发生令牌丢失或出现网络故障的正常工作状态。

与令牌环一致，在令牌总线介质访问控制方式下，只有获得令牌的节点才能发送数据。在正常稳态操作时，当节点完成数据帧的发送后，将令牌传输给下一个节点。从逻辑上看，令牌是按地址的递减顺序传给下一个节点的；而从物理上看，带有地址字段的令牌帧传播到总线上的所有节点，只有节点地址与令牌帧的目的地址相符的节点才有权获得令牌。

获得令牌的节点，如果有数据要发送，则立即传输数据帧，在完成发送任务后，再将令牌传输给下一个节点；如果没有数据要发送，则应立即将令牌传输给下一个节点。由于总线上每一节点接收令牌的过程是按顺序依次进行的，因此所有节点都有访问权。为了使节点等待令牌的时间是确定的，需要限制每一节点发送数据帧的最大长度。

令牌总线访问技术多用于工业自动化领域，它的实时性优于 CSMA/CD。

综上所述，在共享介质访问控制方法中，CSMA/CD、令牌环和令牌总线应用广泛。从网络拓扑结构看，CSMA/CD 和令牌总线都是针对总线拓扑的局域网设计的，而令牌环是针对环型拓扑的局域网设计的；如果从介质访问控制方法性质的角度看，CSMA/CD 属于随机介质访问控制方法，而令牌总线和令牌环则属于确定型介质访问控制方法。

四、虚拟局域网

虚拟局域网是一种将局域网设备从逻辑上划分成多个网段，即更小的局域网，从而实现虚拟工作组（单元）的数据交换技术。

虚拟局域网技术的出现，使人们可以根据实际应用的要求，将同一物理局域网内的不同用户逻辑地划分为不同的广播域，每一个虚拟局域网都包含一组有着相同需求的节点，这与物理上形成的局域网有着相同的属性；由于虚拟局域是从逻辑上划分，而不是从物理上划分，因此一个虚拟局域网内的各个节点可以在不同物理局域网网段上。

一个虚拟局域网内部的广播和单播流量都不会转发到其他虚拟局域网中。虚拟局域网的这个特性主要有三个作用：一是有助于控制流量，减少设备投资，即一个物理的交换机可以被当作多个逻辑交换机使用；二是简化网络管理。如要更改用户所属的网络不必换端口和连线，只需更改软件配置即可；三是在一定的程度上，保证了广播信息的安全性。

虚拟局域网主要应用于交换机和路由器中，但并不是所有交换机都具有虚拟局域网功能，只有三层以上交换机才具有此功能。

第六节 DCS 通信网络的实例

通信网络是 DCS 的三大组成之一，也是体现过程分散控制和企业集中管理的重要途径。通信网络的结构、层次、组成、可靠性、扩展性、灵活性、开放性和传输方式等，对 DCS 性能影响至关重要。

虽然不同 DCS 厂家的通信网络各有特点，但还是存在很多共同点。下面先介绍 DCS 的网络结构的总体情况，再阐述 DCS 通信网络的实例。

一、DCS 的网络结构

虽然 DCS 的通信网络通常都不超出局域网的范围，但是通信网络采用的结构、协议和规模可能差异较大。

（一）控制网络

DCS 的控制网络又称为 I/O 网络，主要用于连接控制器和 I/O 模件，必须具备最高的可靠性。随着现场总线技术的出现，控制网络的形式开始多样化。近年来，以太网技术也被应用于控制网络当中。常见的控制网络结构形式有并行方式、串行总线方式、星形以太网方式和两级网络方式等几种。

1. 并行方式

并行方式的 I/O 总线示意如图 3 - 29 所示。

常见的并行总线协议有 Multibus、VME、STD、ISA、PC104 和 PCI。并行总线的主要优点是数据传输速度快，缺点是并行方式结构复杂，往往只能采

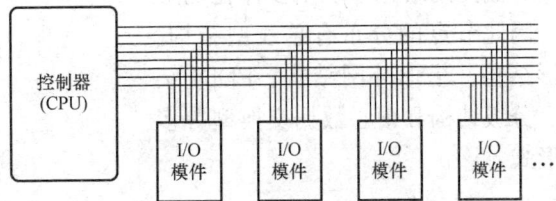

图 3 - 29 并行方式的 I/O 总线示意

用背板（或底板）连接的方式，这样一个控制器挂接的 I/O 模件数量就非常有限，而且不适合于远距离传递。

2. 串行总线方式

串行总线方式是目前流行的方式。串行总线方式的 I/O 总线示意如图 3 - 30 和图 3 - 31 所示。

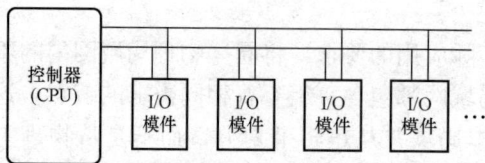

图 3 - 30　串行方式的 I/O 总线 1　　　　　　图 3 - 31　串行方式的 I/O 总线 2

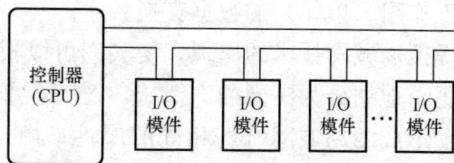

串行总线具有结构简单、线路设计灵活、抗干扰能力较强、支持远程连接和连接节点数量较多等优点，如 RS-485 总线可以挂 32 个节点，CAN 总线可以挂 64 个节点，串行总线的主要缺点是价格较高。

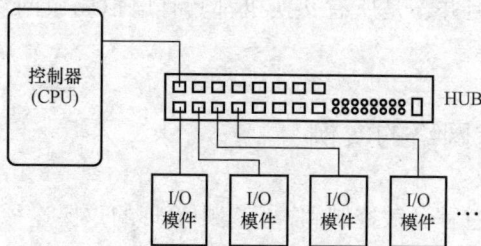

3. 星形以太网方式

星形以太网的控制网络示意如图 3 - 32 所示。

4. 两级网络方式

目前为了适应大量的 I/O 模件的数据处理需要，还产生了两级网络的方式。两级网络构成的控制网络如图 3 - 33 所示。

在图 3 - 33 中，CC 卡实际上是一个通信协议转换器（网关）。两级网络方式采用了现场总线和以太网的技术相结合的方法，即控制器与 CC 卡之间采用以太网方式和 TCP/IP 协议，而 CC 卡与 I/O 模件之间可以采用多种现场总线协议。

图 3 - 32　星形以太网的控制网络示意

（二）监控网络

监控网络主要完成人/机交互的所有数据通信，是 DCS 中数据流量最大和最频繁的网络，人们总是希望需要数据传送的速度越快越好，因此最先进和最快速的网络技术总是被用于监控网络。

随着快速以太网、千兆网、光纤介质和高速智能交换机等先进技术的应用，监控网络也呈现出多样化的形式，因此节点的分布有总线型结构、环形结构、星形环网结构、FDDI 结构、分级结构和中心数据交换型等多种形式。

1. 分级结构

为了解决实时数据通信与非实时

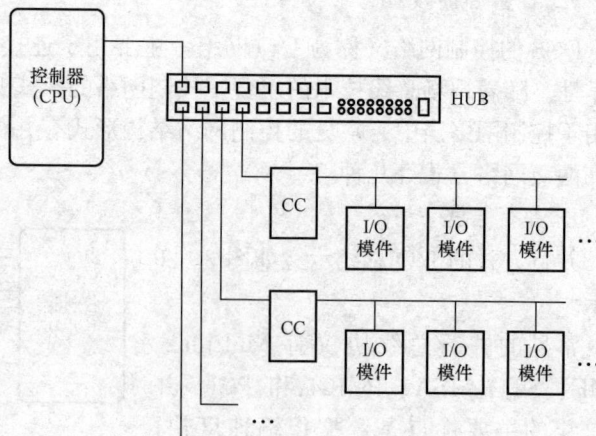

图 3 - 33　两级网络构成的控制网络示意

数据通信之间的矛盾，可以将监控网络分为实时通信网络和非实时通信网络两个网络。分级结构的监控网络如图 3-34 所示。

在图 3-34 中，A 网和 B 网是互为冗余的实时通信网络，其功能是保证控制站的数据以一定周期准确地广播到监控层各个节点，同时保证工程师站和操作员站发出的指令能够迅速准确地到达过程控制站。

C 网是非实时通信网络。其功能是在工程师站、操作员站和历史

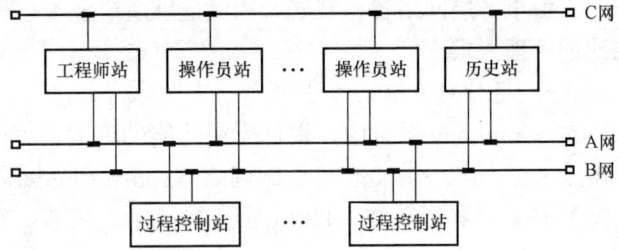

图 3-34 分级结构的监控网络示意

数据站等监控层节点之间传递非实时数据，如下载数据库、调用历史数据、报表和调用打印功能等，这些通信任务的数据流量往往较大，专用的 C 网中可以避免对实时通信任务造成的冲击。

2. 中心数据交换型

在星形结构中，过程控制站往往会向监控层周期性地和频繁地广播数据。这种广播的方式容易造成信道堵塞或数据包丢失，出现"广播风暴"问题。

为有效地避免"广播风暴"问题，不仅对通信网络的性能要求很高，而且要求监控层各个节点的内存存储量要大，即要求在监控层的各个节点都必须在内存中保存全部实时数据，因此一些 DCS 采用了中心数据交换型结构。中心数据交换型的监控网络示意如图 3-35 所示。

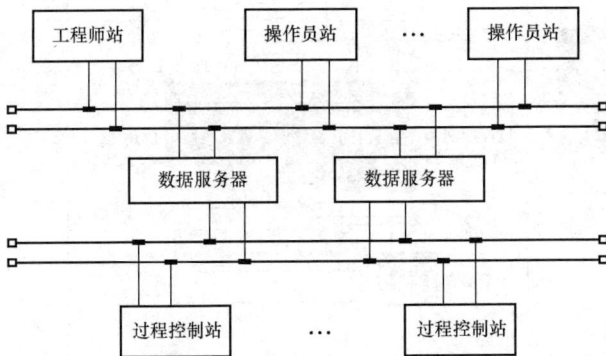

图 3-35 中心数据交换型的监控网络示意

在中心数据交换型结构中，采用了互为冗余的高性能数据服务器作为中心数据库节点，所有实时数据（有些也包括历史数据）都放在数据服务器中，因此过程控制站只需要与数据服务器之间进行一对一的通信。当操作站等监控层节点需要实时数据时，如刷新流程画面上的数据时，才向数据服务器发出申请指令，数据服务器将相关数据传输到相应的节点。

中心数据交换型结构方式不仅可以减轻网络压力，而且还保证了实时数据的一致性。但这种方式把风险集中在了数据服务器上，而且数据服务器的冗余是比较难以实现的，因此中心数据交换型对数据服务器及其冗余软件的可靠性都要求非常高。

（三）管理网络

相对而言，虽然管理网络远离现场，对实时性和可靠性要求都不太高，但是数据流量可能比较大，因此管理网络可以不采用冗余，但是必须考虑网络速度指标的要求，目前的管理网络几乎都采用了快速以太网。

二、Symphony 系统的通信网络

Symphony 系统的通信系统采用了多层的通信网络，通信功能被分别分配在不同层的节点中。由于各层网络各司其职，因此能够适应多种过程控制规模、现场条件、数据传输和高层次的管理要求。

（一）通信网络系统的结构

在 Symphony 系统中，根据应用功能的不同，可以将通信网络结构分为操作网络（operation network，O-Net）、控制网络（control network，C-Net）、控制总线（control way，C. W）和 I/O 扩展总线（I/O expander bus，X. B）等四个层次。Symphony 系统的通信网络结构示意如图 3 - 36 所示。

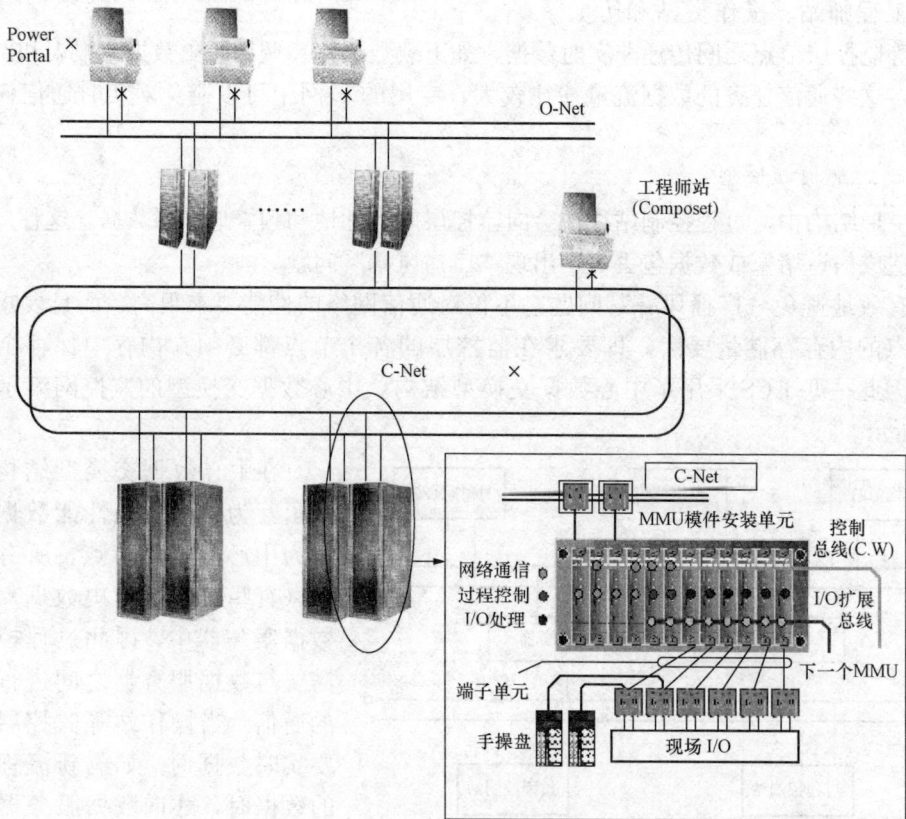

图 3 - 36　Symphony 系统的通信网络结构示意

1. 操作网络

O-Net 是符合以太网标准的冗余总线网络，主要用于构成管理层的数据交换，实现企业生产、财务、人事、培训、维护、备件和市场管理等多种内容的管理功能。相对 C-Net 环网而言，由于 O-Net 总线网节点数较少，因此采用了双工通信方式。

2. 控制网络

C-Net 是多层网络的核心，通信介质采用同轴电缆或双绞线电缆。利用缓冲寄存器插入的方式，C-Net 实现了现场 I/O 数据采集、过程控制操作、过程控制报警和系统报警等功能。虽然 C-Net 环网节点数较多，但还是采用全双工通信方式。

3. 控制总线

C. W 采用冗余的总线结构，最多可加挂 32 个 BRC300，传输介质是模件安装单元背面的印刷板电子线路。C. W 主要用于本节点内 BRC300 间的数据处理，而本地和其他节点不相干的数据处理，则不会占用 C. W。

4. I/O 扩展总线

I/O 扩展总线采用并行通信，主要用于实现 BRC300 及其 I/O 子模件之间的连接，每个 BRC300 的 I/O 扩展总线最多可挂 64 个 I/O 子模件。

Symphony 系统主要的通信结构及其技术指标如表 3 - 1 所示。

表 3 - 1   Symphony 系统主要的通信结构及其技术指标

名 称	中心环	子 环	工厂环	控制总线	I/O 扩展总线
英文名称	Central Ring C-Net	Ring C-Net	Plant Loop	Control Way	I/O Expander Bus
容 量	250 节点	250 节点	63 节点	32 主模件	64 子模件
节点性质	子环或工厂环	系统硬件	系统硬件	智能模件	I/O 模件
通信介质	双绞线 同轴电缆	双绞线 同轴电缆	双绞线 同轴电缆	印刷电路板	印刷电路板
节点距离	2000～4000m	2000～4000m	2000～4000m	HCU 内	HCU 内
相关模件	NIS 网络接口子模件	NIS 网络接口子模件	LIM 网络接口模件	NPM 网络处理模件	BRC300 桥控制器
通信速率	10M	10M	0.5M	1M	0.5M

（二）通信网络系统的主要技术

Symphony 系统采用了多种先进的通信协议、技术或标准。

1. 以太网协议

O-Net 采用先进的以太网，实现了高速的数据通信。

2. 多点和多目标存储转发通信协议

C-Net 遵守的通信协议是环形网络存储器插入式的存储转发协议，即多点和多目标的存储转发式通信协议。为提高网络的通信效率和安全性，该协议从数据处理和存储器的利用等方面着手，规定每一节点通过相应的环路介质与其他节点连接，最后形成一个闭合的环形网络；每一节点都独立的带有缓冲寄存器的信息转发器，每一转发器随时独立地接受、发送或撤销数据，没有主/从节点之分。多点和多目标存储转发通信协议能够充分调动每一节点和存储位，使它们同时参与交换数据。

3. 自由竞争协议

C. W 是总线型通信网络，使用了自由竞争式协议，也不设通信指挥器，规定凡能产生信息报告的节点，均是独立的通信主体。

所谓自由竞争式就是某一时刻，所有网络上的通信主体不受约束，通过竞争发出信息报告。由于 C. W 采用自由竞争协议和不设通信指挥器，因此信息的传输速度极快。在轻载的状况下，采用简单的总线通信结构不仅容易提高传输速度，也使系统设备的增删更加方便。

4. 例外报告技术

为了提高网络通信的有效性，C-Net 使用了例外报告通信技术。

5. 信息打包技术

信息打包又可理解为信息压缩，就是首先将具有相关目的地的信包被组合在一起，并且一次发送，而不是作为单独的信包分别发送。使用信息打包技术可以极大地提高数据的传输效率。

6. 确认重发技术

一个信息包在转发过程中，有可能遇到各种故障，如可能被一个噪声脉冲毁掉，也有可能出错或目的节点忙等。在 Symphony 系统的通信网络中，对已检测出的错误补救的方法是对该信息包进行重发处理。

确认重发技术的基本内容如下所述。

（1）确认/否定确认字节。数字通信是指用数字信号作为载体来传输信息，就是首先利用数字信号对载波进行数字调制，然后再进行传输的通信方式。

在数字通信协议中，通常将信息包数据帧的最后一个字节，设置成一个随信息包一起发送出去的确认/否定确认（acknowledgement/negative acknowledgment，ACK/NAK）标示符。不同的通信协议的标示符格式和长度都不一样，一般是一个 ASCII 字符。

（2）确认信号的产生和否定确认信号的改写。目的节点根据编码规则检查被发送信息包，如果发现信息包被破坏，则要求源节点重新发送，直到接收端检查无误才接收，同时会回复一个确认信号给信息包，即这时的否定确认已被改写为确认信号；信息包返回后，源节点将自动校验确认字节；在源节点撤销已经发送过的信息包后，接着发送下一个信息包，这就保证了应答是在整个信息包收到后才产生的。

（3）离线的表示。离开目的节点后的信息包应携带确认或否定确认信号。如果一个信息包返回时，带回的是一个无反应的否定确认信号，这时源节点会认为目的节点虽在运行中，但由于缓冲器忙而不能处理或信息包已被破坏，因此源节点立即修改重发计数，允许对一个正在忙的节点进行 127 次的重发；在此之后，如还无确认信号，目的节点就被标示为离线，并同时通知其他所有节点推迟与该节点的进一步通信，然后会周期地查询离线的节点；当离线节点对当前一次询问作出确认答复后，该节点就被重新表示为在线。

在 Symphony 系统中，C-Net 的检错与确认重发技术结合在一起，构成了高度安全的分散通信系统。C-Net 环路的每个信息包都由两个不同部分的"帧"组成，每一帧都附有两个字节宽的循环冗余校验码。

（三）数据传输路径

在 Symphony 系统的通信网络中，可以利用 AI 信号的传输过程来说明数据传输路径。AI 信号传输过程框图如图 3-37 所示。

（1）某一标准的 AI 信号从端子单元的输入端子输入，此时的 AI 信号保持原样。

（2）AI 信号经电缆传输至 I/O 子模件的输入通道，再经 A/D 转换成为数字量。

（3）数字信号经 I/O 子模件扩展总线进入智能控制器模件（BRC300）。BRC300 对这一信号进行必要的运算和处理后，结果分成两路：一路仍为数字信号，经 I/O 子模件扩展总线送至 I/O 子模件的输出通道，再经 D/A 转换成为模拟量，最后通过端子单元的输出端子送至现场的控制执行机构；另一路在 BRC300 中形成例外报告，经控制总线送至通信模件对的网络处理模件（NPM），准备形成信息包中的数据帧。

（4）例外报告在通信模件对的网络接口子模件（NIS）中，与其他的例外报告一起打

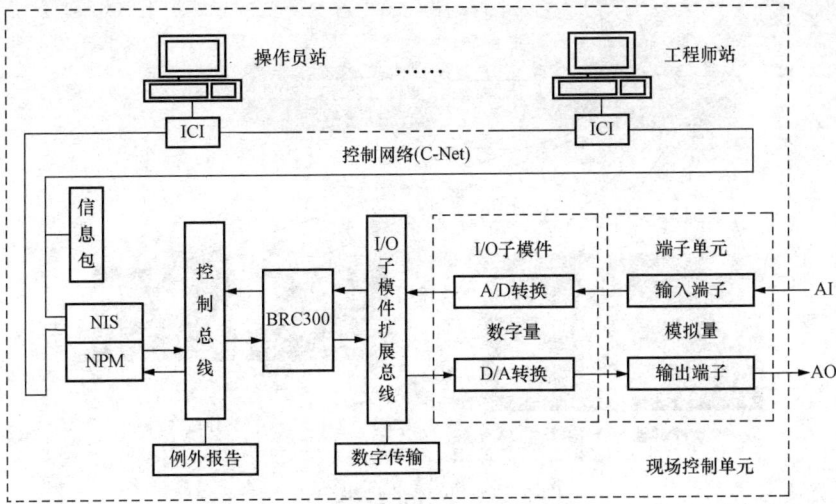

图 3-37 AI 信号传输过程框图

包，并通过网络介质传送到其他的节点。

在控制器模块形成控制信息的传递过程中，用于本节点的检测信号和控制输出信号均不形成例外报告。只有送往其他节点的信息才生成例外报告，进而形成信息包在网络上进行传输。例外报告的传输过程既保证了控制信号的快速形成和传输，又控制了网络中的信息数量。

三、Ovation 系统的通信网络

（一）Ovation 系统网络特点

Ovation 系统采用了国际上通用的全冗余网络，可以实现企业内部的局域网、广域网与 Intranet 之间的通信。

通信网络各项主要指标如下：

（1）介质为同轴电缆，传输速率为 100Mbps。

（2）网络拓扑为双环冗余，每网长为 200km，最多 1000 个站。

（3）处理速度为 20 万实时点/s，每条网 20 万个点。

（4）支持同步和异步通信方式。

（5）支持令牌存取方式。

（6）工业 TCP/IP 协议完全与以太网兼容。

（二）网络结构形式

Ovation 系统网络采用快速以太网，并以冗余方式工作。网络硬件目前采用交换机作为网络的通信设备，网络的最小配置（单网单层星形拓扑结构）如图 3-38 所示。

Ovation 系统网络有单网和多网方式。在一般情况下，单网用于单台机组的网络方式，而多网常用于多台机组的互相监督和控制。

（三）Ovation 通信网络层次

Ovation 系统的通信网络可以分为如下三层：

1. PCI 总线

在控制器与模块之间，采用了 PCI 总线。

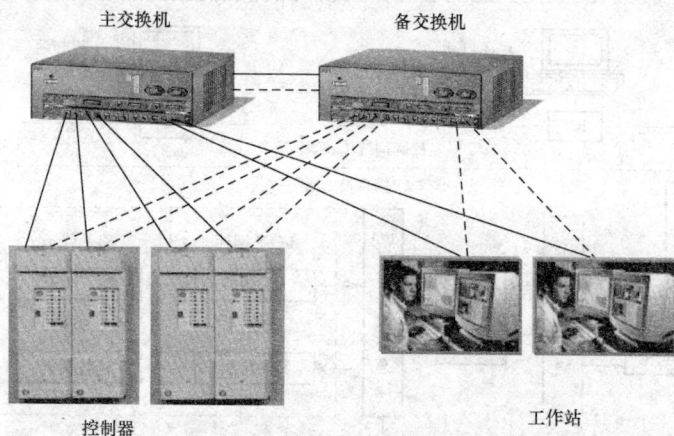

图 3-38　网络的最小配置

2. FDDI 网络

在控制器与控制器之间、控制器与工作站之间使用了 FDDI。

3. 快速以太网

在 DCS、外围设备、SIS 与其他系统之间使用了快速以太网。

数据通信网络层次情况如表 3-2 所示。

表 3-2　　　　　　　　　　　数 据 通 信 网 络 层 次

项　　目	层　　次		
	厂级	系统网络（站间）	局部网（模件）
网络形式	FDDI/CDDI	FDDI/CDDI	PCI
通信介质	光纤/通信电缆	光纤/CDDI	光纤/CDDI
最大负荷率	10%	15%	15%
通信速率（Mb/s）	10～100	100	10
通信方式	CSMA/CD	令牌	PCI 总线
通信标准	ANSI X3T12	ANSI X3T12	ANSI X3T12
回路数	1	2—环网	冗余
与其他网连接	LAN/WANISO/OSI	LAN/WANISO/OSI	RS 232/RS 485TCP/IP
可靠性措施	容错	容错	

FDDI/CDDI 由美国国家标准协会（ANSI）的 X3T12 制定，CDDI 是基于铜电缆（双绞线）的 FDDI。

（四）网络及主要的网络设备

1. 快速以太网

Ovation 系统采用了快速以太网。

2. 集线器

集线器的工作方式是按 CSMA/CD 算法，随机选出某一端口设备，该设备可以独占全部带宽，能够实现与端口相连设备的数据通信。

3. 交换机

Ovation 系统采用了交换机和全双工操作方式。

交换机的作用是对数据进行转发，并减少了冲突域。由集线器组成的网络，称为共享式网络，通常被视为一条总线网；而由交换机构成的网络，称为交换式网络，一般是由多条总线组成的互连网。

交换机的工作方式有存储转发式和直通方式两种。

（1）存储转发式。从一个输入端口接受一个帧，放入共享缓冲区，过滤掉不健全和有冲突的帧，并进行差错校验处理，最后将数据按目的地址，转发到指定的端口。该方式数据交换质量高，但速度慢，适用于主干网连接。

（2）直通方式。只对接收到的数据帧的目的地址信息进行检查，并立即按指定地址转发，不进行差错和过滤处理。这种方式数据传输的速度快，但误码率较高，一般应用于交换式网络的外围设备连接。

4. 网络地址

Ovation 系统目前采用网络的 IP 地址是 C 类地址。

在 Ovation 系统中，各节点利用各自的网络号（节点号）及其网络接口，通过网络来发送和接收数据。其中监测信号经由 I/O 模件转化为数字量后，再传输到控制器，并存放在控制器的存储器中。实时数据通过网络传输到操作员站和工程师站，实现了全系统范围的监督和控制。

Ovation 网络中的数据流如图 3 - 39 所示。

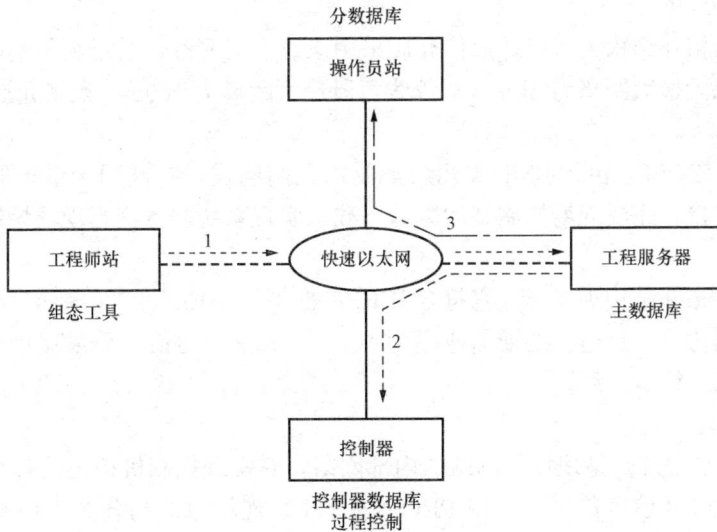

图 3 - 39　Ovation 网络中的数据流示意

四、MACSV 系统的通信网络

MACSV 系统的关键设备，如现场模块（FM）、主控制器和电源等都进行了冗余配置；通信网络由监控网络、系统网络和控制网络等组成。MACSV 系统的网络结构示意见图 3 - 40。

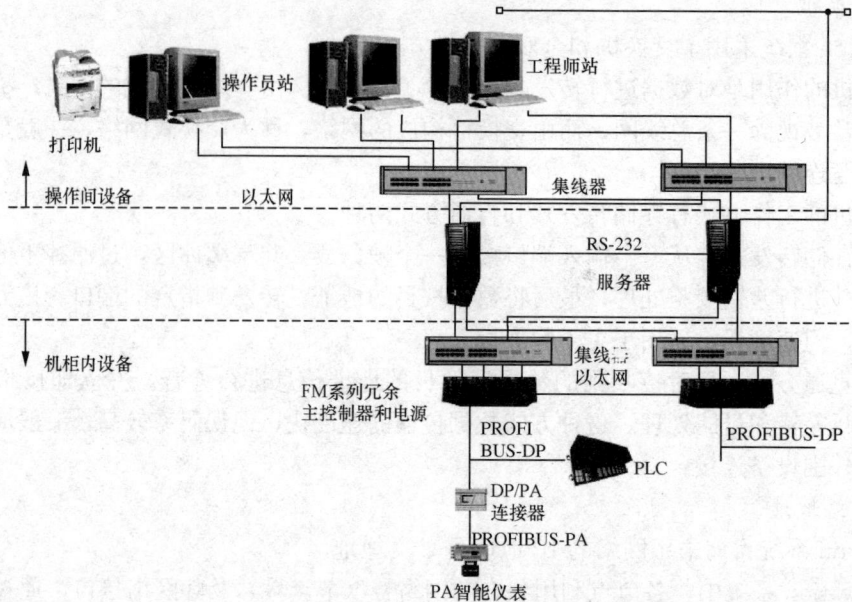

图 3 - 40　MACSV 系统的网络结构示意

1. 监控网络

监控网络（MNET）由冗余快速以太网络构成，它被用于系统服务器、工程师站、操作员站与通信站之间的连接，实现工程师站的数据下载，系统服务器与操作员站、通信站的实时数据通信等任务。

监控网络的拓扑结构为星形，通信介质采用双绞线或光纤，其最大传输距离与选用的介质有关。光纤每段最大距离为 2km；双绞线每段最大距离为 100m，最多允许两级级联。

2. 系统网络

系统网络（SNET）由 100Mbps 冗余工业以太网构成，它被用于系统服务器与现场控制站等节点的连接，完成现场控制站的数据下载，实现系统服务器与现场控制站之间的实时数据通信。

系统网络的拓扑结构为星形，它符合 IEEE802.3 和 IEEE802.3u 标准，遵循 TCP/IP 和实时工业以太网协议，自适应的通信速率为 10/100Mbps，通信介质采用带有 RJ-45 连接器的 5 类非屏蔽双绞线或光纤。

3. 控制网络

控制网络（CNET）是现场控制站的内部网络，它实现控制机柜内的各个 I/O 模块和主控单元之间的互连和信息传送，采用 PROFIBUS-DP 现场总线与各个 I/O 模块及智能设备连接，能够实时、快速和高效的完成过程或现场通信任务。

思 考 题 与 习 题

3 - 1　画图说明模拟信号和数字信号的传输方式。

3 - 2　数据通信的主要技术指标有哪些？

3 - 3　试述多路复用技术的基本原理。

3-4　什么是数据交换技术？为什么要采用数据交换技术？

3-5　什么是报文交换？

3-6　什么是分组交换？

3-7　什么是调制？什么是解调？

3-8　试解释抗干扰编码。

3-9　OSI/RM 包括哪几层？

3-10　画图说明 OSI/RM 和 TCP/IP 的差异。

3-11　常用的有线传输介质有哪些？比较它们的主要特性。

3-12　分别简要说明路由器和网关的作用。

3-13　常用网络的拓扑结构分为哪几种？

3-14　简要说明总线型和环型结构的特点。

3-15　画图并简要说明 CSMA/CD 的工作原理。

3-16　以太网分为有哪几种？简要说明以太网与 IEEE802 标准的关系。

第四章 DCS 的 过 程 控 制 站

在生产过程中，过程控制站是实现相对独立子系统的数据采集、控制和保护功能的计算机控制装置。在不与监控级网络相连的情况下，过程控制站仍能够接受来自现场的生产过程信息，并将其进行相关的处理后，通过 I/O 模件反馈到现场去控制执行机构的动作，实现对生产过程的控制，这说明过程控制站具有一定的独立性；在与监控级网络相连的情况下，人/机接口所需的数据由过程控制站经过通信接口，被传输到人/机接口进行相应的显示、记录、打印和报警等。

过程控制站是 DCS 主控通信网络（main communication network，MCN）上的主要节点，MCN 也称为 C-Net，由硬件和软件两部分组成。

第一节 过程控制站的硬件系统

过程控制站通常是一柜式设备。在过程控制站机柜里，硬件系统通常包括电源模件、控制网络、通信接口、I/O 模件（块）、控制器和柜内总线系统等。有的过程控制站还包含现场信号接口等硬件。

一、机柜

目前机柜内部结构通常有卡件式、直接挂接和底座式等三种形式，其结构如图 4 - 1～图 4 - 3 所示。

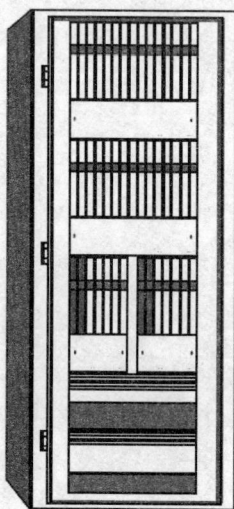

图 4 - 1 卡件式机柜结构   图 4 - 2 直接挂接式机柜结构

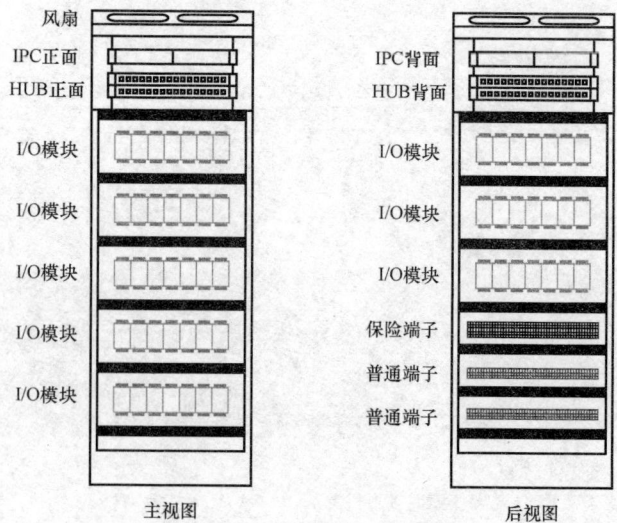

虽然不同过程控制站机柜的布置存在差异，但其组成基本相同，即主要包括风扇组件、控制器安装机架、I/O 模件安装机架、端子板安装组件和柜内总线系统等。

1. 风扇组件

为保证柜内电子设备的散热降温，一般柜内均装有风扇，以提供强制风冷气流。机柜顶部与风扇之间加有防止异物落入的网格。为防止灰尘侵入，在与柜外进行空气交换时，有的采用正压送风，将柜外低温空气经过滤网过滤后压入柜内。在环境恶劣的场合，往往需要提供密封式机柜，由于冷却空气仅在柜内循环，通过机柜外壳，才能与外界交换热量，因此在这种机柜外壳上增设了许多纵向的散热叶片。

许多DCS的机柜内设有温度自动检测装置，当机柜内温度超过正常范围时，则产生报警信号，该信号可以传至操作员监控界面以便监视。

2. 控制器安装机架

控制器和I/O模件通常安装在相同的卡件箱中，卡件箱有专用的安装单元，一般被布置在电源模件安装单元的下面。

3. I/O模件安装机架

通常I/O模件一般安装在有多个插槽的安装机架中，当I/O模件完全插入机架后，I/O模件与I/O总线进行自动连接。

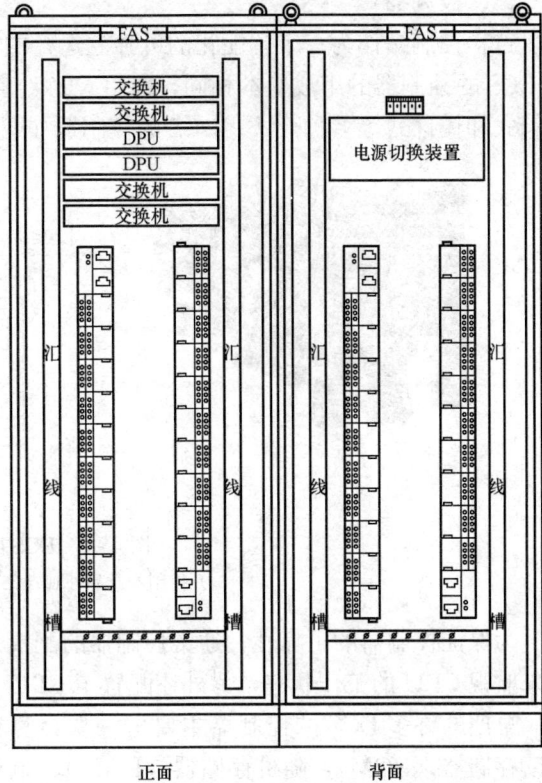

图 4-3　底座式机柜结构

4. 端子板

端子板提供I/O模件与现场信号的连接。端子板可与控制器安装在一个机柜中，也可安装在专用的端子柜中。

5. 电源安装单元

DCS的电源采用模件化结构，被安装在专用的电源安装单元。该单元一般安装在控制机箱之上，风扇组件之下。

6. 总线系统

DCS机柜内还设有各种总线系统，如电源总线、I/O总线、控制总线和接地总线等。总线的构成方式通常有印刷电路板、专用电缆构成、汇流条或符合德国工业标准（DIN）导轨等。

二、电源

DCS的每一个机柜、操作员站和工程师站都需要220V AC供电，DCS各工作部件也需要各种电压等级的直流电源，如± 5、± 10、± 12、± 15V和$+24$V DC。

有的DCS各级直流电源采用了1:1的冗余；有的DCS为了减少电源装置的备用件数，对同一电压等级的N个供电电源，只提供一个电源作为备用，这就是$N:1$的冗余。

在DCS中，不间断电源系统（uninterruptible power system，UPS）是经常需要配备的交流电源，在220V AC主电源中断的情况下，可以由UPS给DCS供电。

三、控制器

过程控制站作为一个智能化的可独立运行的计算机控制系统，其核心是智能控制器。不同 DCS 的控制器的组成基本相同，即由 CPU、存储器和 I/O 总线接口等组成，表现形式有机箱式和模件式等多种形式。DCS 的控制器如图 4-4 所示。

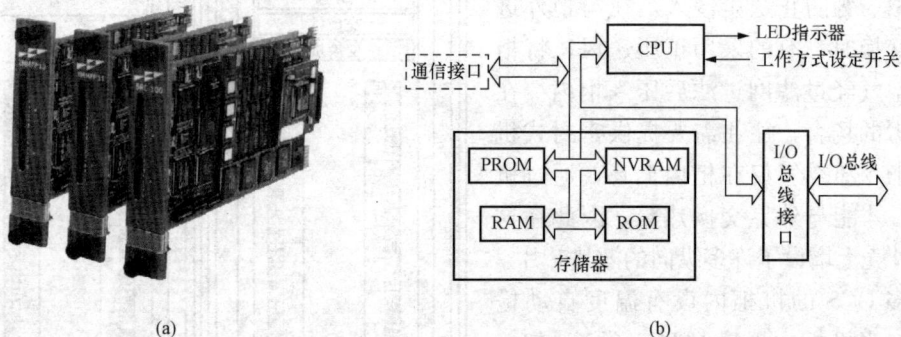

图 4-4　DCS 的控制器
（a）控制器产品外观；（b）控制器基本组成

为保证控制器的可靠性，通常控制器的配置采用 1∶1 的冗余，设置了控制器 LED 指示器来监视 CPU 的工作状态，另外还配置了 CPU 工作方式的设定开关等。

早期的许多 DCS 的控制器主要由一块计算机卡件构成，也称为 CPU 卡，它由 CPU、只读存储器（ROM），随机存储器（RAM）、电可擦可编程只读存储器（electrically erasable programmable read-only memory，EEPROM）和地址设定开关等组成。控制器在网络中的地址是通过地址设定开关来设定的。

现在一些 DCS 已经采用工业控制计算机（IPC）来作为控制器。其特点是性/价比高和自成一体。除了内置 CPU 和内存等元件以外，通常还内置有电源、网络接口卡、键盘和显示器接口和电子硬盘等设备，可以安装多种嵌入式多任务实时操作系统，能够支持 C 语言等较为高级的编程方式。

（一）控制器的基本组成

1. CPU

CPU 是整个过程控制站的处理指挥中心，其功能是按预定的周期和程序，对输入的信号进行相应的运算处理，同时对控制器的各种功能部件进行操作控制和故障诊断。

目前过程控制站已普遍采用了高性能的 32 位的 CPU，常见的有 Motorola 公司生产的 68000 系列 CPU、Intel 公司生产的 80X86CPU 系列和 Pentium CPU 系列等。为使控制器有更多的时间和更大的能力，执行更为复杂先进的控制算法，如自整定、预测控制和模糊控制等，通常还配有浮点运算协处理器来提高控制器的数据处理能力，使控制周期缩短到 $0.1\sim0.2\text{s}$。

2. 存储器

过程控制站的存储器一般可分为程序存储器、工作存储器和双端口 RAM 等。

（1）程序存储器。ROM 通常被作为程序存储器使用，即 ROM 固化了系统启动、自检、基本的 I/O 驱动和组态等程序，只要通电便可正常运行。

（2）工作存储器。工作存储器既是过程控制站的数据库，又是 DCS 分布数据库的一部分，通常分为 RAM 和非易失性存储器（NVRAM）两种。RAM 可以存储实时数据、中间变量和在线操作的修改参数，如设定值、手动操作值、PID 参数和报警界限值等；NVRAM 提供了在线修改组态的功能，可以存放组态方案和较重要的和相对稳定的参数。

（3）双端口随机存储器。在冗余 CPU 系统中，双端口随机存储器存储设定值、过程 I/O 数据和 PID 参数等。两个控制器可分别对双端口随机存储器进行读写，从而实现了双控制器间运行数据的同步，当原在线主 CPU 出现故障时，原离线 CPU 随即无扰地接替其工作。

目前某些 DCS 已采用了 Flash ROM 来取代 ROM。Flash ROM 可以直接安装于控制器模件的插座上，由于无活动的部件，因此可靠性很高；通常 Flash ROM 的存储容量大于 20M，数据在掉电后仍然存在。

3. 总线

总线是控制器内部各部件进行数据通信的信息通道。不同 DCS 的控制器结构不同，因此控制器总线形式也多种多样。

4. I/O 总线接口

I/O 总线接口是控制器和 I/O 子系统的接口，其连接方式随控制器结构的差异而有变化。如模件式控制器将 I/O 模件设置在其模件内部，通过模件和背板连接 I/O 子系统；而箱式结构的控制器则通过专用 I/O 模件控制卡与 I/O 子系统连接。

（二）控制器的功能和特点

目前的控制器是一个技术含量很高的产品，其结构完全符合工业过程控制的要求，控制器有很多适用于过程控制的功能和特点。如固化多种类型的控制算法、内置实时多任务的操作系统、具有在线组态的能力、采用冗余化的结构、汇集多种类型的控制算法、上电自动工作、在线带电插拔和控制器间独立的运行模式等。

控制器一般采用 1∶1 冗余离线热备份工作方式，即一个控制器是主控制器，另一个是从控制器，它们的结构、参数和工作状态随时保持完全一致，可以任意确定主/从控制器，并且被规定控制器和从控制器的地位，也不是一成不变的。由于主/从控制器间随时交换着运算结果和中间变量等数据，因此不会因切换而丢失任何数据。

在自动状态下，主/从控制器的状态互检和数据同步，可以由一个主/从控制电路协调实现。当在线运行某个控制器出现故障时，主/从控制电路可自动隔离故障控制器，并将故障控制器、I/O 总线和控制网络的控制权，交给原备份一方；故障状态也同时被上报操作站，显示在 CRT 上，提示维护人员进行相应的处理。

在操作站上，也可手动切换主/从控制器。

（三）控制器的技术指标

控制器的技术指标有很多，其中主要的指标是容量、速度（控制周期）和负荷率。

1. 控制器容量

控制器容量指标包括 I/O 容量和软件容量两个方面。

I/O 容量用于描述每一个控制器可以挂接的最大 I/O 模件数量，由于每种 I/O 模件的 I/O 点数是固定的，因此可以算出每个控制器可以容纳的最大 I/O 点数。在实际工作过程中，每个控制器通常配置 500 点以下是比较合理的。

需要指出：上面讨论的是控制器的物理 I/O 点数，即以一个物理上的变送器或执行器作为一个点，而没有将通过运算或处理形成的中间量点计算在内，如果将中间量点计算在内，则控制器中的总点数将增加很多，一般可达到物理点数的 1.5～2 倍。控制器中的总点数称为逻辑点数，为满足实际需要，每个控制器的逻辑点数通常应能达到 1000 点左右。

软件容量也是控制器容量的组成部分，所谓软件容量指的是每个控制器能装载多少控制算法。固态盘、内存和掉电保持 SRAM 的容量确定了软件容量。

（1）固态盘的容量。主要用于保存用户编制的控制算法文件。

（2）内存容量。用于运行程序的存储器。

（3）掉电保持 SRAM 的容量。用于保存系统运行过程中产生的实时数据。

只要突破这三个容量中的任何一个，控制器一般就会死机；如果超限在程序编译时发生，系统就会有超限提示。

2. 控制器速度

控制器的控制周期定义为控制器循环调度执行一次完整的算法、通信和 I/O 数据交换任务的周期时间。在一个控制周期中，控制器依次执行 I/O 数据输入、操作员指令输入、控制运算、I/O 数据输出、操作员站显示数据传送和空闲等待等任务，直到开始进入下一个控制周期。

控制器的控制周期一般有 50、100、200、500ms、1s 和 2s 等挡位，可以根据需要设定。

一般不直接讨论控制器的"速度有多快"，而是用"控制周期"这一概念来间接描述。因为要比较两种控制器的控制周期，必须指明具体的控制算法程序的长度，否则没有意义。

3. 控制器负荷率

雪崩状态是指系统的数据量急剧上升，系统负荷最重。如现场设备停电后又上电，而DCS 没有停电的情况时有发生，这时候就容易产生雪崩现象，此时大量的开关动作，需要记录的事件信息骤增，通信时间在控制周期中的比重明显增大，控制器负荷率也明显上升。

负荷率可以衡量正常工作控制器的空闲时间的比例。负荷率越小，就表明空闲时间占控制周期的比例越大，其计算公式为

$$负荷率 = \frac{控制周期 - 空闲时间}{控制周期} \times 100\%$$

追求合理的空闲时间，主要是为了能使系统在雪崩状态下仍能胜任工作。在用负荷率来评估控制器的综合性能时，需要选择一个有代表性的控制算法程序所在的控制站来测量。在平稳的工况条件下，一般要求控制器的负荷率小于 40%。

四、I/O 模件

过程控制站的 I/O 模件是控制器和过程参数之间的接口，也是过程控制站机柜中种类最多和数量最大的模件。通常包括 AI 模件、AO 模件、DI 模件、DO 模件、脉冲量输入（PI）模件、脉冲量输出（PO）模件、SOE 模件和现场总线接口模件等。

I/O 模件通过 I/O 总线与控制器模件取得联系。

各种 I/O 模件体现了通用性和系统组态的灵活性，如在模件上均设有一些改变信号量程和信号种类的跳线或开关；一组基地址设置开关，其作用是设定本模件在 I/O 总线系统中的地址；在 I/O 模件的前面板上，还设有 LED 指示器可以监视 I/O 模件的工作状态等。

目前的 I/O 模件是一个可运行的智能化的数据采集和处理单元，几乎都装有单片机，可自动地对各路输入信号巡回检测、非线性校正和补偿运算等。I/O 模件的智能化使原来控

制器承担的部分工作进一步分散，极大地节省了控制器的处理周期，这使系统的工作速度和可靠性得到了进一步的提高，也使控制器有更多的时间，进行更为复杂的控制运算。

（一）I/O 模件的组成

一个 I/O 模件主要组成部分有如下几个。

1. 现场信号的接收电路

现场信号的接收电路主要作用是根据不同的现场信号，为 I/O 模件确定相应的供电方式，还对信号进行预处理，如实现消振和滤波等。

2. 信号的隔离和保护电路

信号的隔离方式通常有光电隔离和调制/解调式隔离等。

3. 信号的转换电路

转换电路主要作用是实现 A/D 和 D/A 转换。

4. 基准信号的处理电路

模拟量 I/O 模件的基准信号处理和电压漂移自动校正等电路，保证了 A/D 和 D/A 转换的精确度很高。

5. 模件的通信电路

应该指出，在有调理板的情况下，通过 I/O 模件及其相应的调理板实现 I/O 数据交换功能；在无调理板的情况下，通过 I/O 模件及其相应的端子板实现 I/O 数据交换功能。

（二）AI 模件

一个 AI 模件可以接受多个 AI 电信号，工程中的 AI 信号一般包括三类：一是由热电偶和应变式等传感器产生的毫伏级电压信号；二是由各种变送器产生的 4～20mA 的电流信号；三是 0～5V 或 0～10V 等伏级电压信号。

1. AI 模件的关键技术

AI 模件解决了各种类型及不同量程的 AI 信号，统一转换成控制器可以接收的二进制数字量信号的问题。尽管不同品牌的 AI 模件对 AI 信号处理的形式可能不同，如有的分别提供了热电偶输入模件、热电阻输入模件和普通模拟信号的 AI 模件；有的只提供一个配备不同的端子板的 AI 模件等，但是 AI 模件对 AI 信号处理的关键技术，几乎都包括如下内容。

（1）隔离。通常采用隔离放大器和光耦合器两种隔离方式，实现对 AI 信号的隔离；采用电气隔离实现 AI 模件与机架总线之间的数字量传输通道的隔离。

在环境噪声较强和各测点间有较大共模电压的情况下，使用隔离放大器，实现了现场信号线与 DCS 和各路信号线之间有良好的绝缘，一般耐压要求在 500V 以上。

采用光耦合器隔离的 AI 模件电源通常是浮置的，由 DC/DC 变换器供电，这样可以保证电路对大地的绝缘。

（2）滤波。AI 模件采用了差动放大器，并且每一路都串接了多级有源和无源滤波器。

（3）放大。放大的作用是将各种等级的 AI 信号转换成 A/D 转换器所需要的电压等级。

（4）A/D 转换器。A/D 转换器是 AI 模件的主要部件，一般通过软件来选择 A/D 转换器的分辨率。

（5）冷端温度补偿。在与 AI 模件相连的端子板上，一般都设有冷端补偿电路、开路检测电路和检测冷端温度的热电阻，可以实现冷端温度的校正。

2. AI 模件的结构原理

某 DCS 厂家的 AI 模件结构和工作原理如图 4-5 所示。

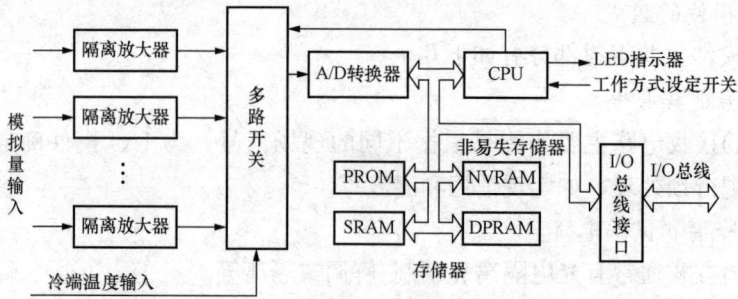

图 4-5　AI 模件结构和工作原理

AI 模件的工作原理：来自现场的多个 AI 信号，通过端子板进入隔离放大器，经隔离、滤波和放大等电路的处理后，进入多路开关，输出一个 AI 信号；在 A/D 转换器中，AI 信号被转换成相应的二进制数字量信号，由控制器对二进制数字量信号进行处理。

（三）AO 模件

AO 模件的作用是将控制器输出的二进制数字控制量，转化成相应的模拟电信号去控制各种执行机构。

1. AO 模件的关键技术

AO 模件主要有 D/A 转换器、输出保持器和 V/I 转换器等体现。

（1）D/A 转换器。控制器输出的二进制数字信号通过 D/A 转换器被转换成相应的模拟量信号。常用的 D/A 转换器精确度有 8 位、10 位和 12 位等三种，输出负载能力一般要求不小于 500Ω。

（2）输出保持器。由于现场模拟量执行机构要求 AO 模件输出模拟信号，因此必须使用输出保持器对控制器输出的二进制数字信号进行处理。根据 AO 模件的结构和应用要求不同，输出保持方式可分为数据寄存器保持、电容式保持电路和步进电机等几种。

（3）V/I 转换器。V/I 转换器的作用是将 D/A 转换器输出的模拟电压信号转换成适于远传的电流信号。为了保证 AO 信号的正确性，通常采用了输出回读的方式进行校验。

不同产品的 V/I 转换的方式可能不同。如有的每路都有一套 D/A 转换器和 V/I 变换器来输出 4～20mA 信号；有的则使用单一的 D/A 转换器，利用多路开关周期性地向多个保持电容充电来获得多路 AO 信号。

2. AO 模件的结构和工作原理

某 DCS 厂家的 AO 模件结构和工作原理如图 4-6 所示。

该模件由 I/O 总线接口、存储器、输出寄存器组、D/A 转换器、隔离放大器和 V/I 转换器等几部分组成。这里的存储器是一个可以同时进行读写的双口 RAM 模件存储器，是控制器与 AO 电路之间的缓冲器。

AO 模块的结构和工作原理：由 CPU 输出的二进制数字量信号，经双口 RAM，进入输出寄存器组，然后由与寄存器对应的 D/A 转换器、隔离放大器和 V/I 转换器处理后，成为 4～20mA DC 信号输出。

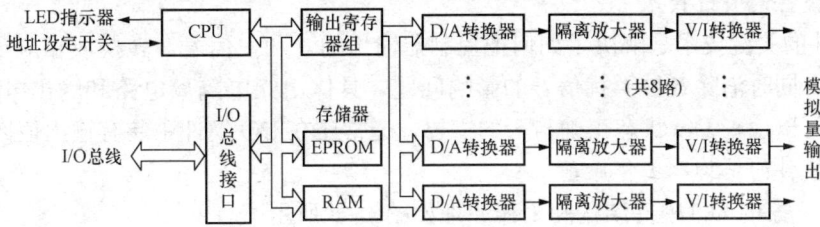

图 4-6　AO 模件结构和工作原理

（四）DI 模件

开关信号进入 DI 模件，后经电平转换、光电隔离和去除触点抖动噪声的预处理后，被表示成 0 和 1 的二进制数字信号，并存入模件内的数字寄存器中；控制器通过周期性地读取各数字寄存器的 0 和 1 值，来获取现场设备的 DI 信号。

1. DI 模件的关键技术

DI 模件的关键技术是电平转换和隔离抗干扰技术。电平转换电路用于将各种 DI 信号转换成控制器可以接受的 0 和 1 信号。由于外部干扰信号可能会导致一个 DI 信号的改变，引起整个系统的误动作，因此隔离抗干扰就成为防止计算机受到外部干扰信号的有效措施。常用的隔离方式有光电隔离、继电器隔离和变压器隔离等。

2. DI 模件的结构和工作原理

某 DCS 厂家的 DI 模件结构和工作原理如图 4-7 所示。

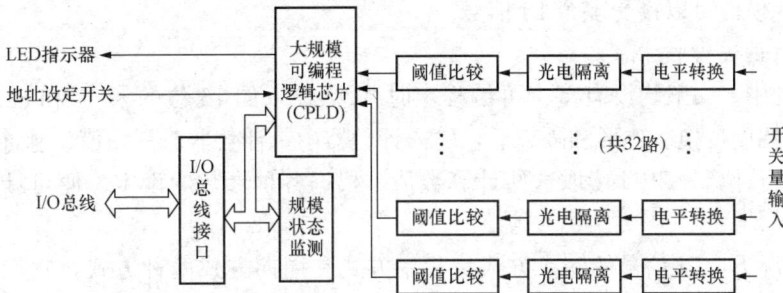

图 4-7　DI 模件结构和工作原理

该模件由输入电平转换电路、光电隔离电路、阈值比较电路、控制逻辑电路和 I/O 总线接口电路等部分组成。

光耦合器提供现场输入线路与模件内部电路之间的电气隔离；阈值比较电路防止输出信号产生抖动；大规模可编程逻辑芯片可以存放阈值比较电路输出的信号和 DI 模件的状态数据；I/O 总线接口用于 DI 模件与控制器模件之间的信息交换。当控制器发出的地址信号与 DI 模件地址开关上所设置的地址一致时，就从该 DI 模件中读取 DI 信号。

进入 DI 模件的 DI 信号经电平转换、光电隔离和阈值比较等电路的预处理后，再经控制逻辑电路，通过 I/O 总线将反映 DI 的信号送往控制器进行处理。

（五）DO 模件

由 DO 模件锁存控制器输出的二进制数据，经光电隔离和输出驱动电路后，控制相应的开关设备的开关状态。输出驱动电路具有功率放大作用，可以增加模件的带负载能力。

1. DO 模件的关键技术

DO 模件的关键技术是解决了如何把控制器输出的 0 和 1 信号，转换成相应现场设备的关和开信号，同时消除各种干扰信号的影响问题，具体由光电隔离电路和输出电路等体现。为了控制器可以检查 DO 状态正确与否的需要，通常还在 DO 模件中装有输出值回检电路。

2. DO 模件的结构和工作原理

某 DCS 厂家的 DO 模件结构和工作原理如图 4-8 所示。

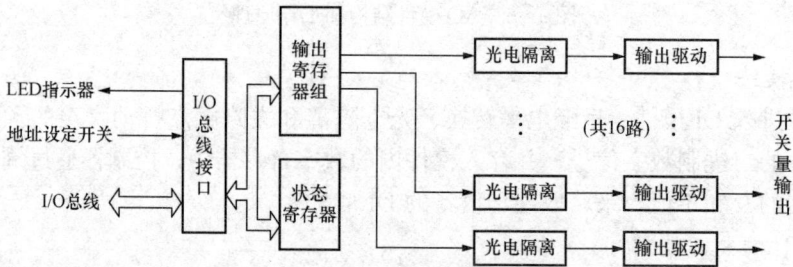

图 4-8　DO 模件结构和工作原理

DO 模件的工作原理：DO 模件通过 I/O 总线接收控制器输出的 0 和 1 数字信号，经状态寄存器和输出寄存器组，对应一路光电隔离和驱动电路，将开关量输出。

（六）PI 模件

PI 模件的作用是将脉冲量信号进行预处理后，通过 I/O 总线传输给控制器进行下一步处理。一个 PI 模件可以接受多个 PI 信号。

1. PI 模件的关键技术

在 PI 模件中，一般均设有多个可编程定时/计数器，如 16 位的 8253 和 8254 等，输入的脉冲信号经幅度变换、整形和隔离后，输入计数器中；计数器对累积值、脉冲间隔时间和脉冲频率等进行计算，CPU 读取这些计算数值，根据各种参数的设定，便可计算出相应的工程量。

在通常情况下，PI 信号的输入方式有频率方式和周期方式两种方式，它们都需采用计数器。其中的频率方式是统计单位时间内输入的脉冲量个数，其典型应用是转速的测量；周期方式是测量两个脉冲之间的时间间隔，即把相邻的两个输入脉冲信号之间的间隔时间测量出来。由于周期是频率的倒数，当脉冲频率很低时，为了提高测量精确度，通常采用测周期的方式。

除了频率方式和周期方式外，还有累积脉冲的总数的积算方式，它一般用于流量或电量的积算。

2. PI 模件的结构和工作原理

某 DCS 厂家的 PI 模件结构和工作原理如图 4-9 所示。

PI 模件的工作原理：首先通过输入信号预处理电路、光电隔离器和 16 位计数器后，形成相应的脉冲计数信号；该信号被送到 16 位寄存器组和可编程逻辑阵列，通过可编程逻辑阵列，产生各种控制信号去控制各部分电路的工作；当控制器读某一个模件数据时，寄存器中的内容就被传输到输入缓冲器，通过 I/O 总线就被传输到控制器；方式存储器用来保存每一个 PI 模件计数器的工作方式；时间基准发生器利用 10MHz 时钟产生各种定时信号。

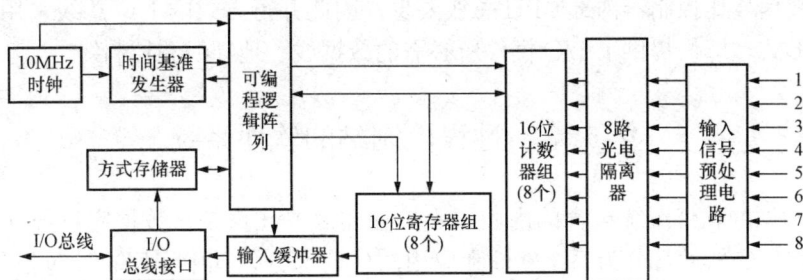

图 4 - 9 PI 模件结构和工作原理

（七）SOE 模件

SOE 模件是用来测试历史事件顺序的子系统。它是 SOE 子系统中的一个元素，被作为监视现场开关量和标出点状态改变时的时间标签。工作原理是控制器将扫描 SOE 事件读入缓冲区，在同步比较 SOE 模件与数据高速公路上的时钟后，将信息发送到指定站点。

（八）现场总线接口模件

现场总线模件为现场的智能装置提供了一条数字通信通道。在该数字通信通道上，可以连接多个符合该现场总线通信协议的智能设备。这些智能设备以全数字方式传递过程变量、控制变量、状态信息和管理信息等内容。

五、通信接口

过程控制站的通信接口是将过程控制站挂接在控制网络上，实现过程控制站与其他节点的数据共享。

不同产品的通信接口存在差异。如 XDPS-400 和 Ovation 系统的控制网络是以太网，其通信接口则是以太网卡；而 Symphony 系统的控制网络，则采用存储转发环路，其通信接口是由网络处理模件（NPM）和网络接口模件（NIS）组成的通信接口对组成，如图 4-10 所示。

六、端子板

过程控制站的端子板用于 I/O 信号的预处理，实现 I/O 模件与现场信号的连接等功能。

不同过程变量的 I/O 模件有对应的端子板。如配接热电偶的 AI 端子板布置有热电阻，可以对热电偶的冷端温度进

图 4 - 10 NPM 和 NIS 组成的
通信接口对

行补偿。在 AI 端子板上，设有保护和滤波电路；在 AO 端子板上，通常设有跳接线，可以选择电压输出或电流输出方式；在开关量 I/O 端子板上，一般设有过电压和过电流等保护电路等。

七、柜内 I/O 总线

过程控制站柜内的控制器与 I/O 子系统的连接，通常采用总线结构，一般称为 I/O 总线。有些 I/O 总线采用串行方式，有些则使用并行方式，还有些是其他类型的方式，如 Symphony 系统有控制器之间相互通信的总线。通常 I/O 总线被安装在卡件箱背板上，当卡件插入卡件箱，则自然形成对应的总线，如 Ovation 系统的 I/O 总线随着 DIN 导轨的 I/O 组件底座的安装，就自然形成了对应的 I/O 总线。

　　由于总线信号比控制器内部 CPU 总线要少，因此并行方式的 I/O 总线采用的是非标准的和简化的形式，即仅提供了 I/O 模件所必需的数据线、地址线和控制线。

第二节　过程控制站的软件系统

　　DCS 控制站的软件系统包含的内容很多，如实时操作系统、数据库系统和自诊断系统等。过程控制站的软件可分为系统软件和应用软件两部分，其中应用软件包括各类功能块，一般有 I/O 模块、运算模块、连续控制模块、逻辑控制模块、SOE 模块和程序模块等。

　　目前多数过程控制站的软件系统具有种类齐全和功能强大的特点。利用操作员站或工程师站，可以进行离线组态和在线修改控制策略。

一、过程控制站软件的功能

　　由于过程控制站必须具有很高的可靠性和很强的实时性，因此过程控制站的软件也必须满足同样的要求。又因为过程控制站有较强的自治性，所以软件的设计应具有较强的抗干扰能力和容错能力，必须保证避免死机的发生。

　　软件系统一般分为执行代码部分和系统数据部分。执行代码部分一般固化在 EPROM 中，而系统数据部分则保存在 RAM 中，当系统复位或开机时，这些数据的初始值由网络装入。

　　由于采用的硬件不同，过程控制站中的软件表现形式有很大差别。

　　有些过程控制站采用 CPU 卡甚至简单的单片机的形式，通常不设操作系统；在有操作系统的过程控制站中，执行软件的功能是由多个程序共同实现，这些功能一般包括过程通道的数据巡检、控制算法运算、监控网络通信、在线诊断、SOE 处理、主/从站监视和切换等。

　　控制器的存储器保存了各种基本控制算法。通过控制算法组态工具，控制系统设计人员将各种基本控制算法，按照生产工艺要求的控制方案顺序连接起来，并填进相应的参数后下载给控制器，这种连接起来的控制方案称为方案页，在 IEC 61131-3 标准中统称为程序组织单元（program organization units，POU）。当控制系统运行时，运行软件从 I/O 数据区获得与外部信号对应的工程数据，并根据组态的方案页，执行控制运算，将运算的结果输出到 I/O 数据区，经 I/O 驱动程序的转换后，传至物理线路，从而达到自动控制的目的。

　　控制运行软件一般针对每个控制方案，按照方案的组织逻辑关系，逐个执行程序的组织单元。

　　上述过程只是一个理想的控制过程。事实上，如果只考虑变量的正常情况，该功能还缺乏完整性，该控制系统还不够安全。因为一个较为完整的控制方案执行过程，还应考虑到各种无效变量的情况，如开关输入变量抖动、输入变量的接口设备或通信设备故障的情况等，这些情况都将导致输入变量成为无效变量或不确定性数据，所以要针对不同的控制对象，设定不同的控制运算和输出策略，如可以定义：变量无效则结果无效，保持前一次输出值或控制倒向安全位置，或使用无效前的最后一次有效值参加计算等。

　　控制器接受工程师站下载的硬件配置信息，完成对 I/O 通道的信号采集和输出。在 I/O 信号被采集后，经过一个数据预处理的过程，将这些信号进行质量判断、调理和转换为标准量纲的工程值后，才能被控制运算程序使用。

二、过程控制站的软件组成

1. 过程控制站的操作系统

通常使用各厂家自行研制的或者通用的实时多任务操作系统。

2. 过程控制站软件系统的组成

过程控制站能够实现回路控制、逻辑控制、顺序控制和混合控制等多种类型的控制。过程控制站软件主要由输入过程量的预处理、控制计算、I/O驱动、现场数据采集和存储等软件组成。

（1）现场数据采集和存储。在过程控制站内的本地数据库中，存储了实时采集现场数据，这些原始数据既可参与控制计算，也可通过计算或处理成为中间变量，并在以后参与控制计算。所有本地数据库的数据包括原始数据和中间变量，均可成为人/机界面、报警、报表、历史、趋势和综合分析等监控功能的输入数据。

（2）I/O驱动。通过现场I/O驱动，将控制量输出到现场。为了实现过程控制站的功能，在过程控制站中建立有与本站的物理I/O点和控制相关的本地数据库，在这个数据库中，只保存与本站相关的物理I/O点及其计算得到的中间变量。本地数据库可以满足本过程控制站的控制计算和物理I/O对数据的需求，有时除了本地数据外，还需要其他节点上的数据，这时可由网络获得其他节点的数据，这种操作称为数据的引用。

三、过程控制站的数据结构

在过程控制站运行的过程中，大多数程序之间都存在着交换使用数据的情况，如控制算法运算软件使用的数据，可能来自过程通道数据巡检软件或监控网络通信软件；控制运算的信号要由过程通道数据巡检软件的操纵，才能发送到现场；控制运算的中间结果，可能需要通过监控网络通信软件的控制，才能提供给操作员站监控等。如果这些程序之间都直接交换数据，势必造成数据交换的方式过多和特别复杂，因此有的DCS采用了中心实时数据库的方式来处理程序之间的数据交换，中心实时数据库的数据交换方式如图4-11所示。

中心实时数据库是过程控制站的核心，其他程序都只与中心实时数据库交换数据，这样一方面简化了数据交换方式，另一方面当某个程序出现故障时，中心实时数据库中的相关数据可以"锁定"不变，而其他程序可以暂时继续使用。中心实时数据库一般不是独立程序，而是由共享内存区构成的。

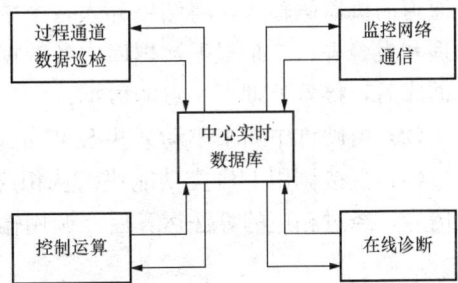

图4-11 中心实时数据库的数据交换方式

在中心实时数据库中，一般包括数据点信息、系统状态信息和中间计算信息等内容。数据点信息不仅包括所有过程通道的数据信息，还包括一些用于统计或显示的数值变量信息；系统状态信息是站、卡件（模块）、通道和网络等硬件设备的工作状态信息；中间计算信息是指控制运算的中间结果。其中数据点的数据结构最为复杂，种类也比较多。

四、过程控制站的软件功能块

目前一套过程控制站的软件，可以应用于不同的控制系统。各种算法都被设计成功能块，并且将其固化到ROM中形成标准子程序库，标准子程序库又称为功能库。功能块是控制系统结构中的基本单元和 DCS 应用的基础，在每个 DCS 的产品介绍中，都提供了功能块具有的功能块名称、功能和数量。功能块的功能和数量也体现了 DCS 的系统性能。

通常功能块由结构参数、设置参数和可调整参数组成。

1. 结构参数

结构参数包括功能参数和连接参数。通常一个完善的功能块还包含一些子功能，而子功能的有无由功能参数和连接参数确定。

（1）功能参数。功能参数表示了数据类型和输入信号的多少。当功能块具有多个输入信号和不同的数据类型时，采用功能参数可以充分利用内存单元，减少不必要的消耗。

（2）连接参数。连接参数表明了功能块和外部的连接关系。由于功能块间采用软连接方法，因此实施和修改比硬连接方便。

2. 设置参数

设置参数包括系统设置参数和用户设置参数。由系统产生的系统设置参数用于系统的连接和数据共享等。用户设置参数由功能块位号、描述、报警、打印设备号和组号等不需要调整的参数组成。可调整参数分为操作员可调整参数和工程师可调整参数。操作员可调整参数包括启停、控制方式切换、设定值设置、报警处理和打印操作等参数；工程师可调整参数包括控制器参数、限值参数、不灵敏区参数、扫描时间常数和滤波器时间常数等。

数据类型可分为实型、整型和时间型等。

DCS 的功能块不仅数量众多而且功能各异。如果按其实现的功能划分，可分为 I/O 处理、控制处理、运算、信号发生器、转换、信号选择、状态和控制算法等多种类型。

在一个实际的工程项目中，I/O 类功能块使用得最多。I/O 功能块反映了过程控制站内部的一个变量与硬件端子的对应关系。

在通常情况下，过程控制站对输入和输出的处理按以下方式进行：

（1）周期性的巡回输入和输出。由硬件时钟激活，按数据结构所设定的周期，进行周期性地巡回输入和输出。可以有两种方式执行周期性的数据输入巡检过程：一是依次先将各物理通道的机器码输入，将结果存入一个中间缓冲区，然后再逐个地进行信号的检测、转换、处理和报警等；二是根据数据库中各数据点的顺序，对每一点进行输入处理，将其结果存入数据库后，接着处理下一点的数据。

（2）由硬件中断来驱动某些 SOE 记录信号的输入。

（3）直接调用 I/O 类功能块。从相应的 I/O 模件实时地输入所用 I/O 功能块需要的输入信号，经过相应的算法运算后，调用输出功能块，将控制结果直接送往输出模件。

第三节　过程控制站的可靠性

过程控制站是 DCS 的核心。如果过程控制站出现异常而没有及时得到相应的处理，可能会导致火电厂灾难性的恶果。因此人们对过程控制站提出了最为苛刻的可靠性要求。

一、可靠性的基本概念

可靠性是指一个系统在规定工况和时间内，安全运行的概率。与可靠性密切相关的三个性能指标，分别是系统的可用性、容错能力和故障检测。

可用性是指在未来某一给定时间内，在规定条件下，系统处于安全运行的概率。可用性是可靠性和可维修性的函数，可维修性是指系统被检修时的相对容易和快速的程度。如一个系统，根据可靠性数据统计，一年故障了 24 次，但每一次都在 1 小时内修复，接着重新在线运行，结论是它每年可以工作 364 天；如果一个具有较高可靠性的系统，一年只故障一次，但维修用了 1 天，其结论也是 364 天，可维修性较低。

一个优良的 DCS 必须具有较高的可用性。即系统在绝大多数时间内应该是可运行或可使用的。DCS 也许在理论上能达到很高的可用性，但通常实际上不能应付由单个设备故障而引起整个系统灾难性的故障。这就要求 DCS 应具有容错能力，保证单个设备故障不会引起系统级的故障。

为达到较高的可靠性，DCS 必须具备自诊断和报警的功能。一个具有自诊断和报警功能的 DCS，在故障出现时，能够提示操作员注意，帮助操作员采取正确的措施，使系统的运行不至于向故障严重化的方向发展。

二、过程控制站的可靠性措施

为了保证过程控制站的高可靠性指标要求，通常采取的可靠性技术措施如下：

1. 元器件的选用

采用低额定值的原则。如将功率额定值和使用温度的额定值，分别控制在其标定额定值的 50%～75%；选用双触点结构的接插件和各种开关，并对其表面进行镍打底镀金处理；尽量选用互补金属氧化物半导体（complementary metal oxide semiconductor，CMOS）电路和专用集成电路，这样可以显著降低电路的功耗和减少外引线，极大地提高过程控制站的可靠性。

2. 严格的试验

除进行一般静态和动态技术指标的测试之外，还对各种模件级产品进行了严格的高温老化和高低温冲击试验。

3. 安装的工艺

高密度表面安装技术已应用到多层印制电路板的制作中，这样可以减少外引线数目、外引线长度和印制电路板面积，提高系统的抗干扰性能。

4. 设备的设计

为改善模件运行环境，机柜设计成防振、防尘、防潮和防电磁干扰等型式，特别是对机柜内部设备整体上的设计，采用了散热、恒温和加热等不同手段，使柜内各种电子设备始终运行在适宜的温度中，提高了设备工作的可靠性。

三、过程控制站的冗余技术

虽然在采取上述各种措施后，过程控制站的故障率已降到了尽可能低的程度，但是还可能出现一些小概率故障，有可能使过程控制站全部或部分失去控制能力，因此在 DCS 的各关键环节都采用了并联的冗余单元。

过程控制站的电源、控制器、网络接口和 I/O 模件等都采取了冗余措施。其中 I/O 模件的冗余方式如下：

1. $N:1$ 后备方式

在过程控制站中，N 个相同的 I/O 模件，配备一个离线热备份的 I/O 模件。即一旦 N 个模件中的一个出现故障，则 $N:1$ 切换装置将故障模件隔离，并将备份模件插入取而代之，常见的有 $1:1$、$3:1$、$7:1$ 和 $11:1$ 等后备方式。

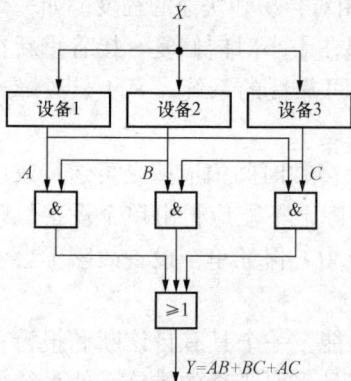

图 4 - 12　"三中取二"多数
表决电路原理

2. "三中取二"表决方式

"四中取三"或"三中取二"多数表决电路也可以认为是冗余技术的具体体现之一，二者的工作原理完全相同，都可以保证重要信号的正确性。"三中取二"多数表决电路的工作原理如图 4 - 12 所示。

重要信号 X 经过三个完全相同的设备 1、设备 2 和设备 3 后，分别输出信号 A、信号 B 和信号 C，接着经过与门、或门的数字组合电路作用，最后输出。$Y = AB + BC + AC$ 是该"三中取二"多数表决电路输出的逻辑表达式。即三个设备中的任意一个设备出现故障，也能保证输出信号的正确性，满足火电厂设备"既不拒动，也不误动"的技术要求。在某些 DCS 的过程控制站中，为保证控制器的可靠性，采用了三个控制器的"三中取二"多数表决电路。

3. 两两对比表决方式

在有些过程控制站中，对一些重要的测点设置了双输入模件，采用了两两对比表决方式来监视输入模件的工作状态。如取每一路的两个 AI 信号，通过 A/D 转换器取得两个输入值，由 CPU 比较这两个值，若其差值小于预定的误差限，则认为输入值正确，否则即认为输入模件有故障，要切换到备份机工作。

四、输出保护

在过程控制站的输出电路中，为实现输出保护，通常采用的多种安全保护措施如下：

（1）尽量减少每个 D/A 转换器所控制的输出模件数。

（2）在过程控制站故障时，AO 和 DO 信号应进入生产过程要求的安全状态。通常 DO 信号可选择 0 或者 1 作为安全状态；AO 信号可选择最大值输出、最小值输出、故障前输出和预定值输出等作为安全状态。

（3）输出电路的电源与过程控制站其他部分的电源分开。当过程控制站其他部分失电或故障时，仍能保证输出信号的存在。

（4）将输出电路输出的实际值反馈到过程控制站中。其作用有两个：一是检查过程控制站输出的正确性；二是可以实现过程控制站、手动操作站或其他冗余过程控制站之间的无扰切换。

（5）尽量减少输出电路中硬件和接线的数量。

五、自诊断和在线维护

利用过程控制站的控制器自诊断功能，可以及时发现过程控制站的故障。在控制器的功能库中，有各种自诊断功能块。根据功能块的作用和执行时间，自诊断功能块可分为输入诊断、组态诊断、内存诊断、输出诊断、联合诊断、电源系统诊断、启动过程诊断、工作过程诊断和周期诊断等。过程控制站自诊断窗口如图 4 - 13 所示。

为了尽量缩短故障修复时间，通常互为冗余的模件均采用了完全一致的插件结构；I/O 电缆一般设置在机架后方；模件前面板上只有运行状态指示灯和一些手动操作开关；系统自检中发现的故障模件，可在前面板上明显地标志出来；维护人员可以在线将故障模件拉出后，插入备份模件，很快完成硬件的维修工作。

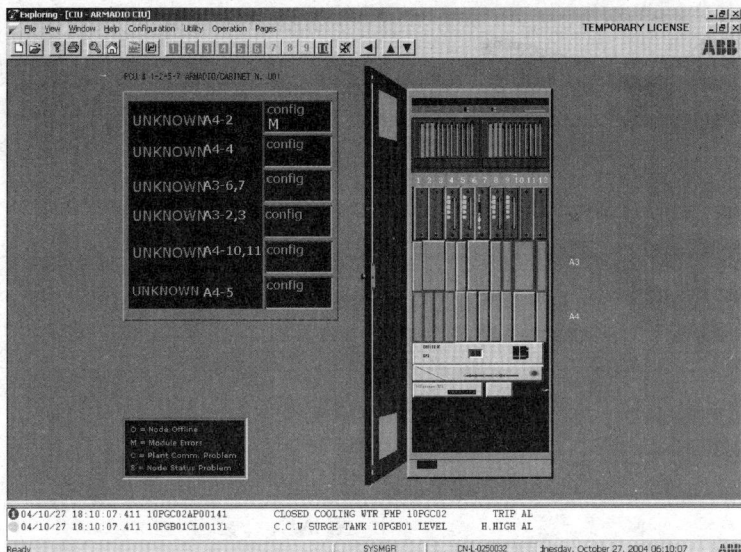

图 4 - 13　过程控制站自诊断窗口

第四节　DCS过程控制站的实例

虽然不同品牌的过程控制站在硬件和软件方面各有特点，但总体而言，又有很多共同点。下面介绍火电厂 DCS 过程控制站的部分产品，在介绍的过程中，采用了生产厂家对自己产品的称谓。

一、Symphony 系统的现场控制单元

在 Symphony 系统中，过程控制站称为现场控制单元，即 HCU。Symphony 系统的 HCU 是 C-Net 的一个专门节点，它包括了执行现场过程控制所需的相关设备，如 BRC300、模件安装单元（MMU）、端子、电源和机柜等。这些部件均被安装在符合 19 英寸标准的安装机架的机柜中。HCU 的结构如图 4 - 14 所示。

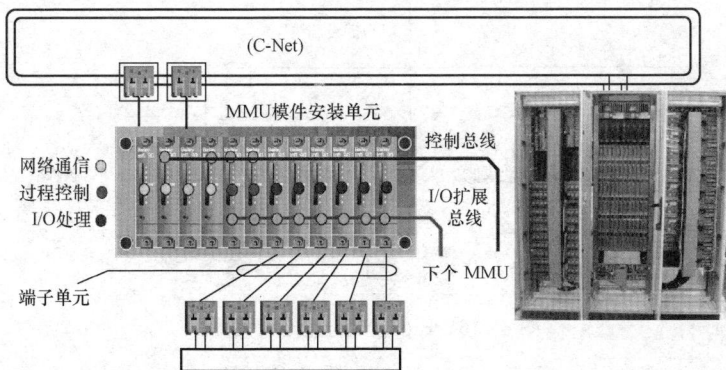

图 4 - 14　HCU 的结构

可以根据 I/O 点的性质及其分布、系统规模的大小和工艺过程的划分等三个要素，确定 HCU 的配置。

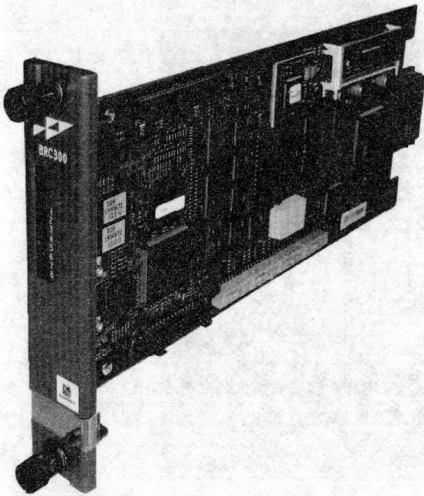

图 4 - 15　BRC300 产品的外观

（一）BRC300

BRC300 是 HCU 的核心，有优化和管理效率等类型的算法，还支持多种类型的控制语言，如功能码、C 语言和 Basic 语言等。经过系统组态后，BRC300 具有控制和管理功能。BRC300 的连接示意如图 4 - 15 所示。

BRC300 利用 MMU 提供的通信总线、处理器和 I/O 模件通信，构成了完整的、就地的、功能分散的现场控制和数据处理结构。BRC300 的连接如图 4 - 16 所示。

BRC300 有 ROM、共享存储器（SRAM）和 NVRAM 等三种不同用途的存储器。

1. ROM

ROM 存储了操作系统指令集和功能码数据库。

2. SRAM

SRAM 存储了临时文件和系统组态的拷贝。

3. NVRAM

NVRAM 存储了功能码组态和用户的应用程序，而电池后备保证了用户组态策略长时间保存。

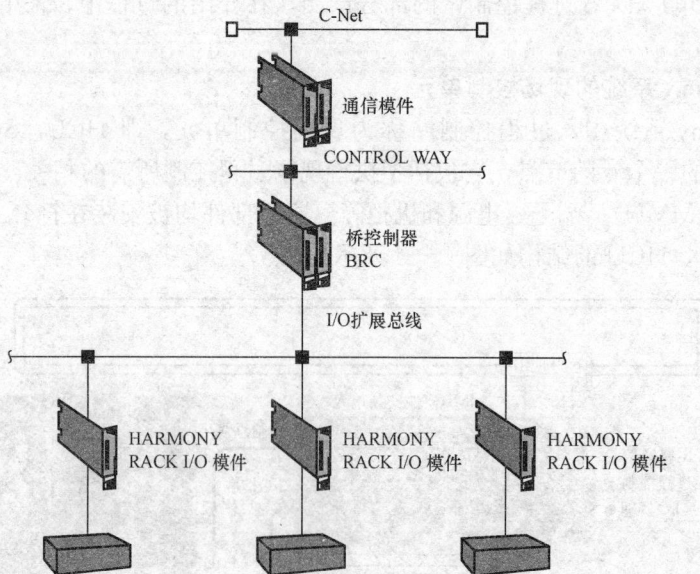

图 4 - 16　BRC300 的连接示意图

4. 直接存储器读取（direct memory access，DMA）

DMA 是指在没有 CPU 的干预情况下进行模件存储器数据的直接传送。CPU 能够选择 DMA 或自动方式，而方式的选择取决于传送的数据量，由 BRC300 完成。无论选择哪种方式，都不会因为等待数据传送而影响 CPU 的处理效率。DMA 极大地减少了 CPU 用于转移数据的工作量，在不增加 CPU 负荷的前提下，加快了 BRC300 转移数据的速度。

DMA 容纳了多种功能的通信链，如控制总线、冗余数据链和 I/O 扩展总线等。

（1）控制总线。不同 BRC300 间采用对等通信方式，而控制总线是不同 BRC300 间通信的高速总线，通信速率为 1Mbps；冗余的控制总线通过 MMU 背板上的印刷电路板工作，最多可将 32 个 BRC300 连接至控制总线上。由于控制总线接口采用了一个专用的集成电路，它具有 DMA 特性和 2 个冗余的通道，因此 BRC300 既可以同时利用这 2 个冗余的通道进行数据的接收和传递，还可以对接收的数据进行完整性校验。

（2）冗余链。冗余链连接冗余的 BRC300。当主 BRC300 在线工作时，副 BRC300 处于热备用状态，并且通过冗余链接收主 BRC300 输出的拷贝；当主 BRC300 发生故障时，副 BRC300 立即会通过该链自动完成切换而成为在线工作状态。

（3）I/O 扩展总线。MMU 背板上的连接器可以将 BRC300 与 I/O 扩展总线相连，I/O 扩展总线接口也是一个专用的集成电路。

（4）状态操作读写部分。通过状态操作读写部分，BRC300 可以读取用户设置的数据、监控按钮的操作和驱动模件面板的状态灯显示等，如读取 BRC300 故障时的冗余切换信息。

BRC300 的主要技术参数列于表 4-1。

表 4-1　　　　　　　　　　　BRC300 的主要技术参数

项　　目	说　　明
主频	160MHz
CPU 架构	RISC
微处理器	32 位工业微处理器
存储器	ROM：2Mbytes SDRAM：8Mbytes NVRAM：512kbytes
电源要求	+5V DC/2A 10W 典型（BRC） +5V DC/100mA 0.5W 典型（PBA）
程序环境	功能码（FC）、C、Basic、Batch、Ladder、用户自定义

（二）I/O 模件

Symphony 系统的主要 I/O 模件如表 4-2 所示。

表 4-2　　　　　　　　　　　Symphony 系统的主要 I/O 模件

类　型	模件名	描　　述
通用模件	IMASI	16 路模拟量输入： -100～+100mV DC，热电阻，热电偶
	IMFEC	15 路模拟量输入：4～20mA，-10～+10V DC
	IMASO	14 路模拟量输入：4～20mA，1～5V DC
	IMDSI	16 路数字量输入：24V DC，48V DC，125V DC，120V AC
	IMDSO	16 数字量输出：24V DC，48V DC
	IMDSM	8 路脉冲量输入
	IMRIO	远程 IO 模件

类 型	模件名	描　　述
DEH 模件	IMFCS	频率计数器： 一个频率输入通道，电压幅值：300mVpp 到 120Vrms 频率响应范围：1Hz～12.5kHz
	IMHSS	液压伺服模件： 冗余的 LVDT 输入（DC/AC LVDT 均可），控制输出：可控制冗余的双线圈伺服阀，控制电流范围：±8～±64mA，还可输出 I/H 转换信号
DEH 模件	CMMII	状态监视模件： 监视轴振，偏心，轴向位置，转子相对汽缸的膨胀和汽缸自身的膨胀；4 个测量通道，可接收位移，加速度，速度，DCLVDT 等各类工业标准传感器输入
电气模件	IMTAS	汽轮机自动准同期模件： AC 输入（发电机/线电压）：0～50V AC 或 0～150V AC
SOE 模件	IMSOE	SOE 服务器套件
	IMSED	16 路事件顺序数字输入模件
	IMSET	16 路事件顺序同步模件

（三）系统的机柜和电源

1. 机柜的形式和特点

HCU 现场安装机柜采用 NEMA4 标准，室内安装的系统机柜采用 NEMA12 标准。HCU 机柜又分为模件及其端子混装柜和纯端子柜两种。这两种机柜的外形和安装方式都一样，只是内部电源的分配方式和支持设备有所不同；在机柜组装时，系统和现场电源就已配置完成。HCU 机柜产品的外观如图 4-17 所示。

图 4-17　HCU 机柜产品的外观

2. 模块化电源系统

HCU 的电源采用了互为冗余的双路结构和互为独立的外部电源。双路电源可以同时在线工作，而每路电源在单独工作时，均能承担 100％的负荷。

在电源系统中，有专门的故障检验部件，电源的工作状态可以清晰地表示在相应设备上，电源的冷却风扇安装在机架内部和机柜门上。

二、Ovation 控制器

在 Ovation 系统中，过程控制站称为 Ovation 控制器。它完成生产过程数据的采集及处理、A/D 转换、D/A 转换、运算、模拟调节、程序控制、高级控制和信息交换等任务；Ovation 控制器向上通过以太网或 FDDI 与操作管理装置或同层的控制器进行通信；向下控制生产过程。

（一）Ovation 控制器的硬件组成

Ovation 控制器由控制器、I/O 模块、I/O 总线和电源等组成。Ovation 控制器对关键部件进行了冗余，冗余设备包括 Ovation 网络接口、控制器、控制器电源、辅助电源、I/O 接口和远程 I/O 通信介质等。

1. Ovation 控制器机柜

Ovation 控制器机柜由电源、控制器、I/O 基座（Base）、电子模件、特性模件和过渡盘等组成，如图 4-18 所示。

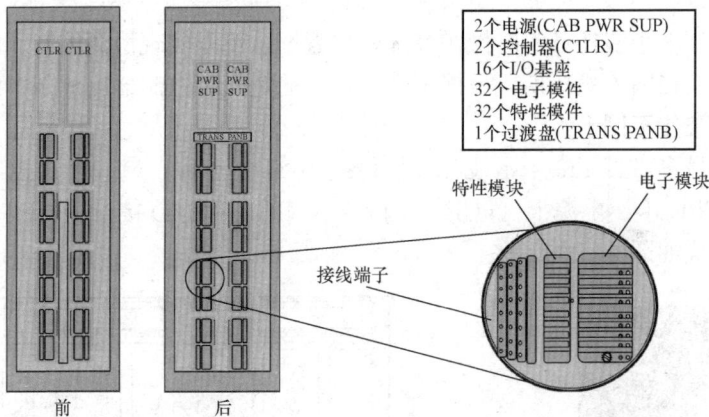

图 4-18　Ovation 控制器机柜示意

一个控制器单元由一个主控柜和最多 3 个扩展柜组成。在主控柜内设置了控制器、4 个 I/O 分支（branch）、冗余电源供应和电源分配器。每个 I/O 分支最多支持 8 个 I/O 模件，柜内最多可带有 32 个模件；在扩展柜，有与主控柜内的控制器相连的扩展空间和安装板、4 个 I/O 分支、冗余电源和电源分配器。

机柜仅提供了一层通信网络结构，即控制器与 I/O 模件之间的通信总线。该通信需要控制器配置本地 I/O 接口卡来实现控制器与 I/O 模件的通信，如图 4-19 所示。

现场的过程信号经电缆与 I/O 模件的端子排，通过特性模件和电子模件将现场信号转化为数字量信号；数字量信号通过 I/O 接口卡，由 PCI 总线传至 CPU；再由 CPU 的输出信号传至与其相连的闪存单元后，经过闪存中的控制算法的运算，将控制指令输出至 I/O 接口卡；最后由 I/O 模件输出至现场设备，完成控制过程。

由于只有在有请求时，闪存数据才在网上广播，因此提高了网络的传输利用率。

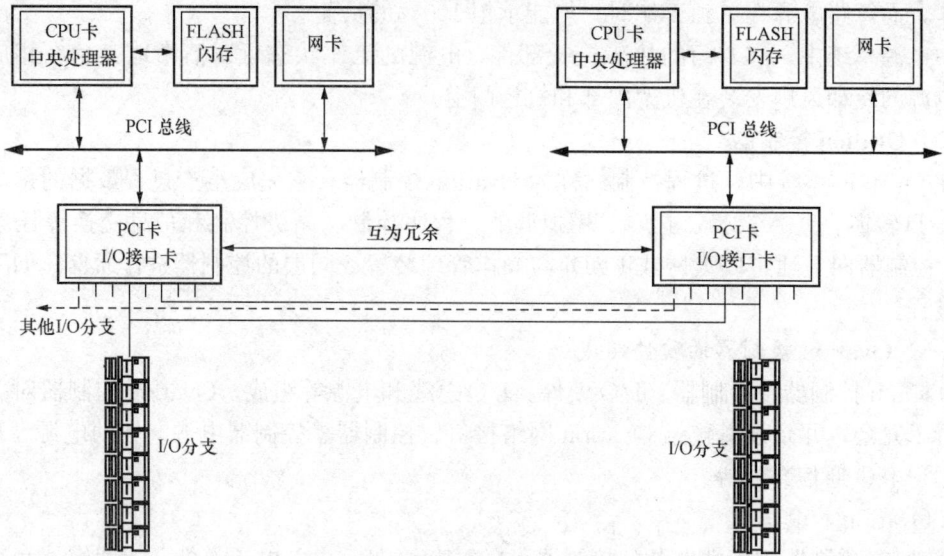

图 4-19　控制器内部信号与本地 I/O 接口卡的连接

2. 控制器

控制器的软件采用多任务实时操作系统处理数据，可以实现协调控制、网络通信和控制器内的资源管理。在输入扫描期，根据每个过程点的定义，控制器完成基本的报警处理，每个点的报警状态被传至网上。

一个控制器最多可带 128 个本地 I/O 模件或 1024 个远程 I/O 模件。控制器的硬件包括母板（CBO）、CPU 卡、电源卡（PCPS）、网卡（NIC）和 I/O 接口卡（PCI）。控制器的产品外观及硬件组成如图 4-20 所示。

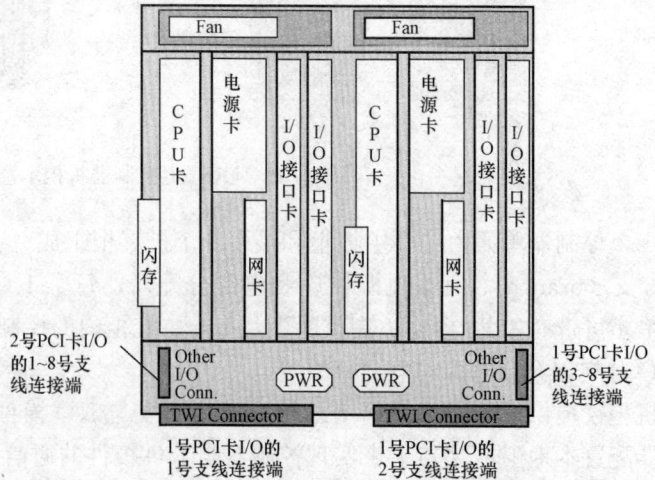

(a)　　　　　　　　　(b)

图 4-20　控制器的产品外观及硬件组成

(a) 控制器产品外观；(b) 控制器的硬件组成

在图 4-20 中，电源卡提供了各控制器的内部卡件工作电源。闪存与 CPU 相连，内有逻辑算法和操作系统。

I/O 接口卡是控制器与 I/O 模块的接口，又称 PCI 卡，通过 PCI 总线与 CPU 相连。每个控制器配置有 2 个 I/O 接口卡，每个 I/O 接口卡又包括了 2 个本地 I/O 接口卡和 2 个远程 I/O 接口卡（PCRR）。在本地 I/O 接口卡上分别装有 LED 指示灯，可以显示控制器和 I/O 节点的状态。

每对控制器分 5 个任务区，每个任务区可有不同的执行速度，最多可组态 16 000 个点。

3. I/O 子系统与 I/O 模块

（1）I/O 子系统。I/O 子系统是 Ovation 控制器与生产过程的 I/O 接口，由 I/O 模块基座、I/O 电子模块及其配套的电子特性模块构成，I/O 子系统如图 4-21 所示。

I/O 模块基座不仅提供了现场到 I/O 模块的信号连接的接线端子排，而且还提供了安装 I/O 电子模块及其配套的电子特性模块的插座。I/O 基座串接在一起，就形成了 I/O 子系统的一个分支。I/O 基座结构如图 4-22 所示。

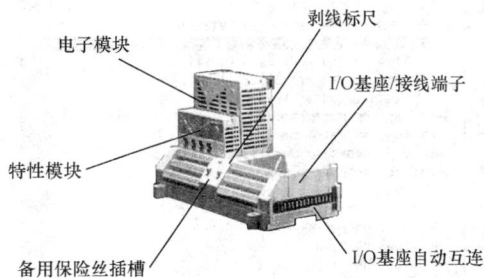

图 4-21　I/O 子系统示意

Ovation 系统支持两种不同类型的 I/O 模件，即标准 I/O 模件和继电器 I/O 模件。

每个控制器可带 2 个 IOIC 卡，每个 IOIC 卡带 8 条分支，每条分支安装 4 个 I/O 基座，8 个标准 I/O 模件。在控制器机柜内可安装 4 条分支，其他 I/O 分支可安装在扩展机柜中。

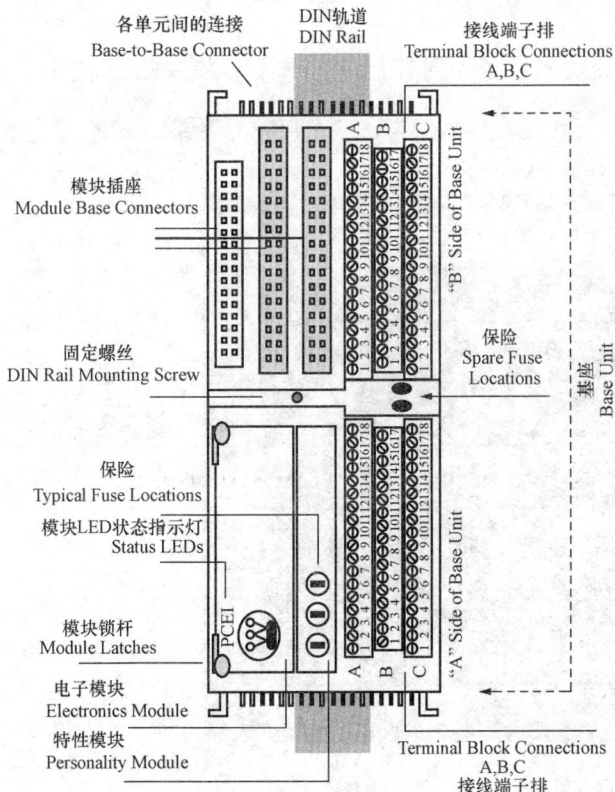

图 4-22　I/O 子系统基座结构

（2）I/O 模件。Ovation 系统 I/O 模件是外形标准、内置故障容错和诊断功能的插入式模件。由于使用了软件组态模件功能和地址，因此无跳接件。

（二）Ovation 控制器的组态软件和软件功能块

Ovation 控制器组态工作由安装在工程师站上的组态工具软件完成。Ovation 控制器的组态工具是一套工作在 Unix 操作系统和 X-Windows 界面上的集成组态软件包，可以用于生成和维护整套 Ovation 系统的组态。而 Ovation 控制器的组态，则主要由 I/O 生成器（I/O builder）和控制生成器（control builder）软件实现。

I/O 生成器具有友好的界面和分层方式的特点，配置了控制器 I/O 子系统。以控制器配本地 Ovation

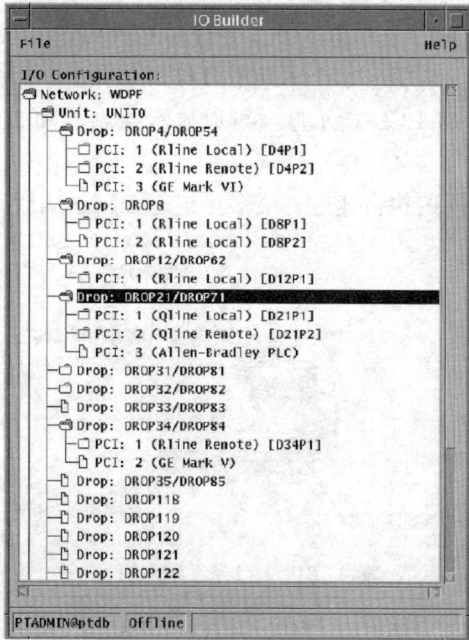

图 4-23　I/O 生成器界面

I/O 系统为例，利用 I/O 生成器软件，可按照网络号（Network）、单元号（Unit）、站点号（Drop）、PCI 卡号（PCI）和分支号（Branch）的顺序，逐级配置和建立 Ovation I/O 模块的所有分支。在选定的分支上，按槽位号（Slot）、I/O 模块类型配置 I/O 模块及其参数。I/O 生成器界面如图 4-23 所示。

Ovation 系统的功能块不仅数量多，而且还采用标准图形符号表示。如模拟量控制采用 SAMA 图符，开关量控制采用布尔逻辑符号。

控制生成器是控制功能的主要编程工具，不仅可自动建立与功能块有关的中间点和缺省点，而且支持画面生成过程中要求的新点的建立。控制生成器界面如图 4-24 所示。

三、MACSV 系统的现场控制站

在 MACSV 系统中，过程控制站称为现场控制站。现场控制站是实现数据采集和过程控制的重要节点，主要包括主控单元、I/O 单元和电源模块等设备。

（一）现场控制站功能

在主控制器和智能 I/O 模块上，分别固化了实时控制软件和 I/O 模块运行软件。主

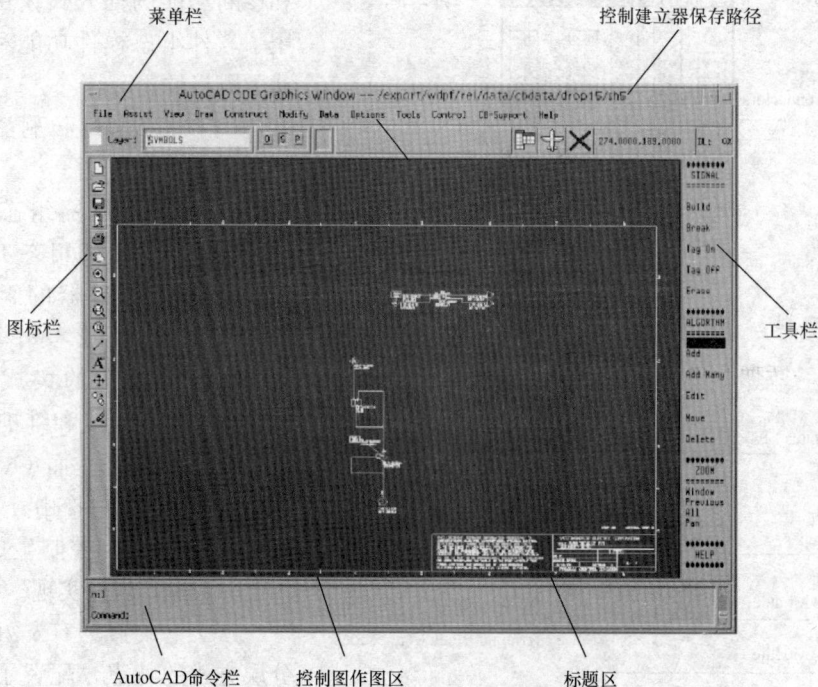

图 4-24　控制生成器界面

控单元通过 C-Net 与各个智能 I/O 模块进行通信。

现场控制站的内部结构如图 4-25 所示。

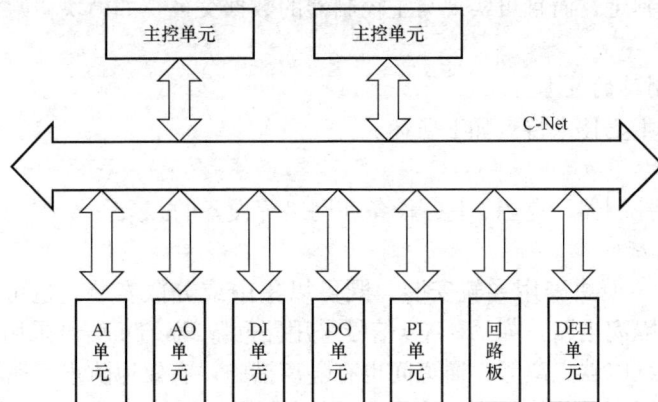

图 4-25　现场控制站的内部结构图

（二）现场控制站的硬件结构

现场控制站的物理结构是集中安装的机柜式结构，主要由现场控制柜外壳和安装在现场控制柜内的组件两部分组成。在现场控制柜中安装了主控单元、I/O 模块和风机单元等。

1. 主控单元

主控单元组件包括冗余主控制器和电源模块，安装位置在机柜的上部。冗余主控制器是系统网络与控制网络之间的枢纽，完成现场控制站中除实时数据的输入或输出外的各项工作。冗余主控制器内置的 C-Net 接口可用于与各个 I/O 模块的通信；双冗余的 S-Net 网接口，实现了与操作层进行通信；主控制器和 I/O 模块等现场设备所需电源由电源模块提供。

2. I/O 模块

除 FM146、FM146A 模块外，I/O 模块均具有统一的外部结构。

3. 风机单元

风机单元是现场控制站通风散热的主要设备，被安装在机柜顶部。

（三）现场控制站的软件

现场控制站的软件主要包括主控制器实时控制软件和 I/O 模块软件。

1. 主控制器实时控制软件

基于实时操作系统的实时控制软件，主要完成以下功能：

（1）信号转换与处理。对 I/O 模块采集的数据进行线性或非线性化转换。

（2）控制运算。以组态规定的周期完成连续控制运算、梯形逻辑运算和计算公式运算。根据系统组态的需要，可以选择不同的时间基准值，而控制周期可以是基准值的任意整数倍。

（3）通信。通信过程的描述：首先，通过系统网络和操作层通信，接收工程师站的初始下载数据、在线增量下载数据和操作员在线修改的数据，周期性地将模拟量数据和开关量状态变化数据发送到操作层；其次，在控制网络向 I/O 模块传输初始化数据和控制输出数据的同时，接收模件采集的数据和报告的状态。

（4）其他。其他功能有自诊断和无扰切换等。

2. I/O模块软件

I/O模块软件被固化在I/O模块中。I/O模块软件不仅可完成数据的输入、输出处理和输出数据正确性的判定，而且可实现与主控制器的数据交换，如模块初始化数据和自检状态信息等。

（四）现场控制站的技术特点

现场控制站的主要技术特点如下所述。

1. 冗余措施

主要实现了主控制器、电源、I/O设备和网络等设备的冗余。

2. 分散隔离措施

全分布智能I/O模块采用导轨安装，既可以集中或分散安装，也可以远程分布安装；所有模块都配置了隔离电路，如AI/AO信号采用路间隔离，DI信号采用光电隔离，DO信号采用光电隔离或继电器隔离等；通道间也有隔离措施，有效地防止了现场地电位差对系统造成的干扰；采用了现场总线技术取代传统的并行总线，可靠地隔离了各模块的故障。

3. 迅速维修措施

（1）自诊断能力。现场控制站的所有模块上均配置了CPU，每个模块均能周期性地进行自诊断。自诊断的内容包括以下几方面：

1）CPU和内存等的自检。

2）开关量输出的回读比较自检。

3）在冗余配置时，通过双通道的AI通道的结果比较，判断输入通道的正确性。

4）在冗余配置时，通过双通道的AO通道的结果比较，判断输出通道的正确性。

5）每秒都进行网络各节点的状态检测。

（2）故障指示。在主控制器和全部I/O模块上均有状态指示灯，包括运行灯、故障灯和网络通信灯等。打开机柜，各模块运行状态一目了然。在系统操作员站的显示器上，操作人员可随时调出系统状态图来查看各站和各模块的运行状态。

（3）带电插拔功能。主控制器和所有I/O模块均可带电拔插。

由于系统中所有I/O信号线都接到端子底座上，I/O信号通过端子底座进入I/O模块，因此更换I/O模块时，不会涉及I/O接线的变动。

（五）现场控制站的主要配置方式

根据现场的不同需求，可对现场控制站进行灵活配置，主要的配置方式如下：

（1）以开关量控制功能为主体的现场控制站。

（2）以过程控制为主，辅以顺序逻辑控制，构成以连续生产自动化为对象的现场控制站。

（3）以采集大批过程信号为主的现场采集站。

（4）由本地操作员接口构成的本地控制。

（5）由远程I/O模块构成的远程I/O控制站。在MACSV系统中，还有与其他现场智能设备的接口，如PLC、智能仪表和智能调节器等。

思 考 题 与 习 题

4-1 过程控制站的硬件系统包括哪些？

4 - 2　　DCS 电源主要有哪些?

4 - 3　　画图说明控制器的基本组成。

4 - 4　　在控制器中，有哪些存储器? 它们的作用分别是什么?

4 - 5　　I/O 模件包括哪些? 它们各自的作用是什么?

4 - 6　　AI 模件包括哪些关键技术?

4 - 7　　AO 模件包括哪些关键技术?

4 - 8　　功能块通常包括哪几部分? 各部分的作用是什么?

4 - 9　　过程控制站的可靠性体现在哪些方面?

4 - 10　　画图说明"三中取二"的工作原理。

4 - 11　　试述 BRC300 的主要作用和技术参数。

4 - 12　　试述 Ovation 控制器的主要组成和功能。

4 - 13　　试述 HCU 机柜及其电源的特点。

4 - 14　　MACSV 系统现场控制站的软件有哪两部分? 主控制器实时控制软件有哪些?

第五章　DCS 的人/机接口

人与计算机的关联是通过人/机接口实现的。人/机接口主要是指人与计算机之间建立联系和交换信息的设备，这些设备包括键盘、显示器、打印机、鼠标器、按钮和调节手柄等。人/机接口完成的主要任务有两个，即信息形式的转换和信息的传输控制。

一个完整的控制系统的组成如图 5-1 所示。

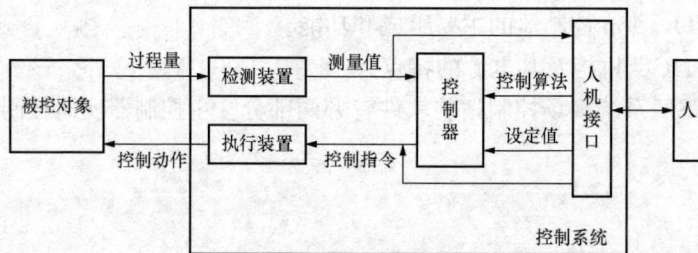

图 5-1　控制系统组成示意

在控制系统的设计、运行和事故处理的整个过程中，人始终是最重要的组成部分之一。这是因为无论从对象数学模型的推导、控制规律的建立和系统的组态，还是控制系统在线正常监控和设备故障的处理过程等，都离不开人的参与。因此目前任何一个能够工作的计算机控制系统，通常都配备了相应的人/机接口。

第一节　概　　述

在 DCS 中，人/机接口是指具备输入工具、操作工具、可视画面、可复制和转移的数据记录设备，能够实现控制系统进行组态、编程、监视和操作的计算机系统。DCS 的人/机接口是运行操作员、系统管理员、控制组态工程师和系统维护员等与 DCS 交互的界面，其主要功能是完成操作者与计算机之间的信息通信。本章介绍的人/机接口是 DCS 的人/机接口。

不同需求的人/机接口的配置不同，尤其是软件的配置不同，当然功能和名称也有很大的差异。其中操作员站是供生产过程的操作员使用的人/机接口，工程师站主要是工程师用于系统组态和维护用的人/机接口。有的 DCS 还设有历史记录站作为数据存储的人/机接口，为生产管理人员进行数据分析、统计和报表打印等提供了方便。

一、分布式数据库结构和客户机/服务器结构

如果没有数据库，则人/机接口的功能也无法实现。与人/机接口密切相关的数据库有两种结构形式，即分布式数据库结构和客户机/服务器。

1. 分布式数据库结构

分布式数据库结构的人/机接口站示意如图 5-2 所示。

在分布式数据库结构中，所有节点均与控制网络冗余连接，各取所需地收集控制网络的

图 5-2 分布式数据库结构的人/机接口站示意

实时数据，并且能够以数、图、光和声等多种形式表现出来；操作员站发出的操作指令由控制网络传至相应的过程控制柜。由于所有的实时数据被分散在不同的人/机接口站内，因此整个实时数据的冗余度较大。

在分布式数据库结构中，操作员站实时数据显示和刷新速度快，对人/机接口计算机硬件配置的要求较高，而对控制网络性能的要求则相对较低一些。如 Ovation 系统的上代产品 WD-PF II 型 DCS，尽管控制网络的通信速率仅为 2Mbps，但在 300MW 机组控制中却表现不俗。

为了提高系统对历史数据的使用效能，分布式数据库结构还借鉴了客户机/服务器结构的优点，将历史记录站设置成历史数据服务器，供各操作员站（客户）调用，其实质是在人/机接口站中，通过设置高速冗余的监控网络来传输历史数据，而不影响控制网络的性能。

目前 Emerson 西屋的 Ovation 和新华的 XDPS-400 系统的人/机接口站，均采用了分布式数据库结构。

2. 客户机/服务器结构

客户机/服务器结构的人/机接口站示意如图 5-3 所示。

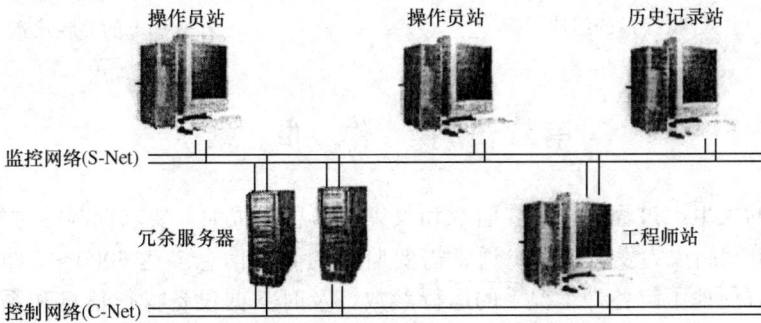

图 5-3 客户机/服务器结构的人/机接口站示意

客户机/服务器结构的显著特点是操作员站、历史记录站不与控制网络直接连接；实时数据由冗余的过程服务器，通过控制网络进行收集，然后向操作员站、历史记录站（客户机）发布；操作员站发出的操作指令由服务器和控制网络传至相应的过程控制柜。由于所有的实时数据被集中在冗余服务器内，因此实时数据冗余度小。

采用客户机/服务器结构的计算机硬件配置要求较低，而对服务器和网络性能要求较高，这样系统的配置和管理比较简便。

目前 ABB 的 Symphony、Siemens 的 TXP、和利时的 MACS 系统和 Honeywell 的 PKS 等均采用客户机/服务器结构。

二、人/机接口的组成

人/机接口通常由软件、计算机及其辅助设备组成。当前的 DCS 厂家一般只提供人/机接口的软件，计算机及其辅助设备则选用通用的产品。人/机接口的组成示意图，如图5-4所示。

目前大多数DCS工作站已采用高档工控机、Windows操作系统和客户机/服务器结构，使用了动态数据交换（DDE）或OPC接口技术，通过以太网接口与管理网络相连。不同的人/机接口，在辅助设备的数量、品种、功能及其与主机的连接方式等方面都存在差异。

人/机接口站按其实现的功能，一般可分为操作员站、工程师站、历史站、报表站、性能计算站和数据链接站等。

三、人/机接口与DCS在数据上的关联

人/机接口与DCS在数据上关联主要由三部分实现，即DCS通信接口、实时过程信息数据库和人/机接口的计算机通信接口。人/机接口与DCS在数据上的关联示意如图5-5所示。

由图5-5可知，由于实时数据库不仅提供了DCS通信接口和计算机通信接口所需的数据，同时也接受DCS通信接口和计算机通信接口的数据对自己的数据进行更新，因此实时数据库的数据始终处于动态的变化；人/机接口和DCS可以方便地使用实时数据库，如同使用自己的内存一样。

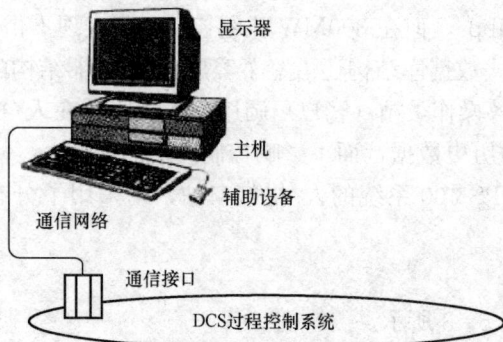

图5-4 人/机接口的组成示意

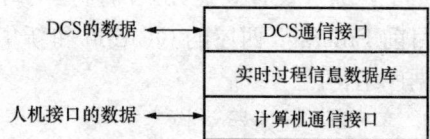

图5-5 人/机接口与DCS
在数据上的关联示意

第二节 操 作 员 站

在现代化的大生产过程中，需要监视和收集的信息量很大，要求控制的对象众多。如一台600MW的单元制火力发电机组，通常需要监控的测点信息多达6000～7000个。为了能使运行操作员方便地了解各种工况下的运行参数，及时掌握设备操作信息和系统故障信息，准确无误地作出操作决策，提供一种现代化的监控工具，即操作员站，是十分必要的。

操作员站被设置在机组的集控室内，主要是作为一个监视和操作集中的工作平台，也是操作员与生产过程之间的一个交互窗口。

在DCS产品中，通常包括以CRT为基础的操作员接口站，使用操作员站可以将DCS的绝大多数显示和操作内容，集中在显示器的不同画面和操作键盘上，这样就节省了大量的显示仪表，减少了控制盘、操作台和操作员的数量，既方便了操作员的操作，也极大地提高了工作效率和工作质量。

一、操作员站的基本功能

操作员站的基本功能包括显示、记录、制表和检索历史数据等，另外还包括控制和操作设备、调整过程设定值和偏置等，具体功能如下：

（1）建立和维护数据库：收集各现场控制单元的过程信息，建立和维护数据库。

（2）自动检测和控制：自动检测和控制整个系统的工作状态。

（3）屏幕显示：可以显示各种参数、画面的显示和用户自定义的信息。

（4）打印和显示器的屏幕拷贝：不仅可以对多种信息进行打印，如生产记录、统计报表、操作信息、状态信息、报警信息、历史数据和过程趋势等信息，而且可以实现显示器的屏幕拷贝。

（5）手动操作：可进行在线变量计算和控制方式切换，实现各种控制和手动操作等。

（6）综合计算：利用在线数据库进行生产效率、能源消耗、设备寿命和成本核算等综合计算，实现生产过程的管理。

（7）在线辅助：具有磁盘操作、数据库组织、显示格式编辑和程序诊断处理等在线辅助功能。

通常 DCS 还设有值长监视站。值长监视站监视操作员站所有画面和参数，但无权操作、修改和设定参数。

二、操作员站的硬件组成

操作员站的硬件通常由主机、显示器、键盘、鼠标和通信接口等几部分组成，有台式和落地式两种形式。

为了保证操作员可以在任意时刻查看到尽可能多的画面信息，总是会选用尽可能大的显示器。目前 21 英寸的彩色 CRT 显示器已经广泛使用，同时液晶显示器也开始在 DCS 中得以应用。当前另一种新的显示方式就是大屏幕投影显示系统的使用，大屏幕上的信息可以使多名操作员、管理人员和维护人员同时看到系统与过程参数和状态。

许多 DCS 的操作员键盘都采用了专用的键盘，这些专用键盘多采用有防水、防尘、有明确图案或名称标志的薄膜键盘，而在键的分布上具有操作直观和方便的特点。有些专用键盘还在键体内装有电子蜂鸣器，可以提示报警信息和操作响应。

根据操作键完成的功能，可以将操作键分为以下几个部分：

（1）系统功能键：定义 DCS 的状态显示、图形拷贝、分组显示、趋势显示、修改点记录以及主菜单显示等标准功能。趋势显示是以图形或表格形式，显示测点的变化趋势，即显示选定的一段时间间隔内测点的采样数据。

（2）控制调节键：定义系统常用的控制调节功能，如手动、自动和串级等控制方式切换，给定值、输出值的调整和控制参数的整定等。

（3）翻页控制键：定义图形或列表显示时的翻页控制功能。

（4）光标控制键：用来控制参数修改和选择时的光标位置。

（5）报警控制键：用来控制报警信息的列表、回顾、打印和确认等。

（6）字母数字键：用来输入字母和数字。

（7）自定义功能键：自定义功能键是可以自己定义的键，它可以在任何显示画面中起作用。专用键盘的外观如图 5 - 6 所示。

需要指出：由于专用键盘不仅成本高，而且通用性差，操作员必须经过训练才能使用专用键盘，因此在实际工作中，鼠标使用较多。

随着显示技术的发展，一些 DCS 厂家采用了触摸屏显示技术，这样可以省略操作员键盘，而是直接在屏上设有敏感区，操作员只要用手指触一下该点就可以达到操作的目的。但是触摸屏技术由于容易出现操作不敏感、故障率高等问题，目前在 DCS 中应用的较少。

在实际应用中，应根据 DCS 的控制范围、工艺过程的要求和操作员配备的状况，确定

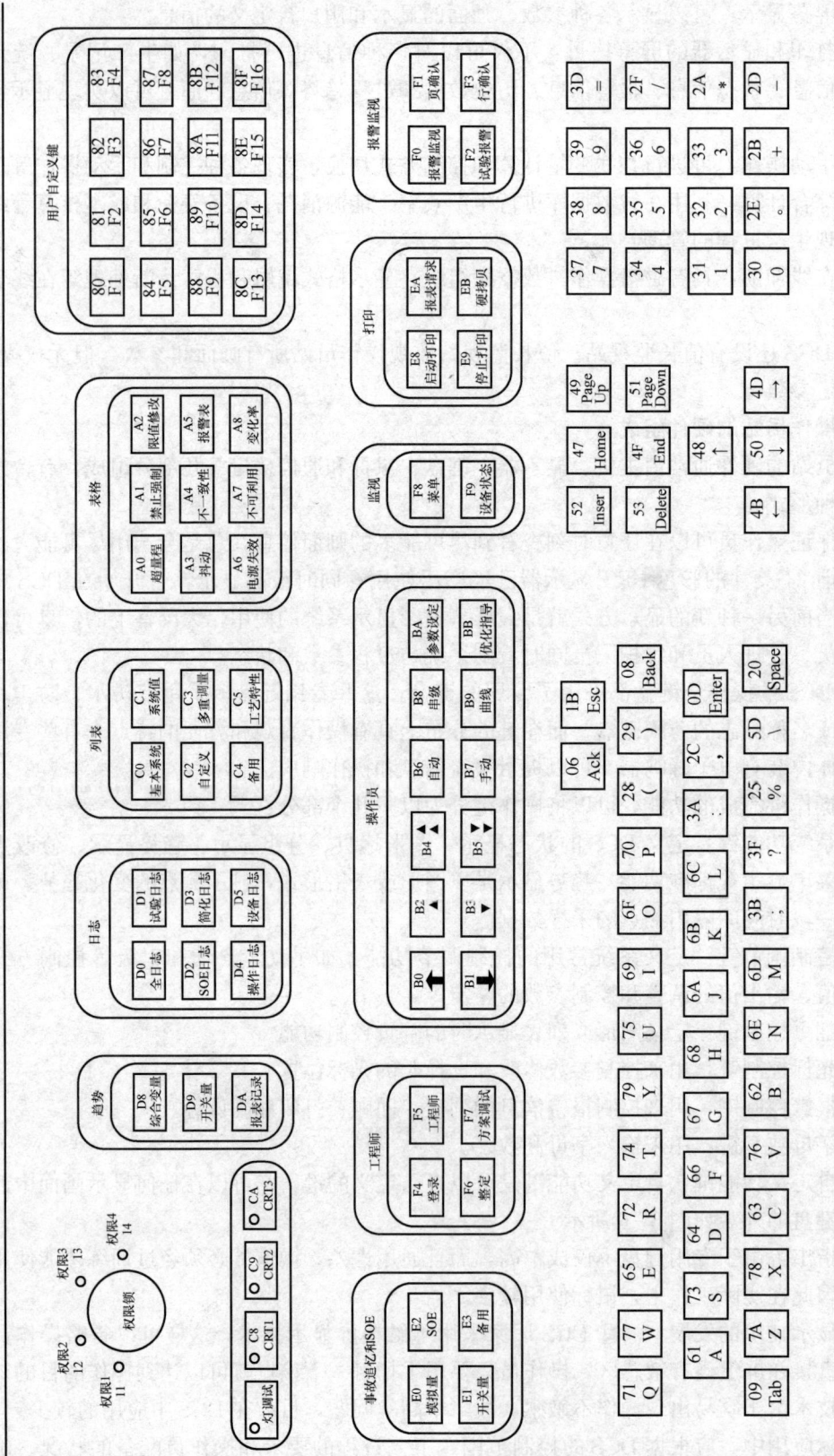

图 5 - 6　专用键盘的外观

操作员站的功能和数量。操作员站的使用各有分工，但任何显示和控制功能均应能在任一操作员站上完成。

三、操作员站的软件组成

操作员站的软件主要包括操作系统和监控应用软件。

操作系统通常是一个驻留内存的实时多任务操作系统。目前流行的有 Windows NT/2000/XP 和 Unix 操作系统，有的也采用其他类型的多任务操作系统，如 Symphony 系统的操作员站（Conductor）采用的是 DEC 的 OPEN VMS。

操作员站监控软件的主要功能是人/机接口的处理，其中包括图形画面的显示、操作员操作命令的解释与执行、现场数据和状态的监视及异常报警、历史数据的存档和报表处理等。为了上述功能的实现，操作员站监控软件主要由以下几个部分组成：

（1）图形处理软件：该软件根据由组态软件生成的图形文件进行静态画面的显示、动态数据的显示和按周期进行数据更新。

（2）操作命令处理软件：实现了对键盘操作、鼠标操作、画面热点操作的各种命令的解释和处理等功能。

（3）历史数据和实时数据的趋势曲线显示软件。

（4）报警信息的显示、事件信息的显示、记录和处理软件。

（5）历史数据的记录、存储、转储和存档软件。

（6）报表软件。

（7）系统运行日志的形成、显示、打印和存储记录软件。

为了支持上述操作员站监控软件的功能实现，在操作员站上需要建立一个全局的实时数据库，这个数据库集中了各个现场控制站所包含的实时数据及其中间变量。这个全局的实时数据库被存储在每个操作员站的内存之中，而且每个操作员站的实时数据库是完全相同的，因此每个操作员站可以完成完全相同的功能，形成一种可互相替代的冗余结构。也可根据各个操作员站运行的需要，通过软件人为地定义其完成不同的功能。

四、操作员站的监控画面

监控画面是操作员站最常用的功能，也是各 DCS 厂家技术的先进性和灵活性的体现之一。通常操作员站监控画面的主要技术要求如下：

（1）信息响应时间：通过键盘或鼠标等设备，操作员发出的任何操作指令的执行时间不大于 1s；如果不包括执行机构的动作时间，从操作员发出操作指令到被执行完毕的确认，则信息在显示器上被反映出来的时间不超过 2s。

（2）数据刷新时间：所有显示的数据刷新时间为 1s。

（3）击键次数：调用任一画面的击键次数，不应多于 3 次。

在 DCS 中，设定的显示功能通常由以下介绍的多种画面类型构成。

1. 总貌图画面

总貌图用来显示系统的主要结构和整个被控对象最主要的信息。总貌显示通常有提供操作指导作用，即操作员可以随时将总貌显示画面，切换到任一组其他的画面如图 5 - 7 所示。

2. 工艺流程图类画面

工艺流程图画面是操作员监控时的常用画面，也是热力生产过程具体内容的展现。操作员通过观察工艺流程画面，不仅能了解工艺管道上各过程变量值及其有关设备的实时状态，

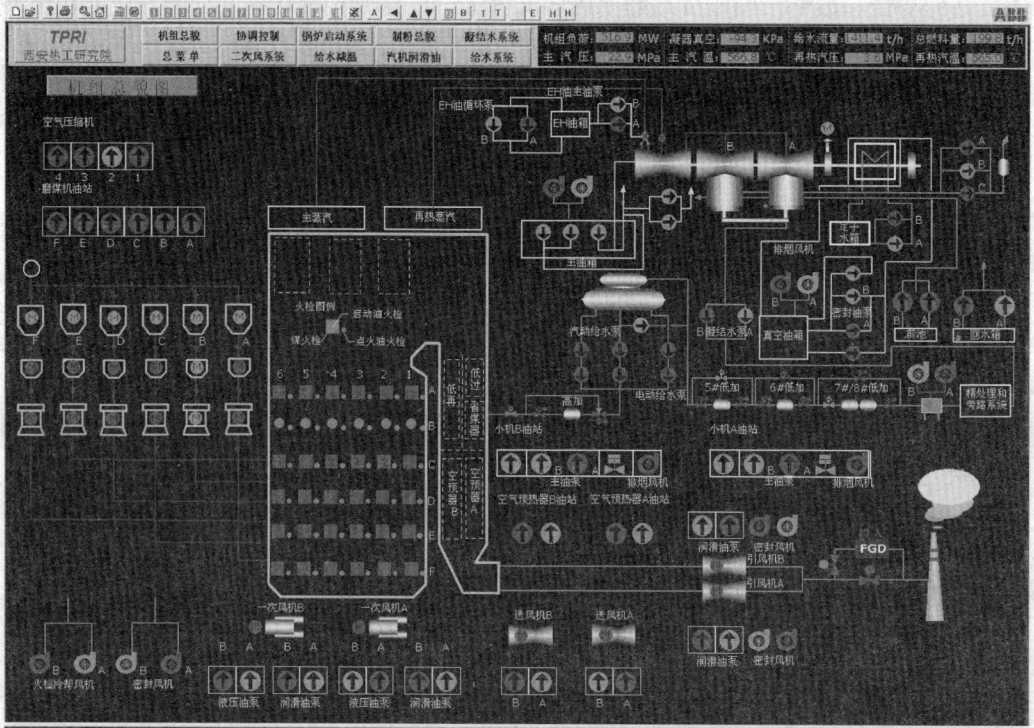

图 5-7　总貌画面

并且还能进行相应的处理。由于流程图画面较多，因此通常采用分层分级显示或分块显示的原则，将一个大的生产工艺流程由粗到细地进行展示。

操作员可以由总貌画面开始，配合画面提示菜单或按钮，应用键盘上的相应控制键或鼠标，逐层进行画面切换，最后得到所需要的信息。工艺流程图画面如图 5-8 所示。

3. 成组显示类画面

为便于监视和操作实际生产过程，往往需要以组的方式，将生产过程的参数、状态显示和操作控制集中在一起的成组显示画面。如将重要参数的集中列表显示、重要状态的光字牌显示和重要设备操作器的集中监控等。光字牌画面如图 5-9 所示。

4. 单点显示类画面

单点显示画面对应 DCS 的每一个测点。该画面不仅详细地展示了一个测点的全部相关参数，而且还允许操作员修改其内容。在不同的系统中，单点显示类画面的显示方式存在差异，如有些系统将所有信息一起显示在整个屏幕上，而另外一些系统则是显示在屏幕的一小部分上。因此，操作员在监视一幅画面的同时，不仅可以监视另一幅画面，而且还可以修改某点的信息。单点显示画面如图 5-10 所示。

一个测点的全部相关参数包括很多内容。如一个模拟量测点的名称、单位、显示下限、显示上限、报警优先级、报警上限、报警下限、报警死区、转换系数、转换偏移量、硬件地址和 KKS 编码等。

KKS 编码起源于德国，其含义是电厂标识系统。目前基本上形成了一套完整的发电厂标识系统，其应用范围包括电站工程规划、设计、施工、验收、运行、维护、预算和成本控制等。

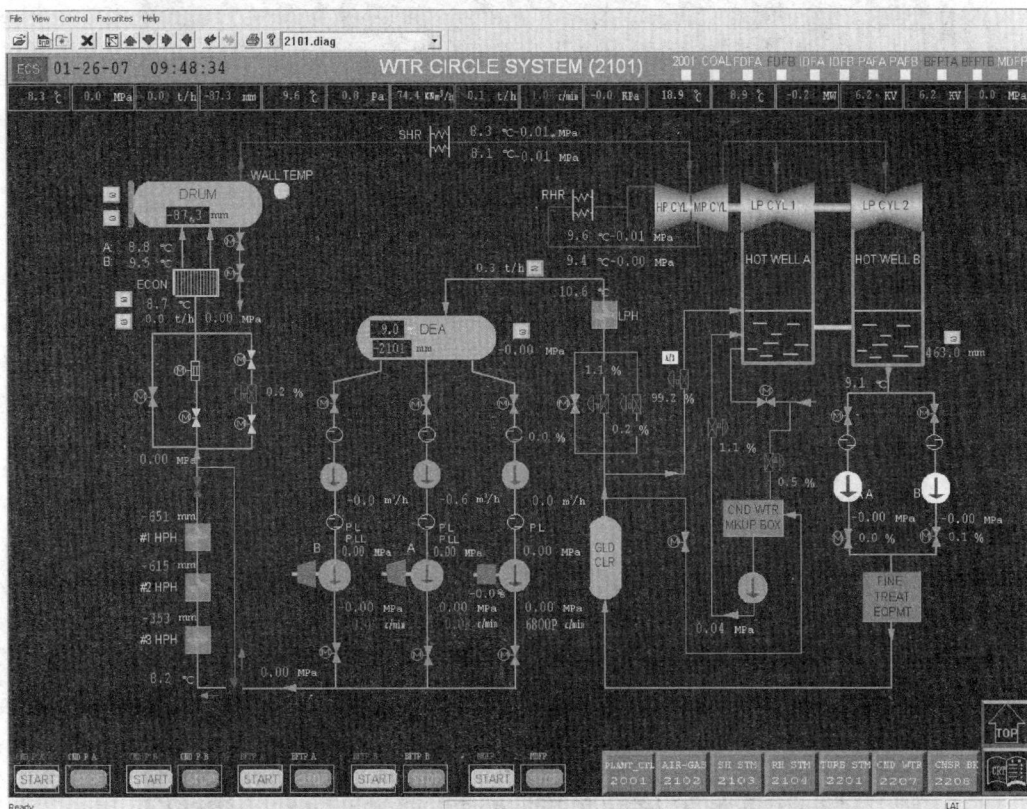

图 5-8 工艺流程图画面

我国最早于 20 世纪 90 年代开始引进和使用 KKS。国内电力设计院、发电集团和电力企业等相继组织编制了 KKS 企业标准，并在企业内部推广应用。从建设数字化电厂的角度出发，现在大多数新建的电厂都要求必须采用 KKS 编码系统。

5. 设备操作器类画面

在手动状态时，操作员习惯使用以弹出式窗口形式出现的设备操作器类画面。操作员利用键盘或鼠标，点击流程图画面上的某个活动显示元素，进行生产过程的设备启停和重要过程参数的调节等。如点击汽包水位后，即可弹出汽包水位调节器进行调节；当水位调节任务完成后，关闭水位弹出窗口。根据不同的设备类型，可以将设备操作器类画面分为调节器画面、手操器画面和功能组启停画面等。

（1）调节器画面。调节器画面不仅显示了调节器的 P、I、D 调节参数，还显示了调节回路有三个相关值，即给定值、测量值和控制输出值，其中输出值以数值、棒图和跟踪曲线的形式展现。利用调节器画面，操作员可以完成给定的修改、系统输出的选择、手/自动方式的切换和回路参数的调整等操作。调节器画面如图 5-11 所示。

（2）手操器画面。手操器画面的主要作用是实时控制开关量设备的启停、实时显示设备启停状态、切换手/自动状态、启停允许状态和闭锁状态等。在操作条件满足的情况下，操作员可借助手操器上的操作按钮，进行解/闭锁、手/自动切换和设备启停等操作。手操器画面如图 5-12 所示。

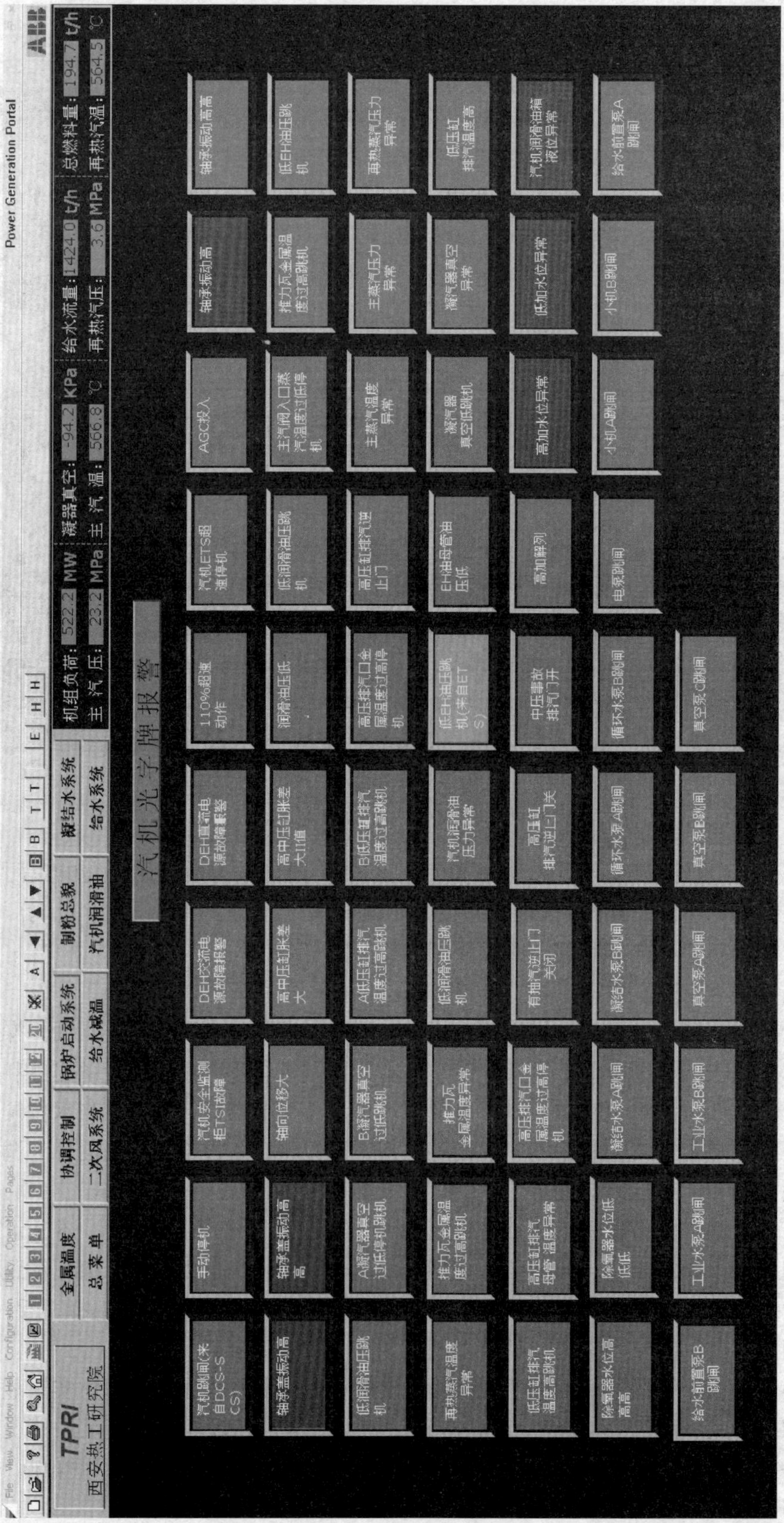

图5-9 光字牌画面

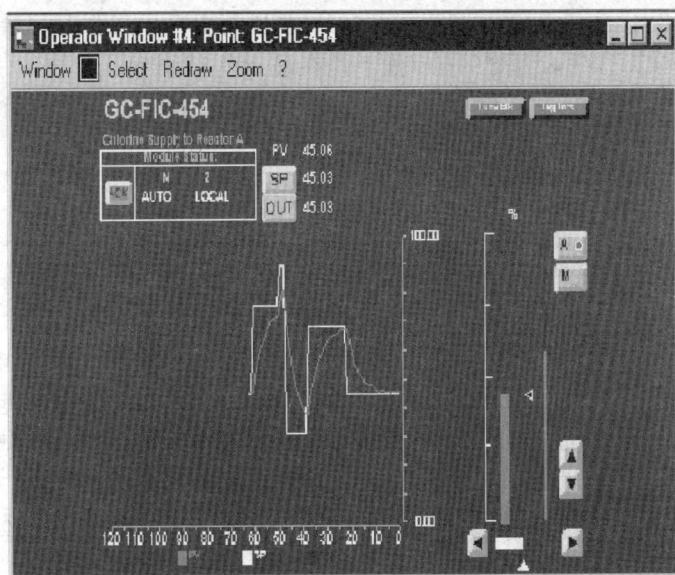

图 5 - 10　单点显示画面

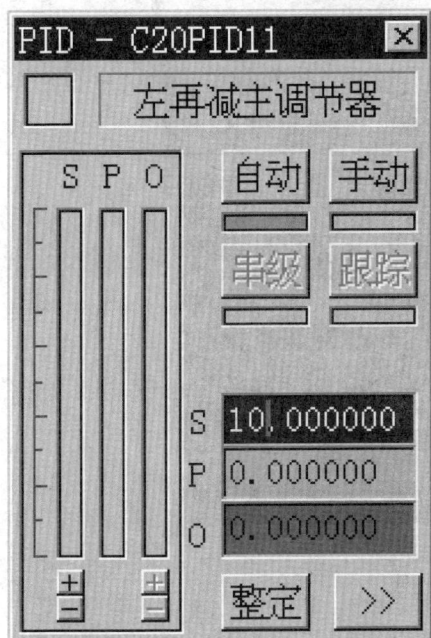

图 5 - 11　调节器画面图

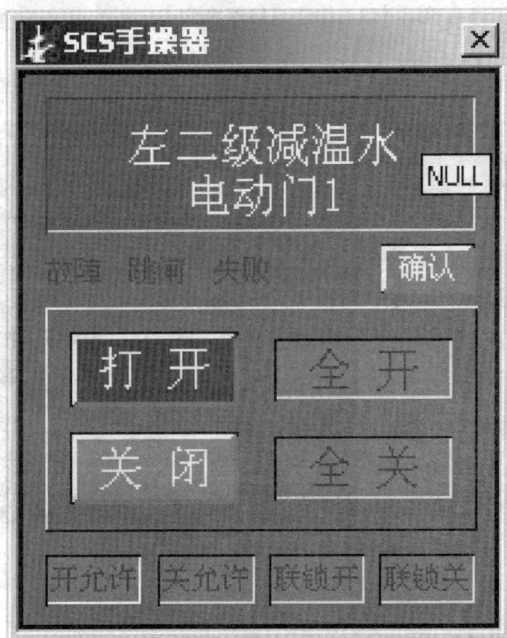

图 5 - 12　手操器画面

（3）功能组启停画面。功能组启停画面显示的主要内容是操作器。重点显示了功能组启停的允许条件、功能组启停的步序、当前的步序和已完成的步序。在启停条件满足的前提下，操作员可借助启/停按钮来启/停功能组，或者利用按下复位按钮来中断功能组启停的过程。功能组启停画面如图 5 - 13 所示。

6. 报警类画面

通常 DCS 有三种报警显示功能，即强制报警显示、报警列表显示和报警确认功能。

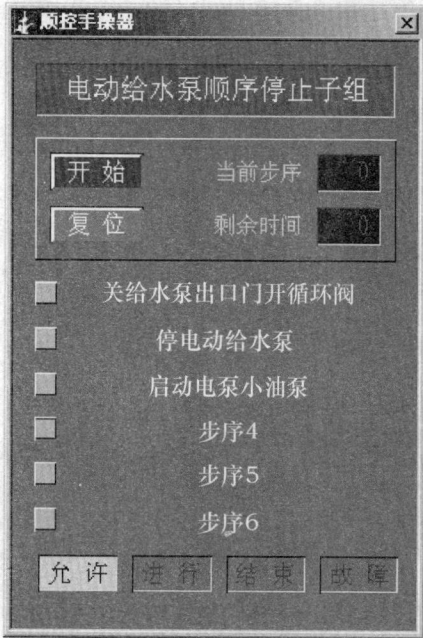

图 5-13　功能组启停画面

（1）强制报警显示。强制报警显示是指不论画面上正在显示何种画面，只要 DCS 产生此类报警信号，在屏幕的上端会强制显示红色闪烁的报警信息，同时启动音响设备。

（2）报警列表显示。在 DCS 的报警列表显示记录中，保留着近期多个报警项，每个报警项的内容包括报警时间、测点 KSS 编码、名称、报警性质、报警值、极限、单位和确认信息等。

（3）报警确认。报警确认功能是指在报警信息产生时，操作员按下确认按钮，确认该报警信息并自动复归报警音响。在报警列表显示中，已确认的和未确认的报警用不同的颜色进行显示，操作员可以根据实际情况进行单项确认、单页确认或全部确认报警，生成报警管理画面如图 5-14 所示。

7. 趋势类画面

一般的趋势显示有实时趋势显示和历史趋势显示两种。

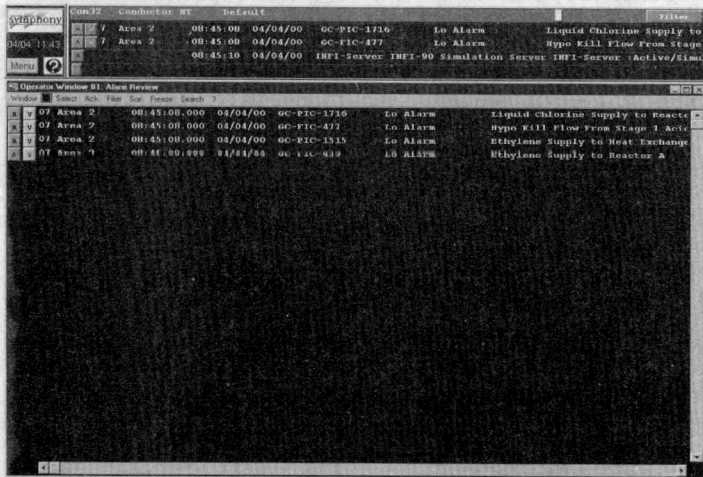

图 5-14　报警管理画面

（1）实时趋势显示。操作员站周期性地从实时数据库中取出当前的值，同时自动绘制实时趋势曲线。实时趋势曲线通常较短，每条测点趋势曲线可记录 100～300 点信息。这些点信息以一个循环存储区的形式，不仅存在内存中，而且还可以按不同的周期进行刷新。由于实时趋势曲线可以表明某些点的近期变化情况，因此非常适用于设定调节器的控制参数。实时趋势画面如图 5-15 所示。

（2）历史趋势显示。历史趋势显示是一种长期记录，通常用来保存几天或几个月甚至更长时间的数据。这些长期历史数据除可进行显示外，还是一些管理运算和报表的相关数据。

由于即使每个存档测点存储间隔比较长，这种长期历史记录也会占用了很大的存储空

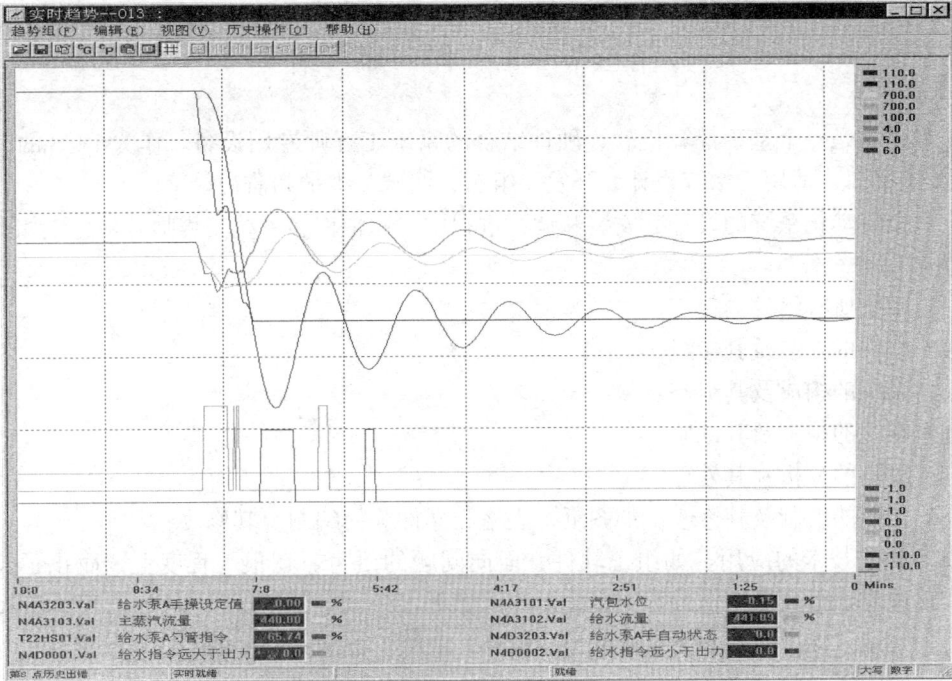

图 5-15　实时趋势画面

间，因此历史趋势显示通常被存放在磁盘或磁带机上。

在历史趋势显示的画面中操作员站还有一个标准的长期历史趋势显示画面。在该画面上，操作员只要键入要显示的若干点的点名和要显示的时间等信息，就可以查看这些点的历史曲线。趋势画面如图 5-16 所示。

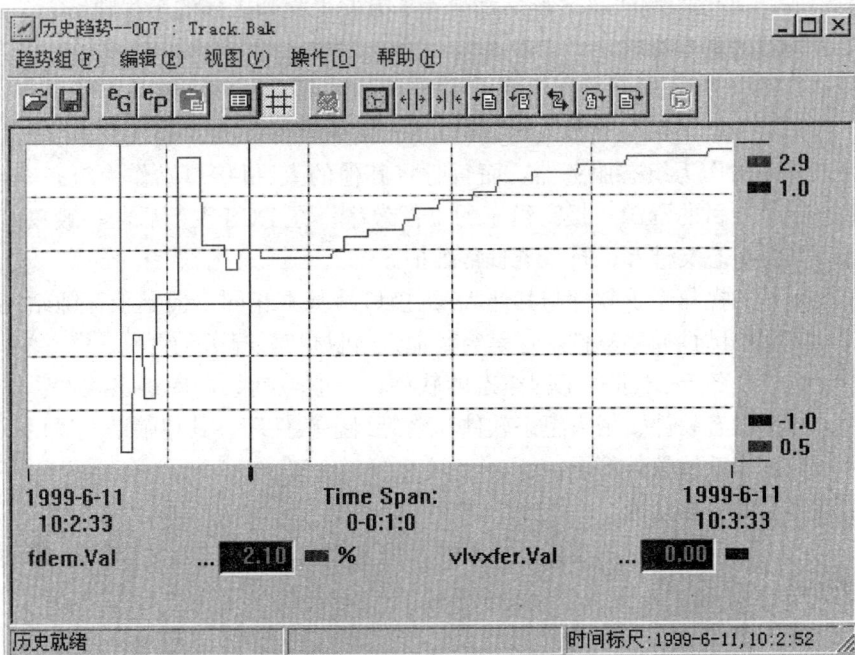

图 5-16　历史趋势画面

第三节 工 程 师 站

工程师站是一个基于计算机软、硬件结合的系统工程师专用设备，作为 DCS 的另一个重要人/机接口，适用于系统设计、开发、组态、调试、维护和监视等工作。

在一个自动化系统的设计、安装和调试过程中，通常许多系统工程师必须完成如下的大量工作：

(1) 系统所有组件的选定。

(2) 组件的安装及其接线。

(3) 系统的构成及其组态。

(4) 系统的检查及其试验。

(5) 故障的分析及其处理。

(6) 文档的编制及其修改。如图纸、表格和文件等的编制及其修改。

DCS 先进技术的应用，如组态软件、面向问题的语言，在很大程度上，简化了控制系统的实现过程，提高了工作效率。其主要原因如下：

(1) 采用了以微处理器为基础的通用模件，取消了控制系统中的一些专用硬件。

(2) 使用了通信网络交换信息，减少了模件之间的硬接线。

(3) 利用了功能块组态图或面向问题的语言，可以描述控制系统的连接关系，极大地降低了硬件接线图的绘制数量。

(4) 借助了以 CRT 为基础的控制操作台，减少了监视、记录、报警和操作仪表，精简了控制盘面。

由于即使完成上述工作后，一个 DCS 从现场安装到系统调试和投运，仍有不少具体的任务还必须完成，因此通常的 DCS 产品都配置了方便工程师工作的工程师站。

一、工程师站的基本构成

工程师站是整个 DCS 的系统组态和日常维护的工具。由于目前计算机的性/价比都很高，因此工程师站一般采用与其他人/机接口站相同的硬件配置。通常在系统初始组态时，由于可以将工程师站作为组态服务器，而暂时将其他的人/机接口站作为组态客户机使用，因此可以共享一个项目的资源，提高组态的工作效率；在 DCS 投产后，一般只设置一台工程师站来保存项目组态文件和进行系统日常维护。

虽然工程师站的操作系统软件与其他人/机接口站基本相同，但是工程师站还配置了工程设计软件和其他辅助性通用软件，这是与其他人/机接口站显著的区别。

工程设计软件是各 DCS 进行工程组态的软件，一般包括数据库组态软件、过程控制策略组态软件、图形组态软件、报表组态软件和趋势组态软件等，其他辅助性通用软件主要包括办公软件和数据库系统软件等。

二、工程师站的主要功能

虽然不同的工程师站具有的功能不尽相同，但主要的功能应该是相同的。下面介绍工程师站的主要功能。

1. 控制系统的组态

通过控制系统的组态，可以确定硬件组态、硬件连接关系、逻辑算法和控制算法等。一个工程的组态任务，主要有以下的内容：

（1）确定控制系统的每一个 I/O 点的地址，以便控制系统能够准确识别，如确定一个测点在通信系统中的机柜号、模件号和点号。

（2）建立或修改测点的编号和说明字，使编号、说明字与硬件地址之间有一一对应的关系，即标明每一个测点在系统的唯一身份，从而避免出现数据传输上的混乱。编号和说明字是工程师组态的一个重要内容。

（3）确定系统的每一个输入测点和某些输出的信号处理方式，如输入信号的零点迁移、量程范围、线性化、量纲变换、函数转换和对非线性校正等。

（4）既可以利用组态软件，进行系统控制逻辑的在线或离线组态，也可以利用面向问题的语言和标准软件，开发、管理和修改其他工作站的应用软件。

（5）可以选择控制算法、调整控制参数、设置报警限值和定义某些测点的辅助功能，如选择打印记录、趋势记录、历史数据存储和检索等。

（6）可以建立每一个控制系统的各个设备之间的通信联系，实现控制方案中的数据传输、网络通信和系统调试，还可以将组态或应用软件下载到各个目标节点上去等。

上述组态信息在被输入系统和正确性检查后，以数据库的形式，全部存储到大容量存储器中。

2. 操作员站的组态

除对 DCS 的控制功能进行组态外，工程师还要对操作员站进行组态，工程师站的操作员站组态功能正是为此而设立的。操作员站的组态功能，主要包括如下的内容：

（1）使操作员站所使用的所有设备和装置具体化，如操作、显示、报警、记录和存储等设备数量、规格及其型号的确定。

（2）建立操作员站及其相关设备之间的对应关系，如利用编号和说明字来指明设备和画面，为测点选择合适的工程单位等。

（3）利用工程师站提供的标准软件，完成数据库、CRT 监控图形、显示画面等进行设计和组态等工作，这是工程师站的一个重要内容。

3. 在线监控

在线工作工程师站作为一个独立的网络节点，在相关软件的支持下，能够与网络互换信息。工程师站在线监控的主要功能如下：

（1）具有操作员站的全部功能，也能够在线监视机组当前的运行情况，如量值或状态的在线监视。

（2）利用存储设备内的数据，在 CRT 上进行趋势在线显示。

（3）按环路和页等方式，在线显示应用程序、实时参数和控制状态。

（4）提供在线调整功能，使工程师站具有实时调整生产过程的能力。

4. 文件编制功能

在通常情况下，工程师站的文件编制功能如下：

（1）支持表格数据和图形数据两种格式的文件系统。其中数据格式是可变的。

（2）支持工程设计文件的建立和修改等文件处理。

（3）支持 CRT 拷贝和文件编制的硬件设备，如打印机和彩色拷贝机。

利用工程师站的文件处理系统、输入设备、存储设备和硬拷贝设备，工程师可方便地完成控制系统众多文件的自动编制及其修改任务。

5. 故障诊断功能

工程师站也是系统调试、查错和故障诊断的重要设备之一。DCS 的大多数装置都是基于微处理器的，利用这些装置的"智能化"特点，可以实现以下内容：

（1）自动识别系统中包括电源、模件、传感器和通信设备在内的任何一个设备的故障。

（2）确定某设备的局部故障、故障的类型和故障的严重性。

（3）在系统处于启动前检查或在线运行时，能快速处理查错信息。

应该指出：此处讨论的故障诊断是指控制系统的故障诊断，并非是过程设备的故障诊断。过程设备的故障诊断现已成为一项相对独立的重要工作，在很大程度上，故障诊断取决于对过程设备的构造、特性和运动规律等的了解，而不是取决于 DCS 本身。

第四节　其他人／机接口

一、历史站和报表站

历史站也是 DCS 的重要组成部分，它主要用于历史数据的收集和存储，通常历史站也被配置成报表服务器。历史数据收集软件用于收集控制网上测点的实时数据，并将实时数据存档，形成历史数值。

在报表站将历史站收集的实时数据和历史数据进行必要的计算后，使数据以各类报表的形式再现。报表包括 SOE 型报表、周期型报表、触发型报表、追忆数据型报表、事件型报表和自定义周期报表等。

1. 周期型报表

周期型报表是指在一定的时间内所形成的报表，如时报、班报、日报和月报等。周期性报表的最小时间单位是小时。

2. 触发型报表

触发型报表是指当给定的条件满足时生成的报表。

3. 追忆数据型报表

事故追忆是对事故发生过程的记录。它通常记录某一开关量发生跳变前后一段时间的数据。

4. SOE 型报表

SOE 型报表是开关量跳变序列的记录，主要用于事故分析。

5. 事件型报表

事件型报表记录了开关量变化和模拟量越限事件，它用于监视重要测点的状态。

6. 自定义周期型报表

根据指定的起始时间和规定的时间间隔，自定义周期型报表可以生成不同的报表。由于自定义周期型报表的数据选自历史数据，因此不需要启动相应的数据收集程序，但是所用点必须先在历史数据收集，并且在配置文件中定义。

二、系统监控和诊断站

DCS 是一套复杂的网络控制系统，各类网络连接的设备和模件不计其数。系统监控诊断站的任务，就是完成整套 DCS 的网络系统、人/机接口站、过程控制站等各类设备的性能监控和故障诊断工作。由于目前 DCS 大量采用了远程 I/O 和现场总线技术，监控规模和诊断的范围不断扩展，因此有的 DCS 将系统监控和诊断任务，从工程师站分离出来，单独设站进行监管。

下面以新华分散处理系统（Xinhua Distributed Processing System，XDPS）为例，介绍 DCS 的监控和诊断功能。

1. 网络节点状态监测

在 XDPS 中，自检主画面显示了 DCS 各个节点的状态和网络状态，如图 5 - 17 所示。

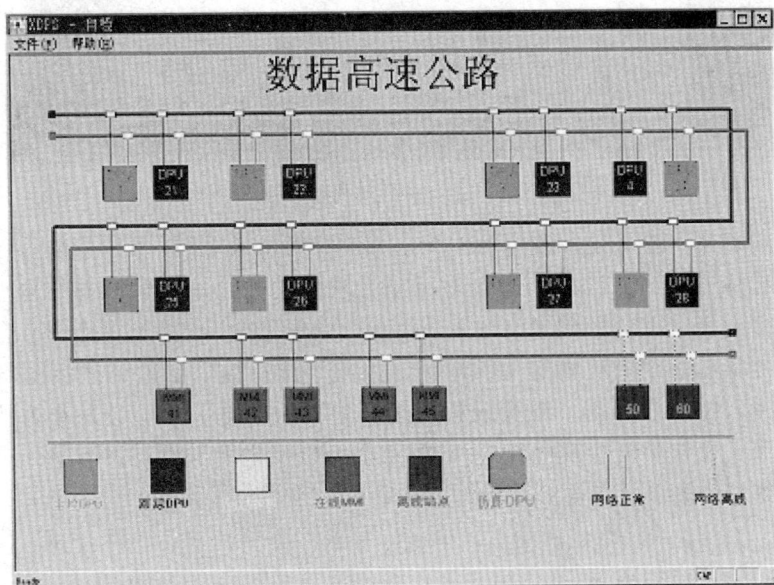

图 5 - 17　自检画面

在自检图中，冗余网络、DPU 主控状态、DPU 跟踪状态、节点故障和人/机接口站分别用不同的颜色区分。在每个节点小方块内，还有该节点的类型和节点编号。如果方块为红色且无节点类型显示，则表明节点处于故障状态。

在每个小方块上，有两根细线与主干网络相连，它们代表每个节点的两个网络接口。如果这两根短线为实线，则代表双网工作；如果有一根线为实线，而另一根为虚线，则代表该节点为单网工作，即实线网正常，虚线网故障；若两根短线都为虚线，则代表该节点与主干网已脱离，处于非正常状态。

在自检窗口下部的示例栏中，如出现绿色或粉红色的节点框，则表明 XDPS 实时网上有相应的控制 DPU 或人/机接口站在活动，而此节点没有在自检程序中定义显示位置，工程人员这时应采取必要的措施。

2. DPU 节点的 I/O 状态

在图 5 - 17 的自检画面上，将鼠标器光标移至主控状态的 DPU 节点上，单击鼠标器左键，就能弹出 DPU 节点 I/O 站的状态监测图；单击自检主画面的其他区域，就可关闭 DPU 的 I/O 站显示窗口，如图 5 - 18 所示。

在 I/O 站自检窗口中，窗口标题显示该 DPU 的节点地址号，左上角的方块代表该 DPU

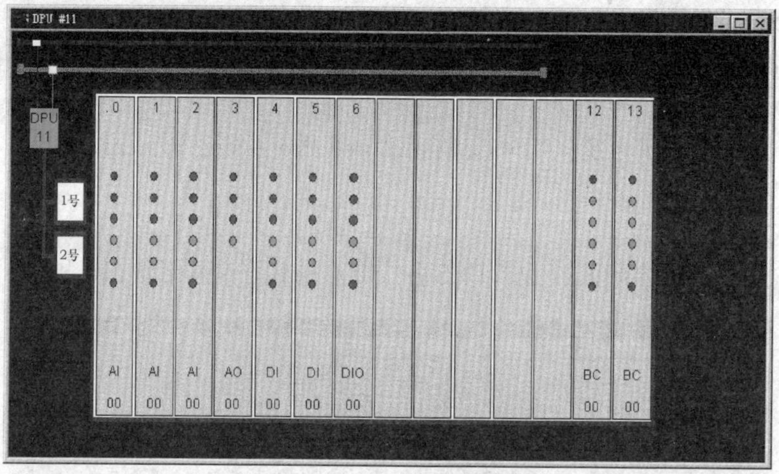

图 5-18　I/O 站自检窗口

节点的网络通信状态；左下角位置有若干个小方块，表示该 DPU 下所带的 I/O 站。有几个方块就代表有相应的几个 I/O 站；每个 I/O 站方块中的数字，代表该站的地址编号；在整个画面的右半部，显示 I/O 站内卡件的安装情况；由于每个 DPU 下可能有多个 I/O 站，而画面中每次只能显示一个机箱内的卡件情况，因此卡件箱内的卡件的显示图与 I/O 站之间有着对应的关系，两者之间用一粗实线相连接；用鼠标左键单击 I/O 站小方块，就可改变显示的对应关系，操作员就能观察到 DPU 的每个 I/O 站内的卡件布置情况。

3. I/O 卡件内的通道状态监测及其对应全局点

在 DPU 节点 I/O 站状态显示图上，单击标有卡件类型的卡件，将会弹出该卡件的通道状态图。卡件自检窗口如图 5-19 所示。

在卡件自检窗口的标题栏中，显示了该卡件的地址和类型；在显示窗口中，显示各通道的采样数据。

三、性能计算站

目前国内大型火电厂特别重视运行经济性问题，优化运行逐步成为电厂运行管理的一项重要内容，性能计算站的计算内容也不断增多。

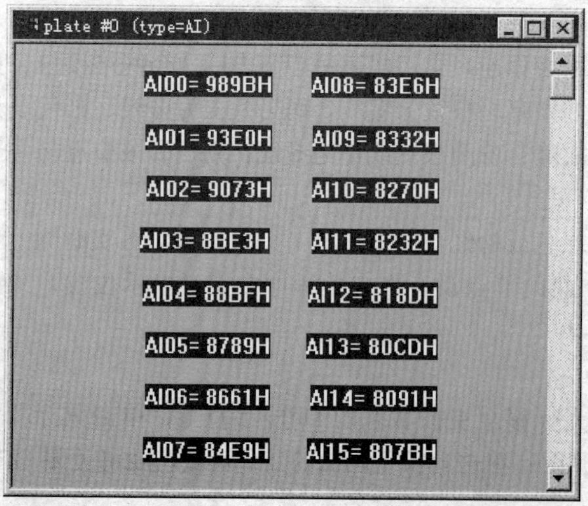

图 5-19　卡件自检窗口

性能计算也是 DCS 的一个重要功能。通过机组的各种性能计算，操作员和管理员可以掌握主/辅机的性能值及其长期变化的趋势；利用报表功能和历史记录功能，管理员可以确定各个运行班组的平均运行性能指标，使运行考核和设备维修有了依据；性能计算还能提供机组和主设备许多不能直接测量的性能指标。

在火电厂的 DCS 中，性能计算站的主要计算内容包括以下几点。

1. 机组性能

包括机组热耗率、汽耗率、循环热效率、厂用电率、发电煤耗率和供电煤耗率等。

2. 锅炉性能

包括燃烧效率、排烟热损失和其他各项燃烧损失等。

3. 空气预热器性能

包括空气预热器漏风率、烟气侧效率和空气侧效率等。

4. 汽轮机性能

包括汽缸进汽流量、排汽流量、效率、输出内功、低压缸排汽干度和低压缸排汽焓等。

5. 小汽轮机和给水泵性能

包括小汽轮机效率、给水泵效率和给水泵给水焓升等。

6. 加热器性能

包括进汽流量、端差、抽汽管道压损和给水焓升等。

7. 除氧器性能

包括进汽流量、抽汽管道压损和过冷度等。

8. 凝汽器性能

包括过冷度、传热端差、循环水温升、传热系数、清洁度系数和循环水流量等。

第五节　DCS 人/机接口的实例

一、Symphony 系统的人/机接口

Symphony 系统的人/机接口主要包括 PGP 和 Composer 两部分。

（一）PGP

在 Symphony 系统中，PGP 是英文 power generation portal 的简写，人们通常将其译为人系统接口或操作员站等。在 PGP 中，可以设置权限和口令。

1.PGP 的结构

PGP 是一种开放的客户机/服务器结构。基本配置如下：

（1）客户/服务器。包括个人计算机一台、独立的客户/服务器、多台服务器 PC 和客户机 PC。

（2）彩色显示器。

（3）数字键盘。

（4）鼠标和跟踪球。

（5）硬盘、软驱和 CD-ROM。

（6）外部接口。

（7）应用程序接口（SemAPI）。

（8）辅助外部设备：可以灵活地配置辅助外部设备。如显示器类型及其分辨率；硬盘、软驱和 CD-ROM；键盘、鼠标和跟踪球；触屏和背投大屏幕；彩色打印机和高速打印机等。

2.PGP 的基本功能

PGP 的基本功能是使操作员能对就地设备进行监视和操作，具体的内容如下：

（1）采集由控制系统传来的现场模拟量和数字量信号，获取用于显示和存档的数据。

（2）存储实时数据和历史数据。

（3）显示过程画面，打印报表。

（4）执行手动操作。

3．PGP 的显示画面

PGP 为操作员、工程师和维护人员提供了基于 CRT 的人/机接口。PGP 显示的主要过程控制画面如下：

（1）工艺过程画面。

（2）结构画面：包括总貌画面、成组画面和点画面。

（3）快捷键调用画面。

（4）趋势画面。

（5）系统状态画面。

（6）过程报警画面。

（7）系统事件画面。

（8）信息画面：包括服务信息和操作员生成的信息画面。

（9）事件历史画面。

（10）打印画面。

PGP 既可以显示 Symphony 系统的控制画面，利用通过通信接口，还可以对其他控制和信息系统进行组态。监控画面如图 5 - 20 所示。

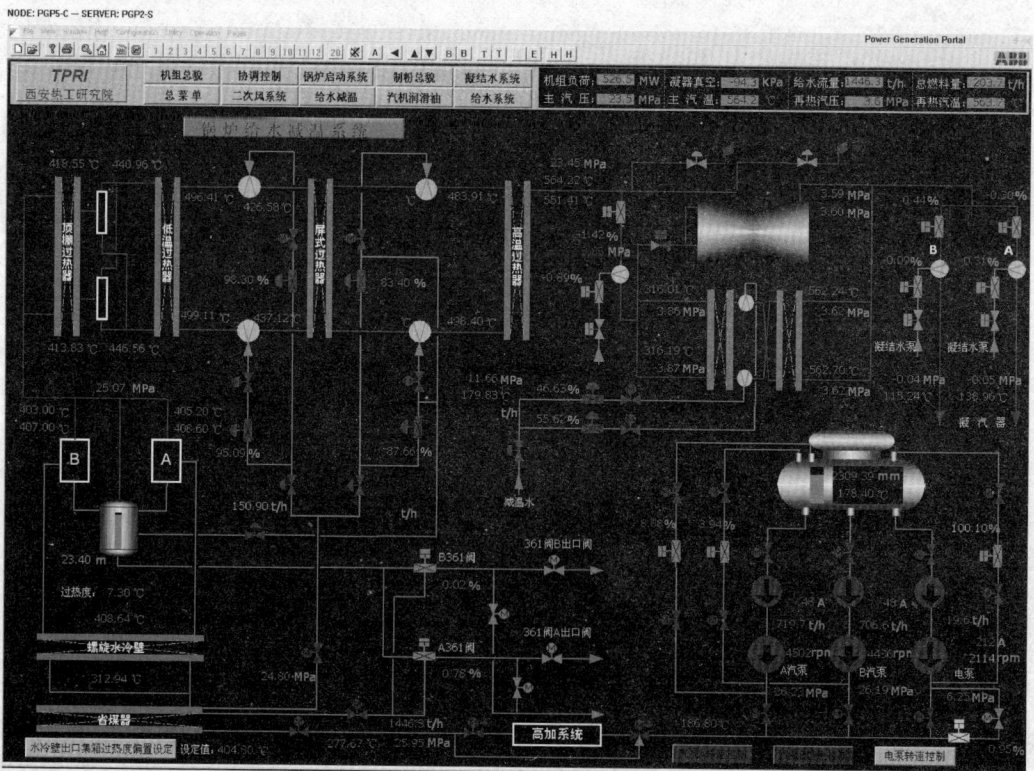

图 5 - 20　监控画面

4. 报警管理

当设备出现故障时，报警管理也是保证 DCS 可靠性的重要措施之一。当突发事件出现时，报警管理能有效地帮助操作员快速作出响应，预防故障设备的扩大化，保证人和设备的安全。

当发生报警时，相关的报警状态以例外报告的方式被传送到 PGP。最新的报警信息和未被确认的报警信息出现，在 PGP 画面底部，以小报警窗口形式显示，而完整的过程报警表保存在报警画面中。报警管理窗口如图 5-21 所示。

5. 报告

火电厂的大量数据需要处理和报告，报告也称为记录。通过合理利用实时数据和历史数据，可以生成各种报告，如统计报告、报警报告和各种格式的多页报表等，PGP支持多种类型的报告。

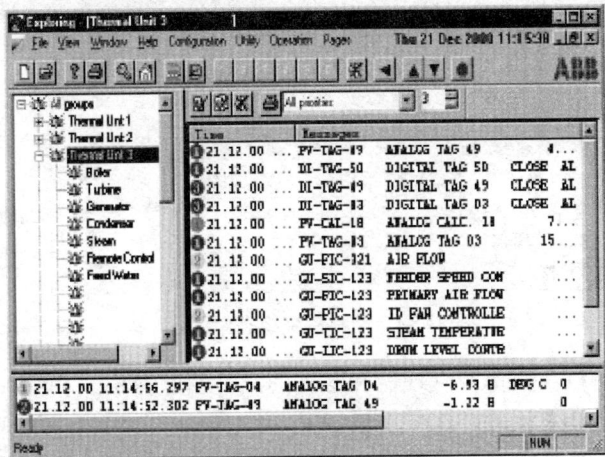

图 5-21　报警管理窗口

6. 闭环参数修改

通过调用模件内的参数，可以直接修改闭环参数。如增益、报警限值、偏置和常数等调节参数。

7. 系统诊断

系统诊断不仅可以诊断 PGP 系统的状态，而且还能通过 ICI 接口诊断 C-Net 环路上的故障。

（二）Composer

Composer 是一个运行在 Windows 环境下的系统工具，也是工程师的专用接口。

1. Composer 的主要功能

Composer 的主要功能如下：

（1）控制系统组态的管理：通过在线或离线的形式，进行 HCU 的控制逻辑组态。

（2）PGP 系统组态的管理：对 PGP 进行数据库、显示图形和打印报表的设计和组态。

（3）系统的诊断：在 Composer 通过系统配置的通信接口，如 C-Net 的计算机接口，将已编译的组态下载到 HCU 的 BRC300 后，利用系统配置的诊断软件和系统网络，对系统进行诊断。

（4）参与系统的调试和管理：在线工作的 Composer 是通信网络的一个独立节点，在获取网络信息的同时，提供了系统跟踪、组态跟踪和维护跟踪等服务。

（5）文件设计：Composer 支持文本软件，可以利用文件进行设计。

（6）仿真、管理和培训。

（7）公用数据库的开发和维护。

（8）PGP 的离线组态：离线工作的 Composer 可以完成 PGP 的离线组态任务，另外还可以对其他系统和设备进行设计和组态。

（9）控制策略图形化：能够以图形的方式，方便地完成控制策略的组态工作。控制系统组

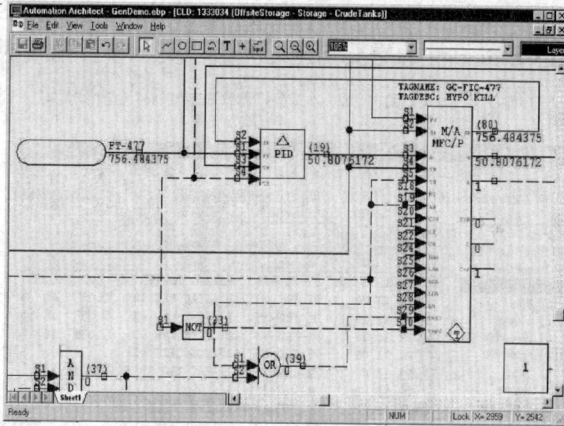

图 5-22　控制系统组态画面

态画面如图 5-22 所示。

（10）文件管理：Composer 有完整的系统资料和系统组态的多个基本元素。利用一个集中浏览窗口，可以在单一画面中显示所有系统组态文件的结构，能够快速查询所需文件。

2. 主要应用软件的构成

Composer 的应用软件能组织和完成 DCS 的组态。主要应用软件由以下几部分构成：

（1）资源管理器。资源管理器为组态服务器的文件和数据库查看提供了浏览窗口。该资源管理器和微软的文件管理器格式相同，窗口左面是系统文件路径结构。当选择某一对象时，窗口右面即显示组态服务器中相应的详细文件目录。

（2）自动化设计师。自动化设计师是建立和管理功能码的组态编辑器。可以简单地使用下拉图表，实现功能码控制图、机柜布置图和电源分配图等组态工作。也可以通过编辑和下载组态，在线对过程进行监视和调整等。

（3）图形编辑器。图形编辑器是建立和管理操作员画面的工具。它可以实现 PGP 的离线编辑和组态各种画面。

（4）标签管理器。标签管理器是生成和管理 Symphony 系统数据库的管理器。利用标签管理器可以查看、定义和修改整个系统的标签数据库。

（5）对象交换。在进行控制系统组态时，对象交换提供了一个需多次调用和查看基本组态元素的窗口。标准的系统元素都在系统文件夹中，如功能码、标准图形和符号等。标准的系统元素可以被使用，但不能从对象交换窗口中删除这些基本内容，因为它们是 Composer 标准对象的一部分。Composer 利用了文件夹来分类管理各种对象。

（三）人/机接口的自诊断

由于采用了分散式的结构，因此对系统的故障诊断功能显得十分重要。因为操作员或维护工程师希望在集中的人/机接口上，能够查看 DCS 本身的所有状态，而不是到分散的现场，去逐一检查系统设备的状况。

在 PGP 进行自诊断的同时，也诊断 PGP 的辅助设备的状态，二者的诊断结果都被显示在 PGP 的 CRT 画面上，其主要内容包括系统运行的状态、系统内的故障点、辅助设备的故障、服务器/客户机的通信网络故障和系统的故障等。

PGP 的诊断窗口如图 5-23 所示。

二、Ovation 系统的人/机接口

Ovation 系统的人/机接口有 PC、Unix 或 Java/浏览器工作站版本的界面，工程师站（ENG）或操作员站，可以读取和处理企业级的所有数据，操作和维护能力很强。

（一）工作站类型及其硬件组成

1. 工作站的类型

根据安装的软件内容不同，可将 Ovation 系统的工作站分成操作员站、工程师站、历史/

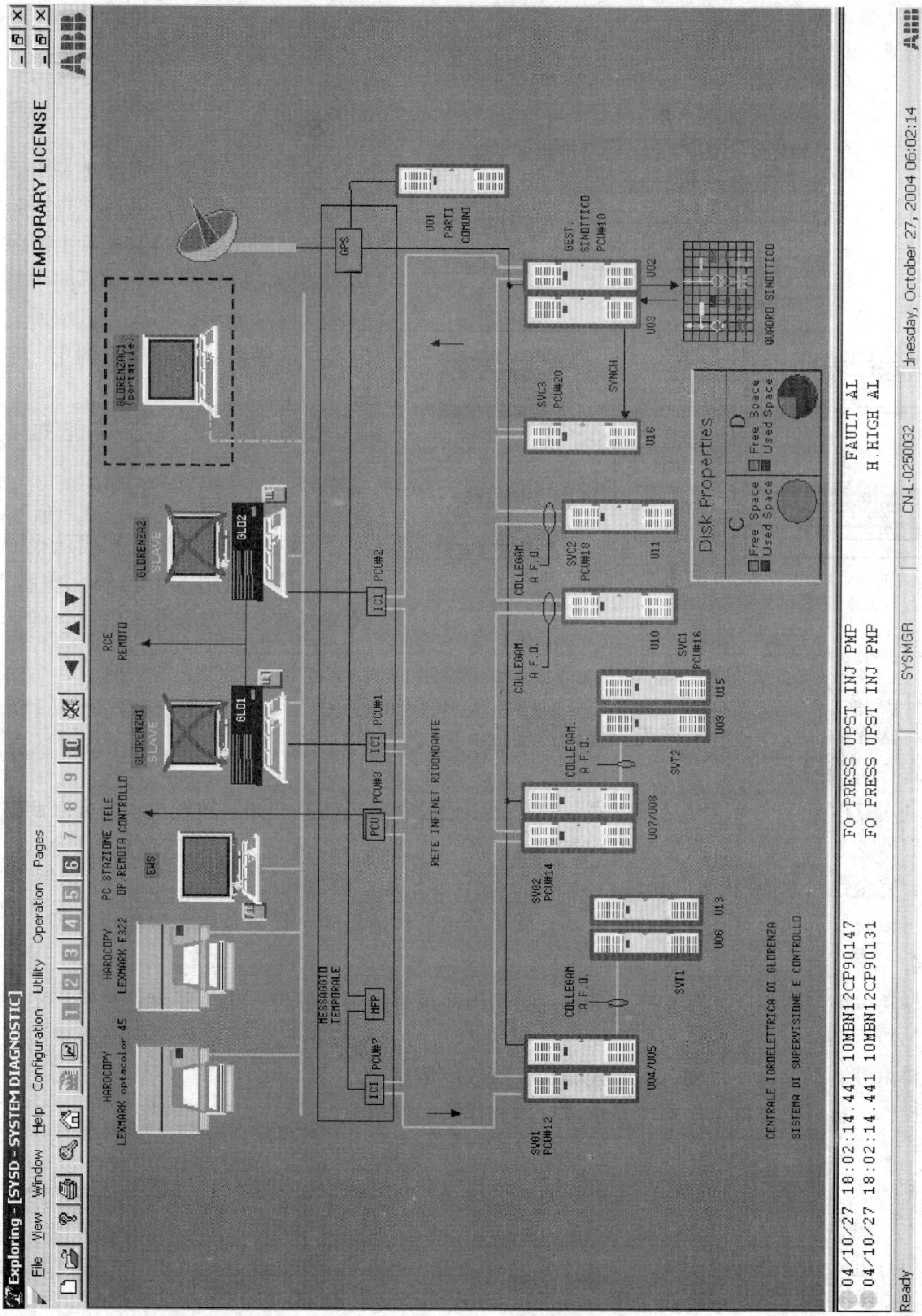

图 5 - 23　PGP 的诊断窗口

报表服务器、数据库/工程服务器和其他功能站。

2. 工作站的硬件组成

工作站的硬件由输入设备（input devices）、输出设备（output devices）、控制器和网络接口（NIC）等组成，其中控制器包括 RAM、CPU、I/O 接口（I/O）和硬盘（hard disk），如图 5-24 所示。

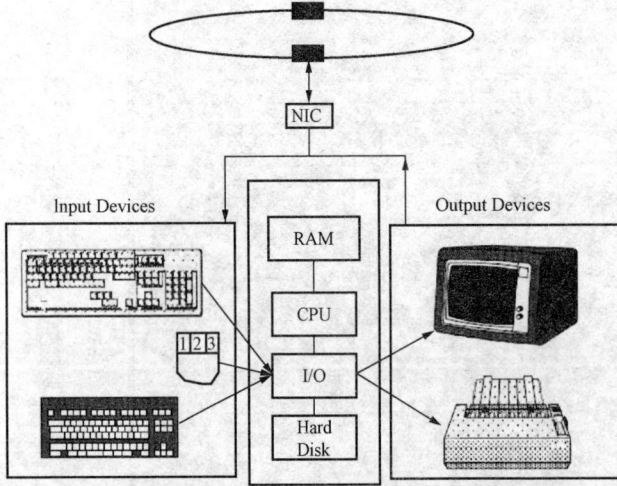

图 5-24　人/机接口的硬件组成

（二）操作员站

操作员站的硬件由显示器、主机、专用工业键盘、鼠标和打印机组成。利用操作员站监视器上被激活的图标，以最多有 7 个不同功能的窗口同时显示的格式，显示所需内容，这些窗口可以任意调用、定位和调节。

操作员站的主要功能如下所述。

1. 报警管理

可以按照梯级浏览和确认报警显示；可以选用图形模块化报警、报警清单、历史报警清单和未确认报警清单等四种类型的报警显示。

2. 趋势显示

有 X-Y、曲线趋势和表格趋势等三种趋势显示。

3. 点信息管理

利用点信息管理可以浏览测点完整的数据库记录和状态信息，如果被授权，还可以调整测点属性，如扫描状态、报警限值和参数值。测点完整的数据库记录和状态信息包括测点、组态、完全性、数值/状态、硬件、初始化、报警、仪表、限值和显示等。

可以查阅和调整有关信息的测点。查阅类型包括数值极限、设计范围和限值报警等。

4. 操作员事件信息

操作员的操作被定义为操作员事件。利用操作员事件信息软件，可以将操作员事件由操作员站传至事件专用记录站后，产生一个标有时间的 ASCII 信息，接着传至网络历史数据库，再由控制器调制、启动、发布控制信息和故障信息。

操作员可以在屏幕上检索、显示或打印操作员事件信息。

5. 系统状态

利用系统状态，可以显示 Ovation 网络及其节点的组态和运行情况，能够实现的具体功能如下：

（1）进入到节点的详细图。

（2）进入到定制的系统概貌图。

（3）报警确认。

（4）清除已标明节点的报警。

6. 测点回顾

测点回顾的生成是由一系列特性、状态和质量码来实现的，如数据库中的各点的状态。

7. 班报显示

班报显示包括交班记录和通用信息显示。交班记录包括日记录和硬件记录，通用信息包括就地操作员站的信息或其他节点的信息。

8. 流程图

流程图利用了高分辨率图像和增强功能来组织和显示过程信息，如窗口和缩放等，Ovation系统的流程图如图5-25所示。

（三）工程师站

Ovation工程师站由高分辨率的显示器、主机、鼠标、键盘、磁带机和外置硬盘（内存Oracle数据库）等组成，在Windows环境下，工程师站也具备Ovation操作员站的全部功能。工程师站的其他主要功能如下：

1. 组态功能

（1）硬件配置和组态功能：包括定义DPU站号、网络的参数和站内的I/O配置。

（2）数据库的组态功能：包括定义实时数据库和历史数据库的各种参数。实时数据库组态定义了数据库各点的名称、工程量、上下限值和报警条件等；历史数据库组态定义了各个进入历史库的点的保存周期。

（3）画面的生成。

（4）控制逻辑的组态。

（5）组态数据的编译和下载：对组态数据进行编译，并下载给各个控制器；将流程控制图形下载至各操作员站。

（6）操作安全级别的设定。

2. 监视功能

（1）监视各站和网络的安全情况。

（2）组态的在线监视和修改：包括控制参数调整、控制器的操作、状态信息图和节点的错误代码。

（四）历史站（HSR）

历史数据站主要完成各种测点历史和信息历史的历史记录，包括测点长期历史、报警历史、操作员事件历史、文件历史和SOE记录历史等。历史站以0.1s或1s的时间间隔扫描和存储数据。这些数据既可在工程师/操作员站上显示和打印，也可被传输给其他文件或归档。

Ovation历史站采用了1：1的冗余配置。每个历史站及其相关历史站并行采集和存储数据。当一对历史站中的一个离线时，相关历史站继续正常的收集和存储数据。当满足有关条件时，如相关历史站重新引导、任何的子系统重新启动或周边设备重新启动等，回复功能都将自动启动；当离线的历史站重新回归在线时，在离线时间内错过的所有数据会被自动回复，并从相关历史站中复制，这样可以保证两个历史站包含同样的一套数据。

1. 历史站的硬件平台

硬件平台是一个以Unix为操作系统的Sun Ultra。每套历史站硬件包括一对与Ovation系统通信网络相连的冗余连接、一个专用的处理器、硬盘、光读写机和其他相关设备。

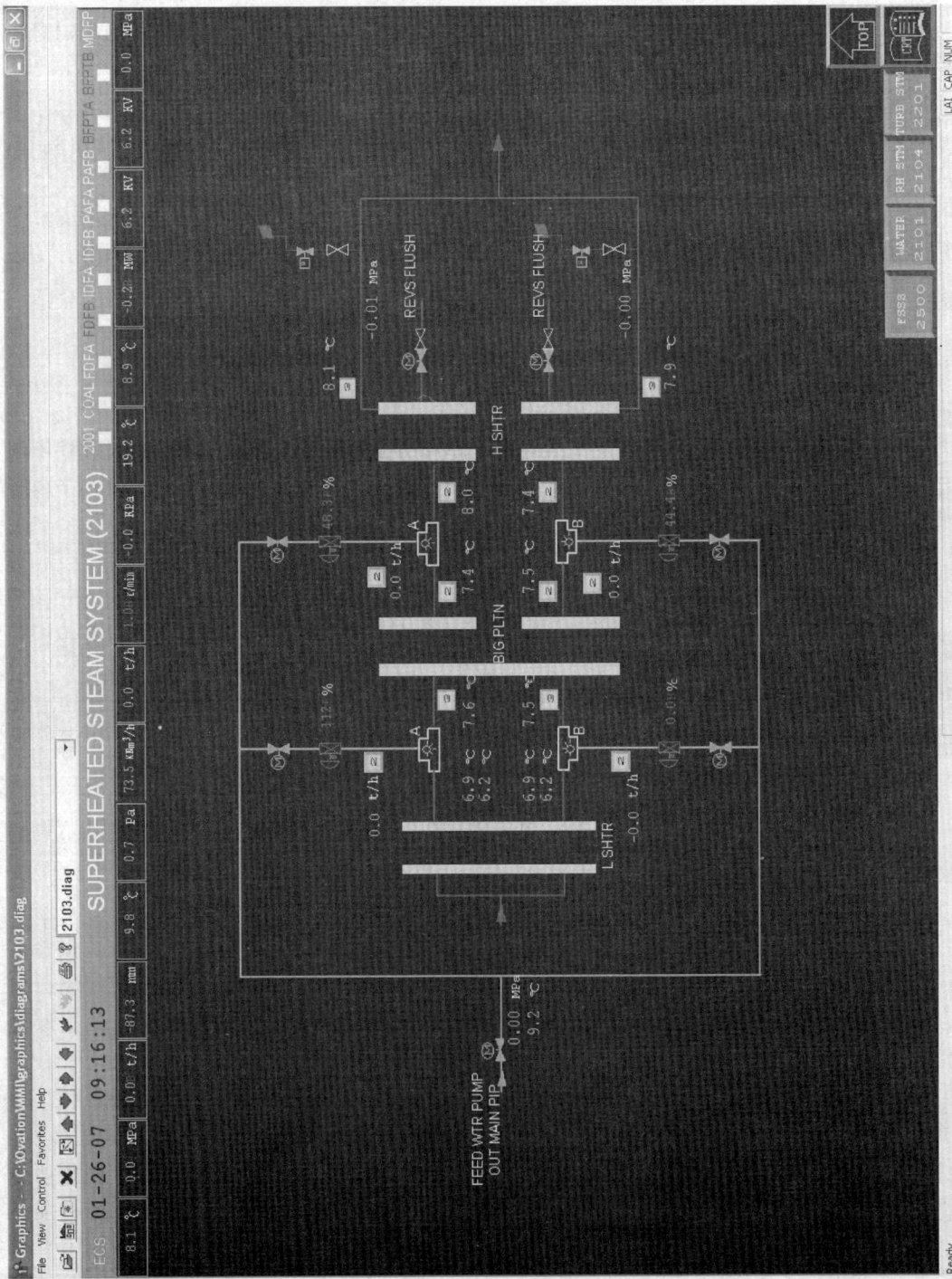

图 5 - 25 Ovation 系统的流程图

2. 历史站的软件平台

历史站软件包括基本历史站软件包、主要历史记录软件包和历史 SOE 软件包。其中主要历史记录软件包又由报警历史软件包、操作员事件记录软件包、文件历史记录软件包和长期历史软件包等组成。

（1）基本历史站软件包。基本历史站软件包是运行单个历史站软件的核心软件。基本历史站软件包实现了单个历史站应用软件的计划、监视和磁盘管理功能，它将收集到的数据存储到光盘。

（2）主要历史记录软件包。主要历史软件包收集、存储和回复过程点数据。

（3）历史 SOE 软件。SOE 自控制器收集 SOE 数据，根据时间顺序分类列表，搜寻列表后的首发事件。

SOE 历史接口在操作员/工程师站上运行。工作人员可以查阅 SOE 报告，并根据标签名、控制器或首发事件测点，对报告进行筛选。

（五）日志记录服务器

Ovation 记录服务器的主要功能包括打印机管理器、报表建立器、报表生成器、屏幕拷贝和报警监视等。

（1）打印机管理器。在操作员/工程师站上运行。打印机管理器接受来自其他工作站的打印请求，并允许查看打印队列、监视打印机状态或取消打印请求。

（2）报表建立器。一般在工程师站上运行。报表建立器主要定义了报表格式、数据和报告触发器。报告触发器可以是设定、事件和定时器。

（3）报表生成器。在操作员/工程师站上运行。利用报表生成器可以提交报表请求、查阅报表状态或取消一个报表。

报表生成器可由操作员请求、某一事件或定时器来触发。生成的报表既可以传至历史站存档，也可以打印。在生成一个报表的过程中，报表生成器使用了有关系统数据和报表建立器定义的原形。这里的有关系统数据可能是从 Ovation 网络、历史站或磁盘文件中提取。

三、MACSV 系统的人/机接口

MACSV 系统的人/机接口包括操作员站、工程师站和系统服务器等。

（一）操作员站

操作员站的硬件与专用的 MACSV 操作员站软件协调配合，共同实现操作员站的功能。操作员站主要有以下功能：

1. 模拟流程图显示

流程画面显示了相关工艺参数的实时数据和设备的运行状态，这些数据和状态在规定时间内更新一次。

操作员可以使用多窗口方式查看每一个测点的位号、点说明、当前值、量纲、量程上下限等信息，如菜单调出方式、活动窗口画面显示、自动画面显示、热点调用和键盘调用等，也可以利用多层显示方式方便地翻页，查看操作细节，分析特定的工况，此功能在进行工程师站图形组态时完成。

2. 趋势曲线的监视和查询

全历史库可以记录所有数据库的数据。趋势共分综合趋势、开关趋势、XY 趋势和比照趋势四种。趋势显示的方式可以是数据或曲线，而趋势显示的时间轴和参数轴量程等，则可灵活修改。

（1）综合趋势显示了系统内模拟量和开关量的趋势信息。

（2）开关趋势显示了系统内开关量的趋势信息，而且可以进行变位查询。

（3）XY趋势显示了由两个相关工艺参数作为XY轴组成的趋势信息，XY趋势显示为安全生产提供了帮助。

（4）比照趋势是系统预置的工艺参数曲线与实际工艺参数状况的对比，多用于操作的监控。

3. 报警监视列表

可以显示报警监视列表。报警分为工艺报警、设备报警和SOE信号报警。有两种报警的形式，即显示和语音提示。

4. 参数成组监视

参数成组监视有数值方式和图形方式。参数成组监视的设置可以使抄表工作更加方便。

5. 日志查询

按时间顺序方式自动记录、存储和查询各种随机突发事件。

6. 事故追忆查询

事故发生后，事故追忆记录事故发生前后一段时间内相关数据的变化情况。系统允许记录并连续处理多个事故追忆。

利用事故追忆查询可以查询最近发生的5次事故追忆数据，以数字或曲线的方式显示查询的结果。如果采用数字方式，则可直接在打印机上打印，如果采用曲线方式，则经硬拷贝的处理后，在图形打印机上打印。

事故追忆和趋势为生产事故原因的分析提供了帮助。

7. 工艺报表

在操作员站里有一套集成的报表系统，数据库里的所有系统测点都可以打印输出。

8. 用户管理功能

用户管理功能实现了不同需求的用户名称、密码和操作级别的管理。

（二）工程师站

工程师站也具备了所有操作员站功能，由MACSV组态软件支持，工程师站还要完成组态工作。MACSV组态软件包括系统设备组态、数据库总控、控制算法组态、图形组态、报表组态、离线查询和工程师在线管理等软件。

（三）系统服务器

系统服务器主要有以下功能：

（1）报警判断。

（2）日志生成。

（3）SOE和事故追忆信息的组织。

（4）向操作站提供实时和历史趋势数据。

（5）非SOE点的时间标签生成。

（6）历史数据的自动存盘。

（7）向工程师站提供离线查询功能的历史数据文件。

（8）向操作站和控制站传输系统校时信号。

（9）存储和检查用户的权限。

（10）服务器工程算法的执行。

（11）监控网络与系统网络之间的数据的转换。转换包括数据的格式和协议的转换。

思 考 题 与 习 题

5-1　DCS 的人/机接口包括哪些设备？人/机接口的功能是什么？

5-2　画图说明人/机接口与 DCS 的关联。

5-3　操作员站的基本功能有哪些？

5-4　操作员站包括哪些软件？

5-5　操作员站的监控画面包括哪些？

5-6　试述工程师站的基本组成。

5-7　工程师站的基本功能有哪些？

5-8　历史站和报表站的主要功能有哪些？

5-9　系统监控和诊断站的主要功能有哪些？

5-10　试述设备操作器类画面的作用。

5-11　试述 KKS 编码的作用。

5-12　试述实时趋势显示和历史趋势显示的区别。

5-13　基本日志服务器软件包有哪些？

5-14　Ovation 系统工作站分为哪几种？工作站由哪些硬件组成？

第六章　DCS 在火电厂中的应用

　　火电厂具有规模庞大、控制系统复杂、被控设备众多、实时性强、工作环境较差、被控对象的数学模型不易获得和安全可靠性要求高等特点。在火电厂中，人们除了要求 DCS 可靠和方便地监控机组外，而且还要求 DCS 能够对全厂进行科学管理，取得最大的经济效益。

　　当前国内外 DCS 的软件和硬件产品众多，如 I/O 模件、通信接口、网络操作系统和数据库等，这些产品在可靠性、先进性和开放性和性价比等方面有一定的差异。作为火电厂 DCS 的使用者，有必要在 DCS 的选型、设计、检修、维护、管理和控制等应用方面加强对 DCS 的认识。

第一节　DCS 产品的选型和系统的设计

一、DCS 产品的选型

　　随着科学技术的进步和市场竞争的不断加剧，DCS 得到了迅猛的发展，同时也产生了无法统一的众多标准，这给人们对 DCS 的选型和设计造成了较多的困难。

　　为了充分保证火电厂设备"既不拒动，也不误动"和全厂管理等各项技术的要求，在 DCS 选型过程中，首先应该了解一个 DCS 产品的各项技术具体应用情况，知道如何正确地评价一个 DCS 产品的特点；其次应当掌握 DCS 选型的基本步骤，最后才能得到自己所需的性价比高的 DCS 产品。

　　（一）了解一个 DCS 产品的各项技术具体应用情况

　　只有在充分了解一个 DCS 产品的三大组成、四级结构和可靠性等各项技术具体应用情况后，才能正确地评价一个 DCS 产品的特点。评价 DCS 产品的主要内容如下：

　　（1）系统运行的可靠性、稳定性和扩展性。

　　（2）设备的兼容性、设备结构的合理性、设备功能的完善性和系统设备维护的方便性。

　　（3）数据传输的快速性和正确性。

　　（4）网络拓扑结构的简明性。

　　（5）系统软件功能的灵活、方便和强大性等。

　　（6）投资的经济性。经济性应该从 DCS 价格和预计效益角度考虑，有必要充分了解各系统性价比和服务等内容，这样才能在与 DCS 厂家的交流和谈判中，知己知彼，掌握主动。

　　（7）售后服务。

　　（二）DCS 选型的基本步骤

　　技术先进性是指系统采用了经过验证的、有发展前途和生命力的最新技术，如开放性、兼容性和第三方软件的支持性等。

　　在通常情况下，国外 DCS 厂家的技术比较先进，但产品的价格较高，不一定能及时提供维护所需的配品和备件；国内的厂家与国外厂家技术差距并不是很大，但产品的价格相对较低，售后服务也有很大的优势。

应该根据实际需求和投资成本等方面的具体情况，另外还要考虑DCS功能是否全面，这关系到将来的应用层次，正确选择火电厂DCS产品。DCS选型的基本步骤如下：

1. 选择适用火电厂的DCS产品

虽然世界上成熟的DCS的厂家众多，其产品是多种多样和各具特色，但是在系统软硬件的结构、组成、功能、调试和维护等技术方面，存在着很大的差异。虽然从理论上说，一个DCS厂家的产品可以应用于不同的行业，但是如果某个品牌的DCS在某个行业的应用越多，则有关经验的积累也多。由于电力行业有其特殊的技术要求，因此，就火电厂而言，通常应该选择应用火电厂的业绩多和售后服务口碑好的名牌DCS产品。

2. 选择性价比高的产品

在选择适用火电厂的DCS产品的前提下，在对初选的DCS产品实际运行状况进行详细的调研、分析和比较后，选择可以满足要求的性价比高的产品。

3. 与初选几家DCS厂家的交流和谈判

涉及DCS的主要内容有可靠性、产品价格、系统功能及其实现、性价比和质量保证等。经过与初选几家DCS厂家进行交流和谈判后，可以初步拟定一套DCS。

4. 项目的审批

在整理相关的资料和制定项目的计划后，形成有关的文件，报相关的部门审批。

5. 签订正式合同

与厂家签订正式合同，并将正式合同存档。

火电厂选用DCS的主要步骤如图6-1所示。

应该指出：在选择DCS产品时，不能忽视供货商对DCS数据库的介绍和选型。从某种意义上说，信息是整个DCS的灵魂。DCS的任何实时/历史数据都来源于现场，这些数据成为DCS控制、监视、操作和管理的依据。在电力生产过程的信息交换过程中，实时数据是最有价值的信息资源见图6-2。

在控制指令指挥下，DCS完成数据的采集、分类、传输和保存等一系列运算任务。在这个过程中，数据处理的效率和安全取决于数据库的性能，也决定着DCS的性能。

技术力量雄厚的DCS厂家都选用了著名的主流数据库，如PI（Plant Information System）、Oracal和Informix等分布式关系数据库，作为DCS的数据处理基础。目前分布式数据库应用较多。

一些厂家DCS提供了独立专用的历史数据记录站和计算站，扩展了实时自动分析的功能，这有利于提高火电厂的运行管理水平，这样的DCS产品也值得关注。

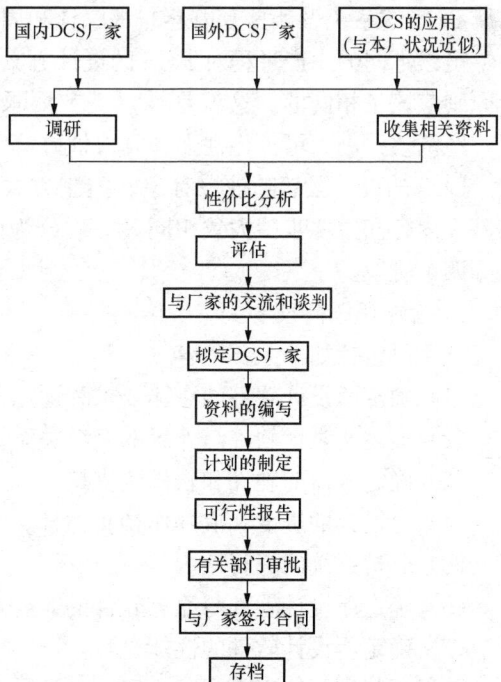

图6-1　火电厂选用DCS的主要步骤

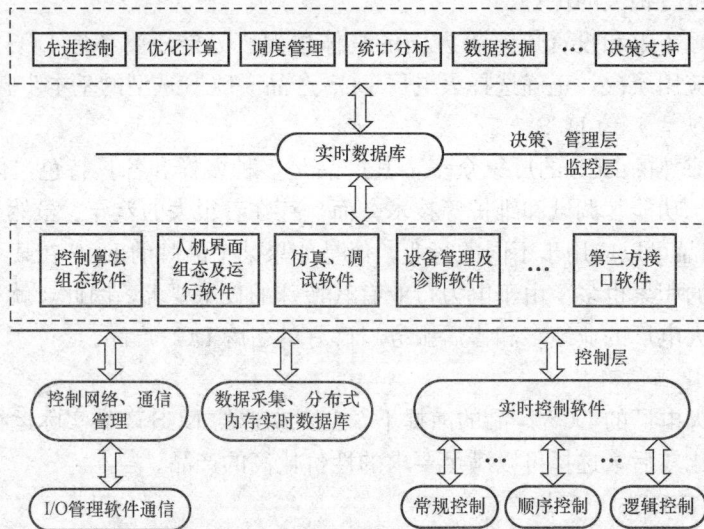

图 6-2 实时数据库是最有价值的信息资源

二、DCS 的系统设计

虽然各 DCS 厂家充分考虑了市场的各种需求，但是特定的用户又有自己不同的需求。DCS 的系统设计的过程就是用户、设计院和选定的 DCS 厂家密切配合，由用户给出实际生产过程技术的具体性能指标，通过设计院的精心设计，最后由选定的 DCS 厂家实现的过程。

由于火电厂本身就是一个大型的复杂的系统工程，每个系统的性能要求各不相同；并且 DCS 包括三大组成和四级结构，而 DCS 的每个系统的组成、结构和功能又不相同，因此火电厂 DCS 的系统设计具有内容非常广泛和周期较长等特点。

虽然不同的生产过程对 DCS 的设计方案和具体的技术指标的要求不同，但是 DCS 的设计原则应该是相同的。这就是满足工艺要求、可靠性高、操作性能好、实时性强、通用性好、经济效益高、可扩充性强和开放性好等。

DCS 的设计虽然随被控对象、控制方式和系统规模的变化而有所差异，但是系统设计的基本内容和主要步骤大致相同，一般分为确定任务、工程设计、离线/在线仿真调试和投运等四个阶段。

1. 确定任务阶段

该阶段包括如下主要内容：

（1）确定所设计软件的总体要求和适用范围。

（2）描述所设计软件与外界的接口关系。

（3）确定所需的硬件和软件的支持。

（4）对设计的进度和成本作初步估计。

（5）分析系统的可行性。

（6）确定所设计软件与原有软件的兼容性关系或其他关系。

（7）确定所设计软件的性能。

在以上某项可能存在多种方案时，则需要进行分析、比较和选择。

2. 工程设计阶段

该阶段主要包括组建项目研制小组，进行系统总体方案设计、论证和评审，软硬件细化设计、调试和安装。

3. 离线仿真和调试阶段

工程设计阶段结束后，需要对设计的系统进行离线仿真和调试试验，还要进行考机运行。考机的目的是为了发现问题和解决问题。

4. 在线调试和运行阶段

不管离线仿真和调试工作多么认真和仔细，在现场调试和运行期间，系统仍可能出现问题；必须认真分析和解决出现的所有问题，直到系统正常运行后，再进一步试运行一段时间，如果不再出现任何问题，即可组织验收。验收是系统项目最终完成的标志，应由甲方主持，乙方参加。甲乙双方验收的结果应形成文件和存档。

下面具体介绍火电厂的几个系统的设计。

（一）控制子系统的设计

控制子系统，也称为分散处理单元。控制子系统的配置是火电机组控制系统设计的关键部分，不但要考虑控制单元的负荷率等指标，而且还要充分考虑分散性。控制子系统按工艺系统配置的基本原则如下：

（1）DAS、MCS、SCS和FSSS的控制子系统均采用冗余配置。

（2）辅机设备，如送引风、磨煤机和给水泵等，均采用不同的冗余控制子系统，这样即使一对冗余控制子系统出现故障，也只会引起单侧设备控制故障，而不会引起停机。

（3）两台互为备用工艺设备的连锁保护，不应在同一个冗余控制子系统中实现，这样即使一对控制子系统出现故障，也不会使整个机组停止运行。

（4）I/O信号的可靠分配是整个系统安全可靠的一个重要的环节。I/O信号的可靠分配基本原则如下：

1）控制系统的测量信号，可以来自于本机的控制子系统，也可以通过高速数据公路来自其他的控制子系统。为了保证某一控制系统的可靠性，在测点分配上，尽可能使某一控制系统的信号来自本控制子系统，即该控制系统的正常运行，仅取决于本控制子系统的正常运行，而与其他控制子系统的正常与否无关，这样保证了系统的自律性和可靠性。

2）DAS两侧的测点信号和比较独立的两侧控制系统，尽可能分配在不同的控制子系统中，至少应分配在不同的I/O模件上。

3）采用不同的I/O模件来完成冗余输入的热电偶、热电阻和变送器信号的处理，这样当单个I/O模件发生故障时，不会引起任何控制回路的故障或外部跳闸。

4）锅炉的燃料信号要采用两块AO模件进行调速控制，这样可以确保锅炉安全性，避免一块模件损坏时导致燃料被中断。

（5）手动操作：对重要的控制设备，除了在操作员站上配置软手操外，还必须配置后备手操，以便在DCS控制器或I/O模件发生故障时，仍可以对重要设备进行及时控制。

（二）系统时钟的设计

火电厂的DCS规模庞大和关系复杂，如果没有一个统一的时间基准，可能会产生管理混乱、控制失效或是误操作。统一的时钟是保证电力系统安全运行、分析事故原因和提高机组控制水平的一个重要措施。

GPS 主要由空间星座部分、地面监控部分和用户设备部分三大部分组成。GPS 采用卫星、高轨、高频、测时和测距方式获得准确的时间信号，经过软硬件的处理，其误差小于 $1\mu s$，再将国际标准时间转换为北京时间输出。通过 GPS，可以实现 DCS、故障滤波器、保护装置和各种事件记录等时序的统一。

火电厂系统时钟的时间基准，可以是接收来自 GPS 的"数字主时钟"信号，它使挂在该网络上的各个站的时钟同步。当 GPS 的"数字主时钟"失效时，可以将系统自动转到预先设定的就地上位机或 PLC 上的时钟。

时间同步在某 500kV 变电站的应用如图 6-3 所示。

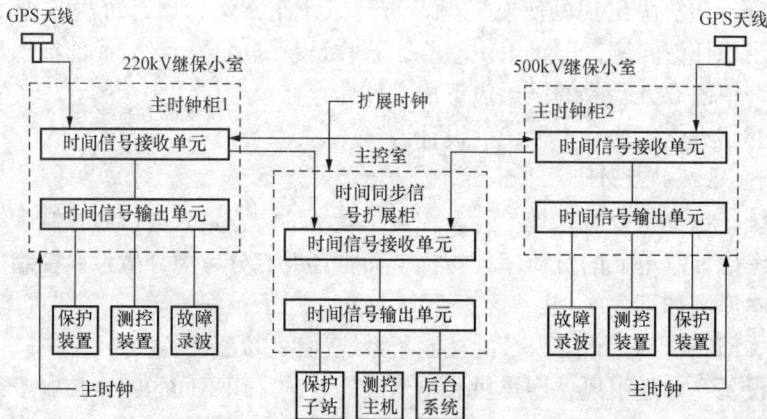

图 6-3　时间同步在某 500kV 变电站的应用

（三）控制室和电源系统的设计

DCS 控制室的室内设备布置、采光、采暖和通信接地等方面，应按照相关的规定执行。

为保证电源系统在任何情况下都能正常工作，一般应当遵循系统安全运行的规程，采用保守设计。DCS 总电源通常采用双 UPS 配置，并采用厂用 220V DC 蓄电池作为后备。

DCS 总电源柜的电缆与各 DCS 机柜的双路电源的电缆应分开，避免因电缆故障而导致 DCS 机柜失去电源；电源额定容量的配置，应按照各 DCS 机柜实际耗电量总和的 2 倍计算；与电源系统配套的辅助设备和材料，如空气开关、熔断器和导线等，其容量通常应按 DCS 机柜实际耗电量总和的 2～3 倍考虑。

为确保 DCS 机柜内冗余电源的可靠性，同时避免选用不合理的电源设计方案，在 DCS 机柜内冗余电源设计之前，应该要求厂家提供试验报告。

第二节　DCS 的 组 态

工程师站的组态内容包括画面组态、算法组态、数据库组态和其他组态。在完成工程项目的组态工作后，需将组态内容下载至操作员站和服务器。DCS 组态下载框图如图 6-4 所示。

组态软件主要包括建立模拟量控制的回路组态软件、生成顺序控制的逻辑组态软件和绘制 CRT 画面的图形组态软件。

DCS 的控制功能是由组态软件生成，通过过程控制站实施。现以和利时公司 MACSV

系统组态软件实现组态工作为例，说明 DCS 的组态主要的一般步骤和内容。

一、MACSV 系统组态的步骤和内容

使用 MACSV 系统组态软件的一般步骤如下：

（1）新建工程（数据库总控）。

（2）硬件配置（设备组态）：定义应用系统的硬件配置。

（3）数据库定义（数据库总控）：定义和编辑系统各站的点信息，这是形成整个应用系统的基础。

（4）工程基本编译（数据库总控）：在设备组态编译成功并且数据库编辑完成后，进行工程基本编译。

图 6-4　DCS组态下载框图

（5）服务器控制算法组态（服务器算法组态）：编制服务器算法程序。

（6）工程完全编译（数据库总控）：在服务器控制算法工程编译和基本编译成功后，可以进行联编，生成控制器算法工程。

（7）控制器控制算法组态（控制器算法组态）：编制控制器算法程序和下载控制器。

（8）绘制图形（图形组态）：绘制工艺流程图。

（9）制作报表（报表组态）：制作反映现场工艺数据等报表。

（10）工程完全编译（数据库总控）：生成下载文件。

（11）控制器算法组态：登录控制器，将工程下载到主控单元。

（12）下载服务器和操作员站。

（13）运行程序和在线调试。

二、硬件组态

硬件组态，或称为硬件配置，就是根据火电厂的管控一体化的具体要求，确定 DCS、控制器、人/机接口和 PLC 的型号；按 I/O 点数，确定 I/O 设备的位置、控制器的 I/O 点数和操作站的数量和功能等。在通常情况下，与硬件组态有关的内容如下所述。

1. I/O 设备的位置和数量

根据实际情况，确定本地 I/O 和远程 I/O 设备位置；选定不同类型和型号的 I/O 模件，计算每种型号 I/O 模件数量。不同型号 I/O 模件数量，可以根据所用的现场传感器、控制设备工作原理和电压幅值来划分统计，也可以根据输入功能、输出功能、电压和工作原理等来划分统计。

每个 I/O 模件要留出一定数量的通道，以便调试和更换故障通道时使用，如 8 通道输入模件，要留出 1~2 个通道；16 路输入模件，要留出 2~3 个通道。

2. 控制器的 I/O 点数

DCS 产品说明书通常给了一个控制器推荐的 I/O 点数，在实际使用时，应留出一定的 I/O 点数量，通常不要超过一个控制器推荐的 I/O 点数的 1/3，甚至还要少。

一个系统往往需要用若干个控制器。在对每个控制器作硬件组态时，相互间的负荷要平衡，I/O 的点数要相当，只要保证 I/O 的点数大约是最大能力的 30%~40% 左右即可。如果各控制器 I/O 点数都没超出，但数量差得太远，如一台是 1000 多点，而另一台只有 100

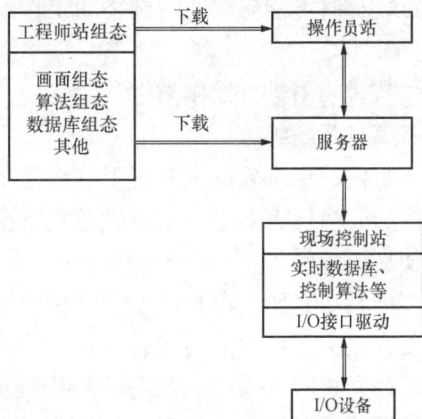

多点，这时可能导致通信网络的工作不正常。

3. 操作站

按说明书进行操作站组态。

三、系统组态

目前的组态软件主要用于过程控制和数据采集等相关工程，系统组态的主要步骤如下：

（1）将所有 I/O 点的参数收集齐全，并填写表格，以备在监控组态软件和 PLC 上组态时使用。

（2）认真研究本系统 DCS 的 I/O 设备种类和型号，深入分析通信接口及其通信协议，以便在定义 I/O 设备时进行正确的抉择。

（3）将所有 I/O 点的 I/O 标识收集齐全，并填写表格，I/O 标识是唯一地确定一个 I/O 点的关键字，组态软件通过向 I/O 设备发出 I/O 标识来请求其对应的数据。在大多数情况下，I/O 标识是 I/O 点的地址或位号名称。

（4）根据工艺过程绘制、设计画面结构和画面草图。

（5）根据被计出的所有 I/O 点的参数表格，正确组态各种变量参数，并建立实时数据库。

（6）根据实际使用的设备情况，在实时数据库中，建立实时数据库变量与 I/O 点的一一对应关系，即定义数据连接。

（7）根据画面结构和画面草图，组态每一幅静态的操作画面。

（8）建立操作画面中的图形对象与实时数据库变量的动画连接关系，并规定动画属性和幅度。

（9）按照需求，在制作历史趋势、报警显示和设计报表系统后，设置安全权限。

（10）对组态内容进行分段和总体调试，根据调试情况，对软件进行相应修改。

（11）在全部内容调试成功后，对应用软件进行最后的完善。如加上开机自动打开监控画面，禁止从监控画面推出等，使系统投入正式（或试）运行等。

四、DCS 组态的具体内容

MACSV 系统的 DCS 组态具体内容如下所述。

（一）新建工程

在正式进行应用工程的组态之前，必须针对某应用工程，定义一个工程名。在新建该目标工程后，就有了该工程的数据目录。在工程创建完毕后，系统自动在组态软件安装路径下，创建了一个以工程名命名的文件夹，以后关于组态产生的文件，都被存放在这个文件夹中，也可以导入工程。所谓导入工程就是将其他计算机上组态的工程导入到本机上，作为参考或者继续组态。

（二）设备组态

设备组态分为系统设备组态和 I/O 设备组态两个部分。

1. 系统设备组态

系统设备组态是完成系统网和监控网上各网络设备的硬件配置。涉及系统设备组态的基本概念如下：

（1）节点：与网络相连且具有独立功能的单元。如服务器（SVR）、现场控制站（FCS）和操作员站（OPS）节点等。

（2）服务器：站号为0。

（3）现场控制站：站号为10～49。

（4）操作员站：站号为50～79。

（5）设备：网络上每个节点中所挂接的硬件设备。

2. I/O设备组态

I/O设备组态是以现场控制站为单位，对每个站的I/O单元进行的配置。涉及I/O设备组态的基本概念如下：

（1）通信链路：有相同通信介质、通信参数和通信端口的物理线路。

（2）通信参数：完成链路通信所需要的参数及设备配置信息。

（3）设备：挂接在通信链路上，可以独立寻址的I/O设备，如各种类型的I/O单元。每个设备都有对应的设备地址、设备说明和设备属性。

（4）服务器算法：传输数据，保证其负荷的安全性。I/O设备组态是以现场控制站为单位，对每个控制站的I/O设备配置的过程。一个现场控制站可以包含多条不同协议的通信链路，每条通信链路上可挂接多个I/O设备，每个I/O设备都有对应的设备地址、设备说明和设备属性。I/O设备组态画面如图6-5所示。

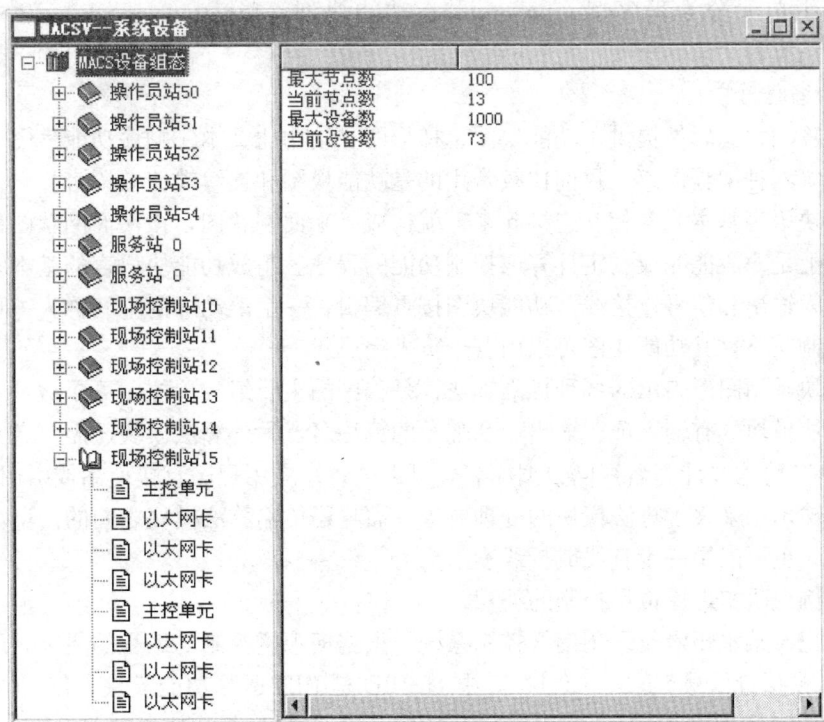

图6-5 系统设备组态画面

（三）数据库组态

数据库组态就是定义和编辑系统各站的点信息，这是形成整个应用系统的基础。数据库组态生成了整个系统的核心数据环境，即数据库。每完成一个数据库，都要及时编译，将产生的错误及时修改出来，然后更新保存。实时数据库的组态步骤如图6-6所示。

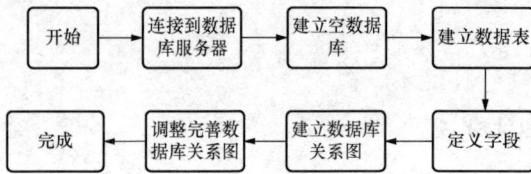

图 6-6　实时数据库的组态步骤

利用工程师站的组态软件，还可实现数据库的组态。通常采用新建或数据导入的形式建立数据库，如将 Microsoft Excel 的数据导入数据库。

实时数据库具有实时性和数据压缩两个特征。实时数据库结构和功能的规划设计是工控组态软件设计的核心，由于实时数据库常驻内存，并且实时数据库直接关系到监控系统上层软件的可靠性和稳定性，因此实时数据库的设计要求精简、紧凑和可靠。

（四）控制器算法组态

1. 程序组织单元

程序组织单元称为 POU，它是控制器算法组态软件作为控制软件的核心部分。控制算法组态的过程就是按照设计好的控制方案，创建解决问题所需的一系列程序组织单元，在程序组织单元中编写相应的控制运算回路的过程。任何一个程序组织单元只有被触发才能够开始运算。既可以由任务配置触发程序组织单元，也可以通过程序组织单元调用的方法，用已被触发的程序组织单元触发其他程序组织单元。

程序组织单元分为程序型（program）、功能块型（function_block，FB）和函数型（function）三类。

2. 六种编程语言

控制器算法组态软件提供了功能块图、梯形图、结构化文本、顺序功能表图、指令表和连续功能图等六种编程语言，目前比较常用的是功能块图和连续功能图语言。

将功能块语言基本元素相互连接起来，就构成了平面网状图，该平面网状图称为功能块图，它实质上是一段能完成一定计算或控制功能的程序。组成功能块语言的基本元素包括算法模块、输入输出和信号连接线。功能块图按页编辑，一个滚动屏的空间称为一页。对于比较复杂的控制策略，其功能块图可以由若干页来完成。

算法模块是用图形表示的各种标准算法，是程序的主要组成单位，可以被理解成一个标准函数。算法模块具有输入项、输出项和唯一的算法名，另外算法模块还需要定义相应的参数。有的 DCS 将这些计算名视同数据库名，可以被各个应用程序直接使用或引用。

输入和输出用来表示算法模块的处理对象，而且还传输算法模块之间的信息，一般用有向线段表示，也可以用一段直线或折线表示。

下面举例说明实现模拟量控制的编程。

【例 6-1】　某水箱液位采用串级控制系统，根据模拟量控制的编程的要求，压力变送器传输给 DCS 模拟量信号 LI02、LI01；其中 HSPID 是 PID 运算功能模块，LCC02_1 是主控制器，LCC01_1 是副控制器，LCC01_1.RM 接入 LCC02_1 表示其主副关系，LCC01_1.CI 接入 LCC02_1 为跟踪信号。LCC01_1 输出到 AO01，控制一个调节阀，可以改变入口流量，如图 6-7 所示。

在图 6-7 中，SP 为设定值输入端，PV 为测量值输入端，CM 表示主、副控制器关系的输入端，CC 为跟踪信号输入端。每一个模块会自动生成其运算关系顺序号，如 0、1 和 2 等。

3. 下载

下载是将控制方案文件从工程师站传输到主控单元的过程。

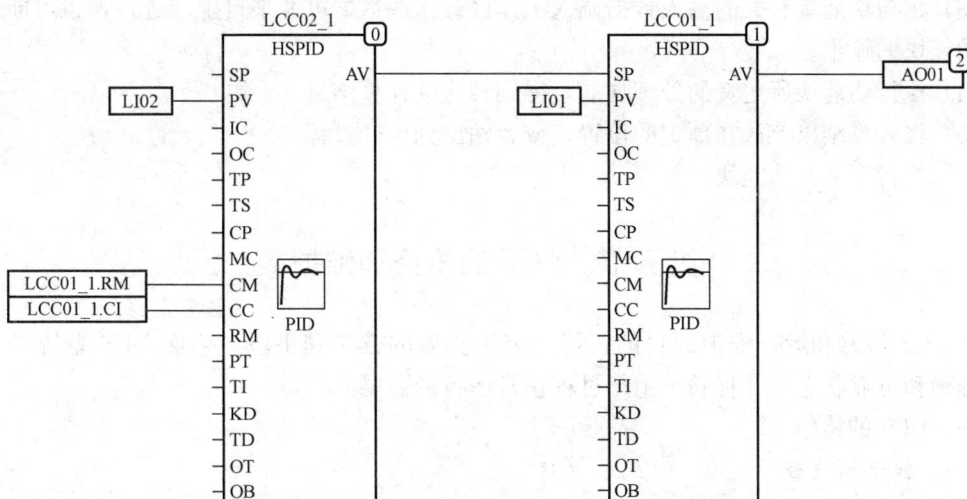

图 6 - 7　功能块编程示意

4. 调试

控制器算法组态软件具有在本地计算机中仿真调试的功能。在仿真调试初步检查组态后，便可登录主控下载。在主控中运行程序时，再次进行全面的调试，这时无需连接现场设备，就能在试运行之前测试逻辑的正确性。

（五）报表组态

报表分为定时报表和实时报表。

1. 定时报表

在规定的时刻打印生产过程的操作记录和统计，由在线组态触发。

2. 实时报表

随机打印某个时刻的报表或者历史报表，由人工触发。

3. 报表组态

报表组态包括离线组态、工程师在线下载到操作员站和在线组态等步骤。

（六）人/机接口的图形和控制回路组态

绘制应用系统所需的各种概貌图、流程图和工况图，并可将图中各种目标、实时数据和报警记录等进行动态连接。

（七）下载

在服务器控制算法工程编译和基本编译成功后，可以进行联编。

在联编成功后，可以生成服务器和操作员站的下载文件，同时还生成控制器算法工程。在数据库总控画面中，打开工程后，可以选择数据库下载；在编译信息栏中，可以显示是否成功。

（八）功能块的执行过程

功能块执行过程如下：

（1）将要执行的功能块，如 PID 算法功能块、乘法功能块，从 ROM 调入 RAM 的工作区。

（2）将和功能块有关的参数，如比例带、积分时间和微分时间等，调入工作区。

（3）将与功能块有关的输入数据调入工作区。这些数据可能来自生产过程，也可能来自其他功能块的输出。

（4）执行功能块所定义的处理功能，得到相应的计算结果。

（5）将计算结果存放在预定的位置，或者输出到生产过程。

（6）执行下一个功能块。

第三节　DCS 的检修和维护

对 DCS 检修和运行维护的目的，就是采用正确的方法和手段，确保 DCS 系统处于完好、准确和可靠状态，并且满足生产过程正常运行的需要。

一、DCS 的检修

（一）停运前检查

全面检查 DCS 的状况，详细记录异常情况，并且列入检修项目。

1. 全面检查 DCS 的状况

（1）检查各散热风扇的运转状况。

（2）检查 UPS 供电电压、各机柜供电电压、各类直流电源电压和各电源模件的运行状态。

（3）检查所有模件、通道、操作员站、过程控制站、服务站和通信网络的运行状况等。

（4）检查报警系统，对重要异常信息，如冗余失去、异常切换、重要信号丢失、数据溢出和总线频繁切换等，作好详细记录。

（5）检查各类打印记录和硬拷贝记录。

（6）测量控制室、工程师室和电子设备室的温度和湿度。

（7）检查 DCS 运行日志和数据库运行报警日志。

（8）检查计算机自诊断系统，汇总系统自诊断结果中的异常记录。

（9）检查计算机设备和系统日常维护消缺记录，汇总需停机消缺项目。

（10）检查现场总线和远程 I/O 就地机柜的温度等环境条件的记录。

2. 进行 DCS 软件和数据的完全备份工作

对于储存在 NVRAM 内的数据和文件，应及时上传和备份。

（二）停运后检修

1. 一般规定

（1）在检修前应按 DCS 的正常停电程序停运设备，关闭电源，拔下待检修设备电源插头。

（2）电子设备室、工程师室和控制室内的空气调节系统，应有足够容量，调温和调湿性能应良好；环境温度、湿度和清洁度，应符合 GB 2887—2000 或制造厂的规定。

（3）所有电源回路的熔丝和模件的通道熔丝应符合使用设备的要求，如有损坏应作好记录，在查明原因后，更换相同容量和型号的熔丝。

（4）计算机设备外观应完好，无缺件、锈蚀、变形和明显的损伤。

（5）各计算机设备应摆放整齐，各种标识应齐全、清晰和明确。

（6）在系统或设备停电后，进行设备的清扫。

（7）对于有防静电要求的设备，检修时必须采用规定的防静电措施，工作人员必须带好防静电接地腕带，尽可能不触及电路部分；拆卸的设备应放在防静电板上，吹扫用的压缩空气枪应接地。

（8）吹扫用的压缩空气须干燥无水和无油污，压力应控制在 0.05MPa 左右；吸尘器须有足够大的功率；设备清洗必须使用专用清洗剂。

（9）所有机柜的内外部件应安装牢固，螺钉齐全；各接线端子板螺钉和接地母线螺钉应无松动。

（10）计算机设备间连接电缆和导线应连接可靠，敷设和捆扎应符合规定，各种标志应齐全和清晰。

2. 操作员站、工程师站和服务站硬件检修

操作员站、工程师站和服务站硬件检修应确保机箱、硬件板卡和连接件完好，接地正确，完成后设备启动正常。

3. 过程控制站检修

过程控制站检修的主要步骤和内容如下：

（1）机组和 DCS 相关的各系统设备停运，控制系统退出运行；停运待检修的子系统和设备电源。

（2）对每个需清扫模件的机柜和插槽编号、跳线设置作好详细和准确的记录。

（3）清扫模件和散热风扇等部件；检查其外观，应清洁无灰、无污渍、无明显损伤和烧焦痕迹；插件应无锈蚀、插针或金手指应无弯曲和断裂；模件上的各部件应安装牢固，跳线和插针等应设置正确，熔丝完好，熔丝型号和容量应准确无误；所有模件标识应正确清晰。

（4）过程控制站模件的掉电保护开关或跳线设置应正确。带有后备电池模件的后备电池，应按照制造厂有关规定和要求进行检查或更换；更换新电池时，应确保失电时间在允许范围内。

（5）在模件检查完毕，机柜、机架和槽位清扫干净后，按照模件上的机柜和插槽编号，将模件逐个装回到相应槽位中，就位必须准确无误和可靠。

（6）模件就位后，仔细检查模件的各连接电缆，如扁平连接电缆等，应接插到位且牢固无松动。

（7）在模件通电前，对带有熔丝的模件，应核对熔丝齐全和容量正确；在模件通电后，各指示灯应指示正确，散热风扇应运转正常。

（8）检查配有显示器、键盘和鼠标接口的过程控制站，应能正常工作。

4. 计算机外设检修

显示器检修要保证显示器画面正常。打印机和硬拷贝机检修等要确保能正常使用。

5. 网络和接口设备检修

通信网络检修使通信电缆完好、固定良好，金属保护套管的接地应良好；测量绝缘电阻和终端匹配器阻抗，应符合规定要求；网络接口设备连接应牢固无松动。

在通电后，检查模件指示灯状态或通过系统诊断功能，确认通信接口状态和通信总线系统应工作正常，无异常报警；冗余总线应处于冗余工作状态；在交换机、集线器、耦合器、转发器和总线模件等通电后，指示灯均应显示正常。

利用系统诊断工具，查看每个控制子系统，所有 I/O 通道及其通信指示均应正常。

6. 电源设备检修

UPS 检修的主要步骤和内容如下：

（1）机组停运，系统退出运行。正常停运热控自备的 UPS 所供电的用电设备，然后关掉 UPS 的开关，拔掉 UPS 的连接插头。

（2）在 UPS 清扫检修后，外观检查应清洁无灰和无污渍；输出侧电源分配盘电源开关、熔丝和插座应完好；紧固各接线；UPS 蓄电池应无漏液，否则应更换蓄电池。

（3）接通电源，UPS 启动自检正常，各指示灯应指示正常，无出错报警；测量 UPS 电源各参数，应符合制造厂规定。

模件电源、系统电源和机柜电源检修内容是清扫、一般检查和上电检查试验。

7. 主时钟和 GPS 标准时钟装置的检查

主时钟、GPS 标准时钟装置检查的步骤和内容如下：

（1）切断主时钟系统电源，清洁主时钟或 GPS 标准时钟装置。在清洁后，外观应无灰和无污渍。

（2）主时钟各通信接口连接应正确，通信电缆完好无损；启动主时钟，进行主时钟和标准时间的同步校准。

（3）GPS 天线安装应垂直，四周应无建筑物或杂物遮挡；天线插头应接插可靠和牢固无松动，馈线应无破损断裂。

（4）GPS 标准时钟装置和各通信接口，应连接正确，通信电缆完好无损；开启电源，装置初始化和自检应正常；在初始化和自检结束后，GPS 卫星锁定指示应正常；当 GPS 失步时，则装置内部守时时钟应工作正常。

（5）启动各站的时钟校正功能，校正各站时间的显示，使其主时钟与 GPS 标准时钟装置同步。

（三）软件检查

1. 操作系统检查

通电启动各计算机，启动显示画面和自检过程，应无出错信息提示，否则予以处理。检查并校正系统日期和时间。

各用户权限、账号口令、审核委托关系、域和组等设置应正确，符合系统要求；各设备、文件、文件夹的共享或存取权限设置应正确，符合系统要求。

2. 应用软件及其完整性检查

（1）在 DCS 逻辑组态修改等工作完成后，必须再次进行软件备份。

（2）根据制造厂提供的软件列表，确保应用软件应完整。

（3）根据系统启动情况检查，确认软件系统完整。

（4）启动应用系统软件过程应无异常，无出错信息提示。对于上电自启的系统，此过程在操作系统启动后自动进行。

（5）分别启动各操作员站、工程师站和服务站的其他应用软件，应无出错报警。

（6）使用 DCS 配套的实用程序工具，扫描和检查软件系统完整性。

（7）启动 DCS 自身监控、查错和自诊断软件，其功能应符合制造厂规定。

3. 权限设置检查

（1）检查各操作员站、工程师站和服务站的用户权限设置，应符合管理和安全要求。

（2）检查各网络接口站或网关的用户权限设置，应符合管理和安全要求。

（3）检查各网络接口站或网关的端口服务设置，关闭不使用的端口服务。

4. 数据库检查

（1）数据库访问权限设置应正确，必须符合管理和数据安全要求。

（2）对数据库进行探寻，各数据库或表的相关信息应正确。

（3）当数据库日志记录已满时，应立即备份后清除。

综上所述，DCS 系统检修的主要内容包括系统停运前各部件状态的检查和记录，以便停运后有针对性地进行检修；系统停运后，要对系统各部件进行外观检查等一般性检查，对系统控制装置和模件等硬件设备，按反映技术指标所必需的项目，进行测试或检验，以校验各硬件设备技术特性满足相关要求；对系统软件和应用软件，进行逻辑检查和功能试验，以确保软件功能的完整性，并满足生产工艺流程的要求，保证 DCS 系统安全可靠运行。

二、DCS 的常见故障及其对策

（一）通信网络类故障

通信网络类故障一般由地址标识错误而导致，易发生在接点总线和就地总线处。

1. 地址标识的错误

不论是就地组件还是总线接口，一旦其地址标识错误，必然造成通信网络的紊乱。要防止各组件的地址标识故障，重点是防止人为的误动和误改。通常应在系统停止运行时，才对系统进行扩展，尤其是采用令牌式通信方式的系统。

2. 节点总线故障

节点总线的传输介质一般采用同轴电缆。当总线干线任一处断裂时，都会导致该总线上所有站及其子设备通信出现故障。

目前防止此类故障的方法，通常是采用双路冗余配置的方式，来避免因一路总线发生故障而影响全局，但这并不能从根本上避免故障的发生，并且在一根总线发生故障时，极易造成另一个总线故障。

有效的方法应是从防止总线接触不良或开路入手。

3. 就地总线故障

就地总线或现场总线连接的设备，通常是一次元件或控制设备。就地总线或现场总线故障的原因是工作环境恶劣、检修人员的误动和总线本身等。

防止此类故障的有效方法：将就地总线和就地设备的连接点，进行妥善处理；拆装设备时，不得影响总线的正常运行；总线分支应安装在不易碰触的地方；就地总线最好是采用双路冗余配置，这样可以提高通信的可靠性。

（二）硬件故障

根据各硬件的功能不同，可以将 DCS 的硬件故障分为人/机接口故障和过程通道故障。一台人/机接口发生故障时，只要处理及时，一般不会影响整个 DCS 的正常运行；如果过程通道故障发生在就地总线或一次设备时，就会直接影响控制或检测功能，后果比较严重。

1. 人/机接口故障

人/机接口故障常见的有球标操作失效、控制操作失效、操作员站死机、薄膜键盘功能不正常和打印机不工作等。

操作员站死机原因比较多，可能是硬盘故障、模件故障和软件本身有缺陷，也可能是冷却风扇故障导致主机过热或负荷过重等。在确定故障时，首先要检查主机本身的温升情况，其次用替代法检查硬盘和主机模件等。

2. 过程通道故障

导致通道故障可能是由于 I/O 模件长时间工作，元器件出现老化或损坏现象，也可能因外部信号接地或强电信号窜入模件。防止过程通道故障的有效方法是加强对 I/O 模件故障或就地总线故障的监测。

3. 控制器故障

控制器故障会导致报警。现在控制处理机通常采用 1：1 冗余配置，其中一台控制器发生故障不会引起严重后果，但应立即处理。在处理过程中，不可误动正常的控制器。

（三）人为故障

在进行 DCS 维护或故障处理时，人为误操作现象时有发生。防止人为故障的主要方法是加强职工的安全教育和改善工作环境。

（四）电源故障

电源方面的问题也较多，如备用电源不能自投，保险配置不合理和控制器电源内部故障等。常用的处理方法如下所述。

1. 检查电源的环境

从电源的最适宜环境的角度考虑，在较低温度时，可以有较高相对湿度。如周围空气温度为 +40℃ 时，机房的空气相对湿度不宜超过 50%。当常用电源电压下降至有效值的 70% 以下或常用电源中的一相或者三相电压中断时，常用电源延时切换至备用电源，当常用电源恢复正常时，又将备用电源延时切换至常用电源。这样就给输入 UPS 的电源提供了一个安全屏障，减少设备的停运次数。

2. UPS 温度控制维护

UPS 温度控制维护是防止 UPS 故障的主要方法。UPS 的工作环境应该与计算机的工作环境相同，即温度应控制在 5～22℃，相对湿度控制在 50% 以下，上下幅度不超过 10%，应保持 UPS 工作间的清洁和无有害气体。

3. 有效接地防雷击

建筑物的防雷器只是保护建筑物不被直击雷损坏，而不能保护建筑物内部的电子电器设备免遭感应雷损坏。为了保护建筑物内的电子电器设备不被静电雷击而损坏，在电源布线时，必须有连接地线。设备外壳接地要独立引线接到室外，并保证系统符合对接地电阻的要求。

4. 消除的影响

为防静电，可以安装永久性防静电地板；使用防静电手套等防静电产品；在操作设备时，必须要戴上防静电套腕；在操作设备前，要洗手等。

三、DCS 维护

1. 日常维护

（1）在 DCS 的运行期间，正在使用的对讲机与 DCS 的距离要大于 3m。

（2）除回路接线应完好外，对可能引入干扰的现场设备，还应对该设备加装屏蔽罩。

（3）建立 DCS 软、硬件故障记录台账和软件修改记录台账，详细记录系统发生的所有问题、处理过程和每次软件修改记录。

（4）防止将电脑病毒带入，未经许可，工程师站上不应安装任何其他第三方软件，软盘必须专盘专用。

（5）在日巡检中，完善缺陷记录，并且按有关规定及时处理；热工自动化专责工程师应定期对巡检记录进行检查，对处理情况进行核查。巡检内容和要求如下：

1）查看运行日志，摘录控制系统发生的问题。

2）检查 SOE；检查实时打印机的状态、打印内容和时间，应与实际相符；检查打印纸备余情况，发现卡纸和缺纸等应及时处理。

3）检查 DCS 和其他各系统是否正常，如 DEH 的时钟应与主时钟同步。

4）查看显示器报警画面、报警打印记录、声光报警装置和 SOE 等，在正常运行时，应无报警显示。

5）检查电源系统和各个模件指示灯状态，发现问题及时处理。

6）检查 DCS 控制柜的环境温度和湿度，应符合制造厂要求。

7）带有散热风扇的控制柜风扇应正常工作，否则进行相应的处理。

8）检查网络出错记录和网络工作状态，应无异常和无频繁切换等现象。

9）检查系统自诊断功能画面，应无异常报警，各冗余设备应处于热备用状态。

10）检查系统各操作员站、工程师站、服务站和各过程控制站的运行状态，应无异常。

电子设备室、工程师室和控制室通常应达到的环境指标如表 6-1 指示。

表 6-1　　　　　　　　　　电子设备室、工程师室和控制室的环境指标

	温度（℃）	温度变化率（℃/h）	湿度（%）	振动（mm）	含尘量（mg/m³）
环境要求	15～28	≤5	45～70	<0.5	≤0.3

2. 定期维护

（1）运行过程中，定期检查和试验的主要内容如下：

1）操作员站、通信接口、主控制器状态、通信网络工作状态、系统切换状况和电源主/备用工作状态应正常。

2）历史数据存储设备，应处于激活状态或默认缺省状态，光盘或硬盘和磁带等应有足够的余量，否则应及时进行处理。在使用磁带机时，应经常用清洗带清洁磁头。

3）定期，如一个月左右，用专门的光驱清洁盘对光驱进行清洗，保持光驱的清洁。

4）各散热风扇应运转正常。如果发现散热风扇有异音或停转，应查明原因，即时处理。

5）针打的打印头、字辊导轨和机内纸屑等，应每月进行一次清洁，并适量添加润滑油。

6）检查各操作员站、工程师站和服务站硬盘，应有足够的空余空间，否则应删除垃圾文件等。

7）定期进行口令更换并妥善保管。

8）定期进行 DCS 组态、软件和数据库的备份。

9）定期检查和记录各机柜内的各路输入和输出电源电压，若发现偏低，应查明原因及时处理。

（2）定期清扫机柜滤网和通风口，使其保持清洁和通风无阻。

（3）定期进行控制系统检修、基本性能和功能的测试。

（4）定期检测电源模件，定期更换模件电池。

3. 模件更换

在模件更换投运前，应对模件的设置和组态进行检查，主要步骤如下：

（1）对照被更换的模件，正确设置模件地址和其他开关的跳线。

（2）将待更换模件插入插槽中，启动模件，模件的状态指示灯应显示正确。

（3）在工程师站上，对模件的状态和组态进行检查，如有不符，应重新设置和组态。

在检查结果经监护人确认后，将模件正式启用，并且填写记录卡。

综上所述，DCS运行维护的主要内容，包括系统在投运前应做好必要项目的检查；在检查合格且一切准备就绪后，系统上电；按照相关步骤启动系统，在检查验收系统各部件正常或满足相关技术要求后，才能将系统投入在线运行；当系统正常运行时，为确保系统处于完好、准确和可靠状态，必须进行必要的日常和定期维护工作，即每日一次设备巡检，记录系统各部分的工作状况，发现异常问题要及时查明原因并妥善处理；定期进行试验和检查有关内容是否符合相应的技术指标要求，并根据热控系统的运行工况，决定热控系统设备的投入和退出等。

第四节　厂级监控和管理信息系统

一、厂级监控信息系统

厂级监控信息系统（supervisory information system in plant level，SIS）是全厂生产过程实时/历史数据库的平台，它利用了数据库技术，对生产过程中的底层数据进行统一的采集、整理、存档和一些专业计算，实现了全厂各种分散的子系统与上层管理系统之间的数据交换和共享，为全厂管理层的决策提供了真实、可靠的实时数据和性能指标。SIS为控制企业成本和提高生产力，提供了重要依据，能够使企业管理层的经营决策更具科学性。

自DL/T 924—2005《火电厂厂级监控信息系统技术条件》颁布后，火电厂SIS的网络指标和大多数功能都有较明确的标准。

SIS通常是基于交换式快速/千兆的以太网技术的网络，具有组网方式灵活、维护方便、开放性强和价格容易接受等优点。

（一）SIS的主要功能

SIS的主要功能包括生产过程监视、实时数据的采集处理和机组在线试验等。SIS的主要功能如图6-8所示。

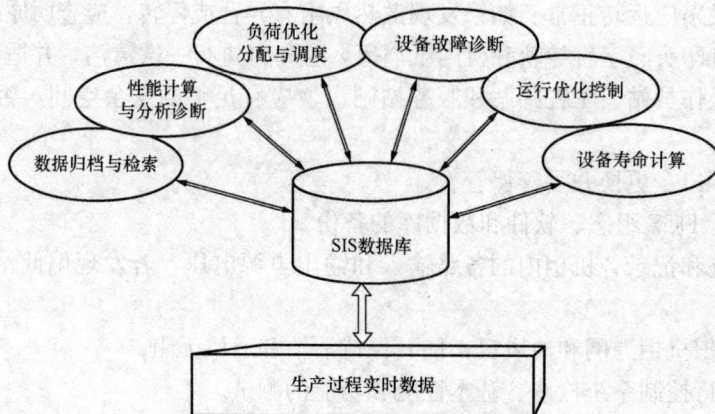

图6-8　SIS的主要功能

1. 生产过程信息采集、处理和监视

SIS以趋势图、棒状图和相关参数组等多种形式，在CRT画面上显示生产过程数据、设备状态、报警状态、经济指标和运行指导等信息，能生成各职能部门需要的生产和经济指标的统计报表等。SIS的监控画面如图6-9所示。

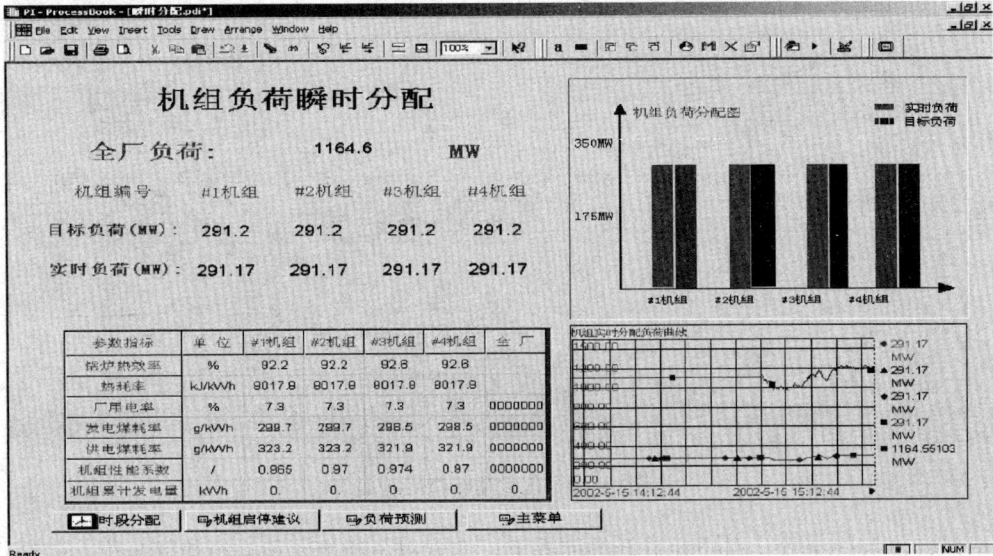

图6-9　SIS的监控画面

2. 经济性能计算、分析和操作指导

SIS为各级生产管理人员提供实时、准确和一致的各种信息。经过处理和组织后的数据，以图形和报表等方式形象直观地表示出来，并且成为成本核算的依据。如通过性能计算的期望值和计算值进行比较，不仅可以确定机组是否运行在最佳状态，而且还能分析出偏差产生的原因和改进措施。

（1）机组级性能计算和分析的项目。锅炉效率、汽轮机热耗率、高压缸效率、中压缸效率、汽动给水泵用汽量或电动给水泵用电量、厂用电率和机组补水率。

（2）厂级性能计算和分析的项目。全厂供电煤耗率、全厂发电煤耗率、全厂供电量、全厂发电量、全厂厂用电率、全厂供热煤耗率、全厂供热量、发电机电压品质、全厂燃煤量、全厂燃油量、全厂补给水量、全厂汽水品质指标和全厂辅助用汽量等。

（3）机组经济性指标分析项目。可控耗差和不可控耗差。

（4）优化控制的指导。依据厂级和机组级性能计算和分析结果，以运行效率最高和煤耗率最低为目标，给出机组优化运行方式和优化运行参数等，为机组运行在最佳工况提供帮助。

（5）优化运行指导。通过建立机组运行的数学模型、变工况热力计算与热力试验相结合的方法，确定机组在现有设备条件和实际负荷情况下所能达到的最佳运行工况的各种运行参数和机组性能指标。通过耗差计算，分析各运行指标偏离目标值对经济性的影响。SIS优化运行指导画面如图6-10所示。

3. 运行调度

利用火电厂厂级负荷优化分配软件，通过计算有关机组主/辅设备最佳的负荷曲线、机

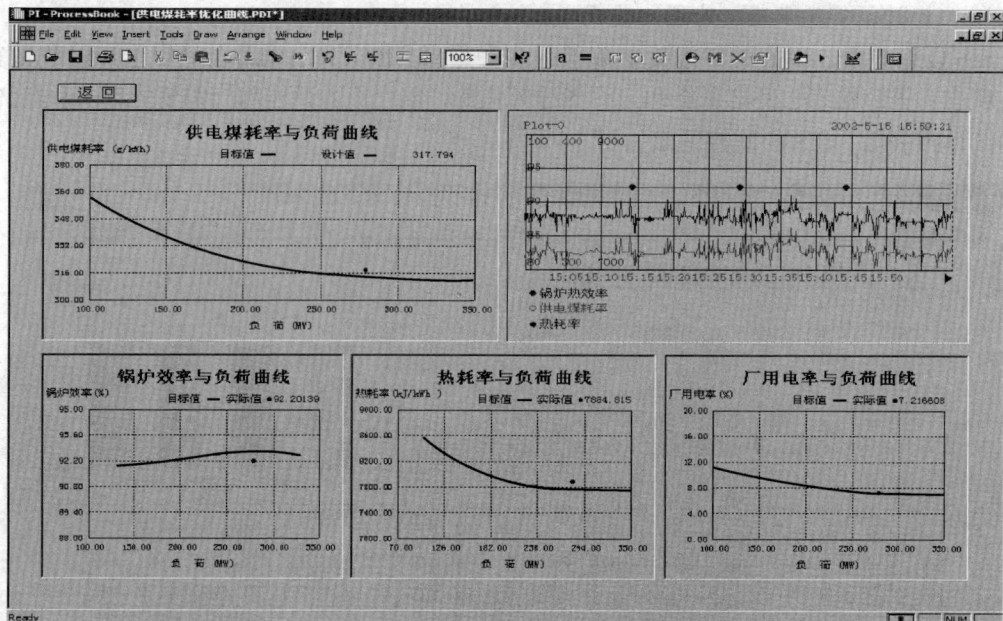

图 6-10   优化运行指导画面

组当前的性能和效率等，在损耗最低的前提下，实现对各机组负荷进行最优分配，以获得全厂最大的经济效益。如根据全厂主、辅机投入和运行状况，提出机组运行方式和停运建议；根据负荷预测和辅机安全经济状况，给出辅机出力大小或者运行方式的建议等。

4. 工艺设备状态监测和故障诊断

及时预报可能出现的工艺故障、设备故障和仪表故障，提示相关人员采取适当的措施，减少非正常停机或工艺条件的波动。

（1）工艺设备状态监测。监测全厂主、辅机设备运行参数，并将其存入数据库，作为实现电厂状态检修和设备故障诊断的依据。

（2）故障诊断。机组故障诊断包括参数诊断、设备级诊断和系统级诊断三个层次。

5. 控制系统的优化和故障诊断

根据机组 DCS 的实际情况，可在 SIS 中设置控制系统优化功能；控制系统故障诊断可包括各种设备的故障检测、诊断、故障统计和查询等功能。

6. 机组在线试验

在线性能试验包括锅炉性能试验、汽轮机性能试验、凝汽器性能试验、空气预热器漏风率试验和真空严密性试验等。

综上所述，SIS 主要具有生产过程信息采集、处理和监视，经济性能计算、分析和操作指导，运行调度，工艺设备状态监测、故障诊断，控制系统的优化和机组在线试验等功能。

（二）SIS 的技术要求

SIS 的技术要求主要有以下几方面：

（1）主干网络的通信速率大于 1000Mbps；功能站的通信速率大于 100Mbps；接口和 SIS 的通信速率大于 100Mbps；接口设备和生产过程控制网络的通信速率，应与生产过程控制系统网络的通信速率相匹配。

　　由于在千兆以太网上已经实现了较高的服务质量，因此在发电厂的网络架构的选择上，推荐使用以千兆以太网和第三层路由交换机为网络核心的网络方案，而网络协议则以 TCP/IP 协议为主，这样的网络架构，不仅为现在 SIS 的可靠使用，而且可以为将来 SIS 的发展提供了硬件保障。

　　（2）主干网络的通信负荷率小于 30%，数据库服务器和应用功能站的 CPU 平均负荷率小于 40%。

　　（3）对于单装机容量大于 200MW 及以上的火电厂，其主干网络的信息传输介质和核心交换机，要求采用冗余配置，且具有故障在线自动切换功能。

　　（4）SIS 应遵循多种开放协议，采用客户机/服务器或浏览器/服务器（browser/server，B/S）模式的开放性体系结构，使用标准的数据访问和接口规范，具有良好的扩展性。

　　某电厂 2×600MW 机组 SIS 网络基本配置如图 6-11 所示。

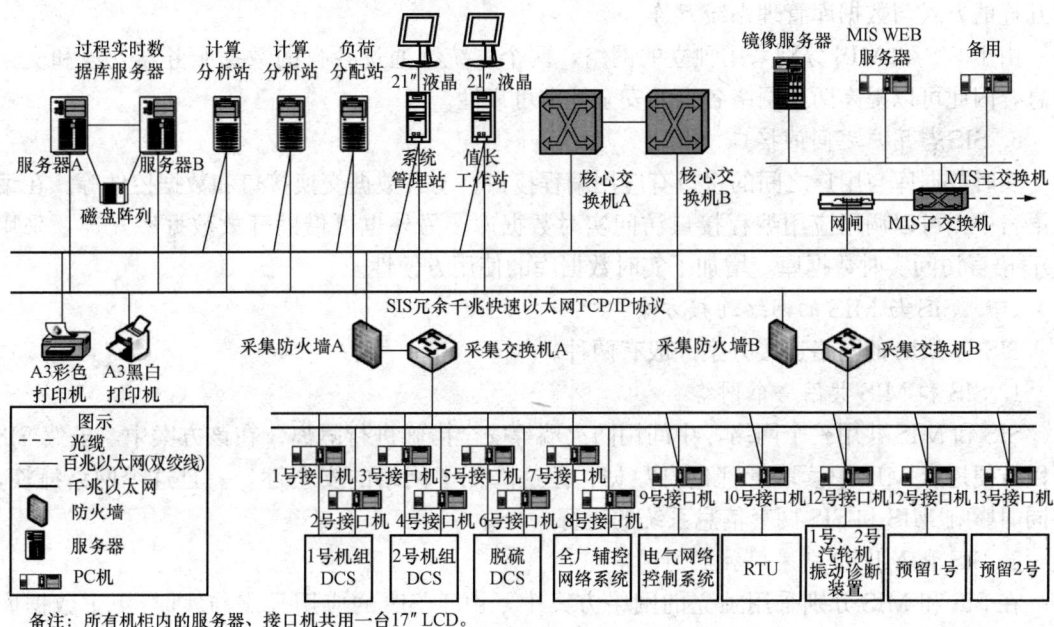

图 6-11　某电厂 2×600MW 机组 SIS 网络基本配置

（三）SIS 的接口

实时数据库为 DCS、PLC 和远程终端设备（RTU）提供了需要的接口及其开发环境。

1. SIS 与机组 DCS 之间的接口

　　目前大多数 DCS 都提供了实时数据库的标准接口。实时数据库和 DCS 接口机应具有数据缓存作用，当数据服务器或网络出现故障时，接口机可以继续工作，并且将采集到的数据先保存到本地硬盘上，同时不断地测试数据服务器或网络，当数据服务器或网络恢复正常时，接口软件就将数据补回到数据服务器中，这样可以确保历史数据不丢失。

　　SIS 与 DCS 之间采用单向通信方式，即 DCS 将机组的信息送到 SIS，SIS 将接收单元机组的实时过程参数和设备状态信息，进行二次分析处理，并存入实时数据库。通过以太网卡和接口机的方式，火电厂的其他控制系统可与数据库服务器进行通信，这样保证了各个控制系统的独立性和安全性。

2. SIS 与电网调度系统之间的接口

SIS 预留了与电网调度之间的通信接口，根据各单元机组运行状态，进行负荷最优分配，可以向各单元机组发出负荷指令。

3. SIS 与 ECS 之间的接口

ECS 将升压站的有关信息送至 SIS，通过通信接口，从 SIS 得到各单元机组的有关参数和设备状态。

4. SIS 与各车间辅助控制系统之间的接口

由于通常火电厂辅机系统都有标准的 OPC 服务器，而实时数据库的接口软件可以对任何 OPC 标准的接口进行访问，因此实时数据库系统能存入各辅助系统中的实时数据。

5. SIS 与 MIS 之间的接口

SIS 的接口是实时数据库，而 MIS 的接口是关系数据库。实时数据库可以采用开放数据库互连的方式与数据库管理系统互连。

由于 SIS 和 MIS 分别采用独立的网络，两个系统都通过各自的数据服务器互连和交换信息，因此可以提高两个网络各自的安全性和可靠性。

6. SIS 与用户之间的接口

实时数据库与用户之间的接口有应用编程接口、动态数据交换接口和数据控件等。在编程语言中，可以调用应用编程接口访问实时数据库，另外也可借助开放数据库互连，采用 SQL 语言访问实时数据库，增加了实时数据库的使用方便性。

（四）SIS 与 MIS 的网络连接方案

SIS 与 MIS 的网络连接方案一般有两种。

1. SIS 和 MIS 共用一个网络

SIS 和 MIS 共用一个网络，中间用防火墙等安全措施进行隔离。在该方案中，虽然 SIS 可以方便地从 MIS 中读取管理信息数据，但这降低了网络的安全性，一旦这个网络瘫痪，将同时影响 MIS 和 SIS 两套信息系统的运行。

2. SIS 和 MIS 分别采用独立的网络

在 SIS 和 MIS 分别采用独立的网络方案中，由于 SIS 的应用只需与实时/历史数据库通信，MIS 的应用只与 MIS 数据服务器发生联系，因此两个网络的安全性和可靠性都提高了。

二、厂级管理信息系统

MIS（management information system）是以生产管理为基础，以设备管理和经营管理为中心的综合管理系统。MIS 具有收集、整理、查询、分析和汇总等功能，能够实现企业的生产、物资、人员和资金的优化管理，有利于实现安全和经济生产的预期目标。MIS 的功能示意如图 6-12 所示。

三、MIS 的结构

1. 职能式结构

按照职能结构原则来组织 MIS，就是每一个子系统通常只实现一种管理职能，如生产计划、供应、库存、销售、财务、人事、劳资和档案资料管理等。这种结构的优点是管理职能平行、结构简明和子系统的功能单一，并且容易与组织中的部门职能相对应；缺点是各个功能的优化易导致整个系统总目标的劣化，而且当组织结构变化时，这种结构

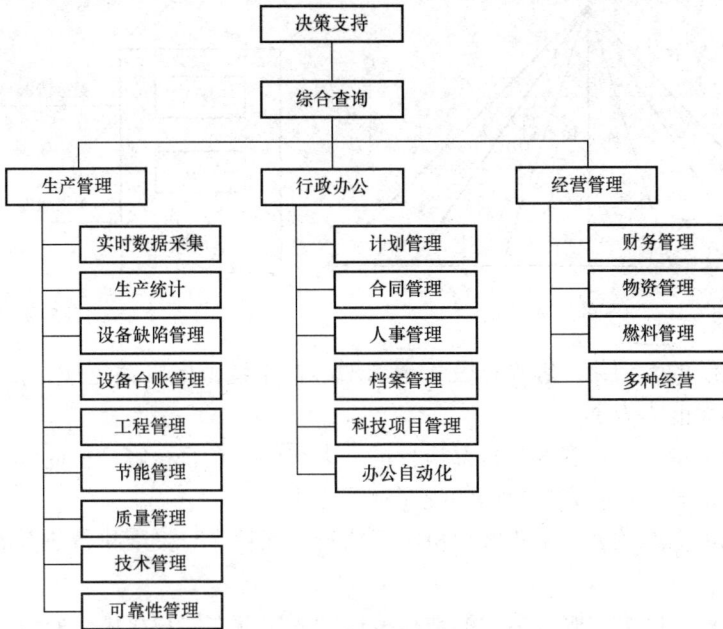

图 6 - 12　MIS 的功能示意

不易调整。

2. 横向综合结构

横向综合结构把属于同一组织级别上的几个职能部门的数据进行综合。如将工资与一般人事记录结合在一起，销售与财务记录结合在一起等。这种结构的特点是组织结构与信息需要互相交织，管理职能有分有合，在功能结构上，更加适合实际管理模式的需要。

3. 纵向综合结构

纵向综合结构是指把属于不同组织级别的数据进行综合。如一个公司下属几个工厂，这个系统可综合从工厂一级到公司一级的有关销售、生产、财务和物资等方面的数据分析，使从事处理生产数据的信息系统，与从事处理策略计划的控制系统结合起来。这种结构联系了组织上级、中级与下级部门的职能，增强了系统的综合性和系统性。

4. 综合结构

这是一种把组织中的数据按横向和纵向加以综合的结构。

综上所述，如果一个 MIS 功能比较单一，而且涉及的只是组织中某职能部门的数据，应采用职能式结构；如果系统的功能是把组织中某些同级，或上下级管理部门的职能联系起来，进行同级或不同级别的数据综合，则系统的结构应采用综合结构。MIS 的结构示意如图 6 - 13 所示。

四、MIS 的网络模式

1. 客户机/服务器模式

客户机/服务器的概念最早用于描述软件的体系结构。它表示两个程序之间的关系，即一个是客户程序，另一个是服务程序。客户程序和服务器程序可以运行在一台计算机中，也可以运行在两台或多台网络计算机中。MIS 的客户机/服务器模式如图 6 - 14 所示。

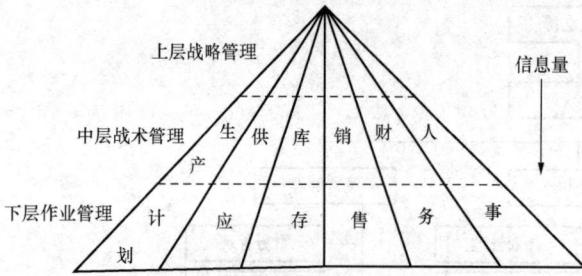

图 6-13 MIS 的结构示意

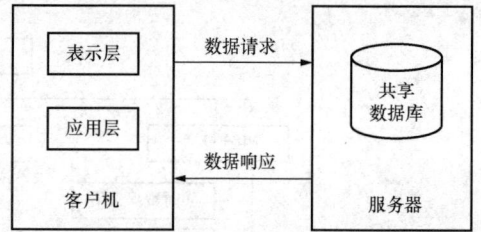

图 6-14 MIS 的客户机/服务器模式示意

随着应用系统的大型化，客户端数量不断增多，系统范围日益延伸，传统的客户机/服务器模式就显得无能为力了。

（1）系统维护量大。许多客户机都执行同一套程序，在每台客户机内都得安装同一套程序，一旦需要改动时，所有客户机内的程序都需变更。

（2）硬件成本仍然较大。由于客户机既要执行界面程序，又要执行业务处理程序，因此仍需较高的配置。

（3）安全性差。因为对服务器中的数据操作的程序存在客户机中，所以就增加了用户通过该程序破坏服务器中数据的可能性。

自 20 世纪 90 年代以来，基于客户机/服务器结构的分布式关系数据库系统及其相关的客户端开发工具大量出现。在这种客户机/服务器结构中，数据库处理分为客户机和数据库服务器两个部分，服务器运行数据库管理系统（数据层）。

在客户端执行应用程序时，网络向数据库服务器发出对数据库访问的请求，在服务器执行了相应操作后，仅将查询处理的结果通过网络传给客户机，减少了网络上的数据传输量。另外，由于数据库操作层移到了服务器上，因此客户机和服务器的负荷较易平衡。

2. 改进的客户机/服务器结构

为了克服传统客户机/服务器模式的局限性，人们逐渐对其作了改进，仅把表示层留给客户端，而将应用层和数据层都放到服务器端。改进的客户机/服务器结构如图 6-15 所示。

当改进的客户机/服务器模式需要进行数据访问或复杂计算时，客户端向服务器中的应用层发出请求，应用层响应客户机的请求，进行复杂计算或向数据库发送 SQL 语句，完成相应的数据操作，并将计算或操作结果返回给客户端。这种改进的客户机/服务器模式有以下优点：

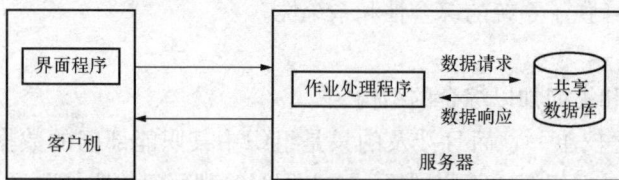

图 6-15 改进的客户机/服务器模式

（1）降低了成本。客户端仅执行界面程序，对机器的配置要求降低。

（2）减少了维护工作量。当应用层程序发生变化时，只需在服务器端更新，而不必更新所有客户机。

（3）提高了系统安全性。应用层程序装在服务器端，减少了被非法破坏的可能。

3. 浏览器/服务器模式

浏览器/服务器模式就是只安装维护一个服务器，而客户端则采用浏览器运行软件的模式。其实质是采用了 Internet 和 Intranet 技术，改善了客户机/服务器结构。

浏览器/服务器将具有强大存储和管理能力的数据库应用于 Intranet 上，不仅实现了大量信息的网上发布，而且为客户机提供了动态的信息查询能力。浏览器/服务器模式如图 6‑16 所示。

在浏览器/服务器的客户端，不需要开发任何其他界面，而统一采用 IE 等浏览器；Web 浏览器上提出的请求，通过 Web 服务器的公共网关接口驱动应用程序，对数据库进行操作，并将结果逐级传回客户端。

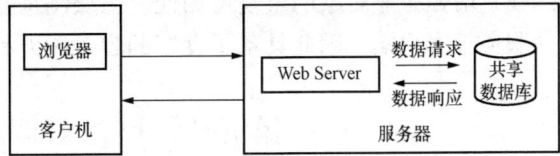

图 6‑16　浏览器/服务器模式

由于 Intranet 在信息处理和交换方式上，具有很强的灵活性；在格式上，则图文并茂，因此极其适合电力系统管理工作的特点。

4. 基于浏览器/服务器模式的三层结构的 MIS

当前基于浏览器/服务器模式的三层结构的 MIS 比较流行，这三层结构是 Web 展现层、Web 控制层和数据访问层。基于浏览器/服务器模式和具有三层结构的 MIS 如图 6‑17 所示。

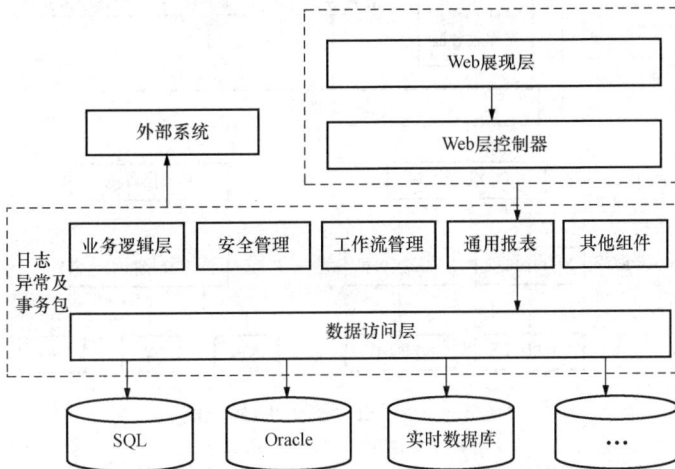

图 6‑17　基于浏览器/服务器模式和具有三层结构的 MIS

基于三层浏览器/服务器结构的 MIS 系统具有以下优点：

(1) 易维护性可扩展。基于三层浏览器/服务器结构每层相互独立，处理功能全部移植给服务器端，人们只需将请求发送给服务器，服务器将会对请求进行响应。基于三层浏览器/服务器结构软件系统的设置、升级维护和数据备份等只需在服务器完成，客户端不需进行应用软件的安装和调试，降低了系统总体维护成本。

(2) 信息共享。由于所有的客户端的信息请求操作，都是针对于同一个数据库服务器的，因此整个用户的信息数据都会保存在数据库服务器上。当一个客户端向服务器发出请求，经过身份验证后，就可以获得它本身能力之外的数据信息。

(3) 信息数据安全可靠。所有信息数据都保存在服务器端，只有通过身份验证的客户端，才有对数据进行访问的权利，确保了数据的安全性。

(4) 跨区域跨部门。由于三层浏览器/服务器模式利用了 Internet 的 Web 模型作为标准平台，采用 TCP/IP 作为通信协议，所以无论客户身处何地，只要通过客户端浏览器，向服务器发出超文本传输协议（hypertext transfer protocol，HTTP）请求，即可获得数据信息，这对于电厂各部门协同合作是十分重要的。

（5）增强企业对象的重复可用性。三层浏览器/服务器模式可以将服务集中在一起管理，统一服务于客户端，因此具备了良好的容错能力和负载平衡能力。

第五节 DCS 管理和控制的实例

一、DCS 在厂级信息系统中应用的实例

某电厂二期工程 2×330MW 机组采用了 Siemens 的 TXP 系统；水、煤和灰三个辅助车间采用 PLC 控制；个别辅助车间，如燃油泵房和采暖加热站等，采用常规仪表进行就地集中监控。TXP 系统的结构框图如图 6-18 所示。

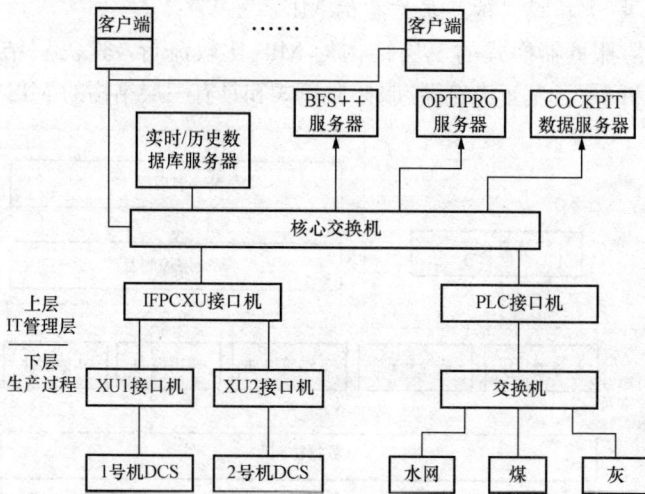

图 6-18 TXP 系统的结构框图

（一）全厂信息系统（IT 系统）概述

在稳定运行的过程中，在由 PI 数据库、BFS++管理信息系统、OPTIPRO 运行优化系统和 COCKPIT 高层协调管理系统构成的 PROFI 条件下，不仅可以提高机组快速响应负荷指令和快速调频的能力，同时可以减少能耗、减少人员、降低热力设备的应力变化和运转设备的磨损，还可以满足发电企业实现管控一体化的要求。

PROFI 是一组可用于电厂控制策略的集合，它包括了新机组协调模块、凝结水节流模块、带预测的负荷裕度模块和自学习温度控制模块等。依据 PROFI 的组成、功能和特点，又由于 TXP 系统可以将一些不同结构的子系统进行集成，因此该工程最终的方案是将 SIS 和 MIS 合二为一，统称为 IT 系统，即物理上不分家，但功能上各自独立。

该 IT 系统采用了以太网，实现了与机组 DCS、水、煤、灰辅助车间控制网络、电气网络控制系统、锅炉炉管泄漏监测系统、汽轮发电机组振动监测与故障诊断系统的连接；通信介质采用光纤，设计速率 100Mbps，目前速率 10Mbps；采用 20000 点的 PI 数据库，该系统只用了 12000 点。所有数据通过 PI 数据库连接，与 PI 数据库的接口是水、煤、灰辅助系统（车间）

网络、1 号机组 DCS 和 2 号机组 DCS 网络，机组的 DCS 数据从工程师站单向上传。

IT 系统包括以下四个相互独立又有联系的小系统，在功能上共同构成 IT 软件系统的核心。

1. 生产维护管理系统

生产维护管理系统采用 BFS++软件，实现电厂的运行管理、设备检修维护管理、备品备件管理、工程管理和文档管理等。

BFS++有多种功能模块，不仅可以方便地与其他系统进行连接，而且可以扩充现有的功能，其主要功能如下：

（1）电厂数据库功能模块。该模块包括电厂对象、电厂结构、设备、类型目录和备件列表。

（2）维护管理功能模块。该模块包括值班记录、值班计划、事故管理、工作票、工作计划、工作流程、工作许可、发电量计划、工作进程控制、成本服务、外包服务和工具/器械。

（3）备品备件管理功能模块。该模块包括库存主数据、库存管理、库存控制和技术采购。

（4）文档管理功能模块。该模块包括文档管理/提取、归档管理和文档分发。

（5）工程管理功能模块。该模块包括项目计划和项目管理。

（6）运行管理功能模块。该模块包括运行数据定义、运行指令和运行日志。每天下午，在值长台上通过电子邮件拨号访问到文件夹，下载次日 96 点负荷计划曲线，将每天的实发负荷曲线与计划负荷曲线进行比较。

2. 实时数据系统

实时数据系统采用 PI 数据库与下层各控制系统联网，从下层控制系统中获取、存储和运算处理的实时数据。任何节点都可以通过 PI 数据库浏览当前生产数据，如煤耗、机组、厂用电量、全天发电量、耗油量、耗水量和可控参数等，还可以查看历史数据。

PI 数据库系统是一个模块化软件系统，主要分为客户端模块和服务器端模块。也是基于客户机/服务器、浏览器/服务器结构的商品化软件应用平台。PI 数据库系统是工厂底层控制网络与上层管理信息系统连接的桥梁，主要适用于包括电力企业在内的生产过程优化、生产过程数据的自动采集、存储、监视，并作为大型实时数据库和历史数据库，可在线存储每个工艺过程点的多年数据。

3. 优化管理系统

优化管理系统使用了 OPTIPRO 软件。OPTIPRO 软件在对数据库的数据进行仿真分析后，可以得到运行最佳工况和最佳成本控制方案等，然后将这些最佳目标值输入到在线系统中，进行相应的操作和控制。

4. 高层管理协调中心系统

高层管理协调中心系统使用了 COCKPIT 软件。COCKPIT 软件包括竞价和负荷分配系统。

通过 BFS++、PI 和 COCKPIT 系统的计算分析结果的画面显示，高层管理协调中心系统为经营决策提供了依据和帮助。

（二）IT 系统的主要功能

1. 生产过程管理指导功能

包括值班、运行维护、维修、资产、成本、备件、工程和文档管理等。

2. 实时信息管理功能

包括实时数据的管理和维护、实时信息统计分析、实时信息查询、实时画面的组态和编辑。

3. 经营管理功能

包括成本、电价和电子商务管理。自动完成定期备份工作。可查看和添加历史数据，该系统只识别 KKS 编码。

4. 办公自动化功能

包括人事劳资管理、财务管理、办公事务管理、综合查询功能和电子通信功能。

5. 设备管理

（1）有足够的设备参数，包括设备型号、部件清单、结构和历史状态。

（2）有工单详细的历史资料、使用指导、工作有隔离措施和恢复措施等。

（3）供货清单上有每个设备的安装位置。

（4）可以设置缺陷单权限，控制哪些为可浏览、哪些为可编辑的跟踪单，跟踪单可查出该设备有多少缺陷单。

（5）当目前备品备件库存量少时，能够自动报警和自动生成采购单。

二、DCS 对主、辅机组控制的实例

某火电厂 2×600MW 国产超临界压力机组采用北京国电智深 EDPF-NT 产品，实现了对主、辅机组的控制。主控 DCS 总体结构如图 6-19 所示。

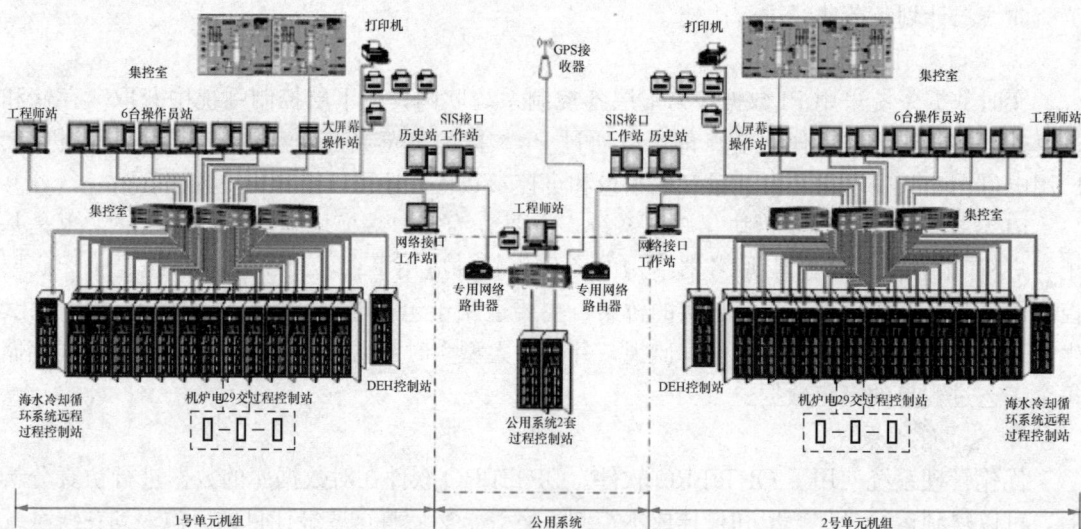

图 6-19 主控 DCS 总体结构图

（一）主控 DCS 的组成、结构和功能

主控 DCS 分为三个域，即 1 号单元机组域、2 号单元机组域和公用系统域。在单元机组域与公用系统域之间，采用了专用路由器进行硬隔离。系统网络结构分为 I/O 总线和管控网两层。

1. I/O 总线

冗余的 I/O 总线负责控制器（DPU）与 I/O 信号之间的通信；数据通信协议采用了串行通

信协议 RS-485，通信速率为 2Mbps；光纤连接的专用光纤收发器可将 I/O 总线扩展到 3km 远。

2. 管控网

管控网是实时信息主干网，采用冗余的交换型工业以太网，通信速率 100Mbps。管控网不仅负责 DPU 之间信息传输，而且实现了 DPU、操作员站、历史站和工程师站等之间的数据交换。

系统网络结构主要特点如下：

（1）整个系统是较为完善的分布式系统架构，没有专用的服务器，无单点故障点；任何故障都将被限制在有限范围内，不会导致系统崩溃，实现了功能分散。

（2）冗余管控网的双网同时工作，采用全双工的通信方式。

（3）采用专用路由器，实现了单元机组域和公用系统域之间的硬隔离，保证了单元机组部分与公用系统部分之间的网络相对独立；实现了两台单元机组与公用系统之间操作信息和数据信息的有效单向传输；也实现了两台单元机组对公用系统的操作备用和操作互锁。

该电厂主控 EDPF-NT 系统的功能包括 DAS、CCS、FSSS、SCS、ECS、MCS、DEH、ETS、MEH、METS 和 BPS 等。锅炉吹灰由 PLC 实现，数据通信的方式在 DCS 中进行操作。

单元机组和公用系统 I/O 测点数量为 8200 点；系统标签量达 38015 点；模拟量控制设备 140 个和控制设备 776 个。其中控制设备的电动机 160 个、电动门/电磁阀 495 个、电气开关 121 个。具体测点数量统计如表 6-2 所示。

表 6-2　　　　　　　　　　　　　测 点 数 量 统 计

	AI	AO	DI	DO	总计
单元机组	2139	194	3523	1650	7506
公用系统	26	0	496	161	683
通信接口	302	10	366	48	726
虚拟 DPU	1346	0	1797	0	3143
总点数	3813	204	6182	1859	12 058

单元机组共配置控制器 29 对，公用系统配置控制器 2 对。其中 DEH 和 MEH 控制器各 2 对。公用系统只含电气公用部分，循环水泵房控制纳入对应的单元 DCS，其他通常纳入公用系统的内容，如燃油泵房、空压机房和汽水取样等，全部纳入辅控 DCS 中。单元机组配置工程师站 2 台、操作员站 6 台、历史站 1 台、大屏幕操作站 2 台和通信接口站 2 台，公用系统配置工程师站 1 台。

各 DPU 控制内容分配如表 6-3 所示。

表 6-3　　　　　　　　　　　　　各 DPU 控制内容分配

DPU1/129	MFT、OPT、炉前油系统、炉侧 SOE
DPU2/130	制粉系统 A、油系统 A
DPU3/131	制粉系统 B、油系统 B
DPU4/132	制粉系统 C、油系统 C
DPU5/133	制粉系统 D、油系统 D
DPU6/134	制粉系统 E、等离子点火系统

DPU7/135	制粉系统 F、油系统 F
DPU8/136	风烟系统 A
DPU9/137	风烟系统 B
DPU10/138	锅炉疏放水、暖风器、水冷壁金属温度
DPU11/139	机炉协调、制粉系统 EB、二次风 EB
DPU12/140	送风/引风/一次风调节、制粉系统 CF、二次风 CF、燃尽风
DPU13/141	启动给水、给水控制、制粉系统 AD、二次风 AD
DPU14/142	过热汽温系统、再热汽温系统
DPU15/143	汽泵 A、辅汽、发电机密封油、氢气、定子冷却水
DPU16/144	汽泵 B、四抽及除氧器、汽机润滑油、EH 油
DPU17/145	电动给水泵、低压加热器系统
DPU18/146	高加、汽机疏水、主汽和再热汽、旁路、汽机本体温度
DPU19/147	凝结水系统、凝汽器及抽真空系统
DPU20/148	闭式循环水、开式循环水、凝汽器循环水、轴封系统
DPU21/149	ETS、机侧 SOE
DPU22/150	循环水泵房远程
DPU23/151	电气 1
DPU24/152	电气 2
DPU25/153	电气 3
DPU30/158	DEH
DPU31/159	ATC
DPU35/163	小汽轮机 A、MEHA、METSA
DPU36/164	小汽轮机 B、MEHB、METSB
DPU41/169	公用：电气
DPU42/170	公用：电气

（二）辅控 DCS 的组成、结构和功能

该电厂辅助车间控制系统，即辅控系统，也采用 EDPF-NT 分散控制系统实现。其中烟气脱硫控制的 DCS 采用独立的网络结构，辅控系统其余部分采用一体化网络结构。一体化辅控系统控制范围覆盖了水、煤、灰、燃油、暖通和空压机等系统。其中输煤程控、电除尘、启动锅炉、制氢和制氯采用 PLC 控制，采用通信方式接入辅控 DCS。集控室对全厂辅助车间实现了进行集中监视和操作的功能。辅控系统一体化网络结构如图 6-20 所示。

辅助车间监控点主要包括化学水处理、凝结水精处理、除灰除渣和输煤程控等。整套辅控系统采用了三级体系结构，各子系统的监控分为就地监控点、辅助车间监控点和主机集控室监控点三个层次。

就地监控点级别最高，一般只在子系统调试时用，辅助车间监控点级别次之，主机集控室级别最低。在辅助车间，监控点可进行本级监控点和主机集控室监控权限的切换。当操作辅助车间监控点时，主机集控室对于经此辅助车间监控点接入的系统，只能进行监视而不能

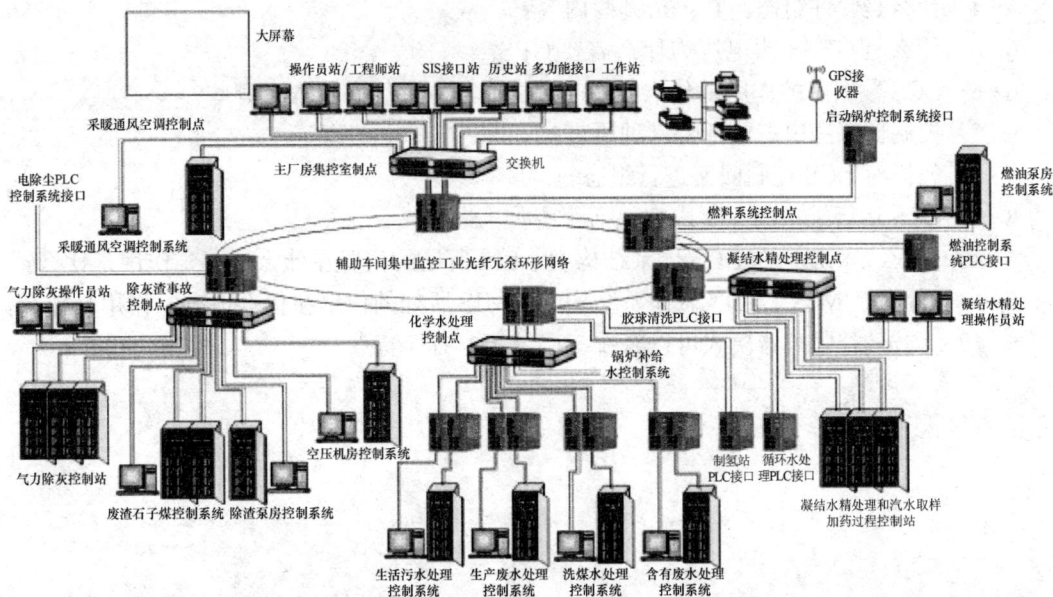

图 6-20　辅控系统一体化网络结构

进行操作；只有当辅助车间监控点交出操作权限时，主机集控室才能对此部分系统进行操作；不同辅助车间监控点之间不能进行监视操作。

通过不同层次监控点操作权限和级别的设置，还有相同层次不同监控点之间的权限设置，实现了不同监控点对同一子系统的操作互锁和辅控系统集中监控的同时，保证了系统监控的安全性，较好地满足了电厂辅控系统运行和检修的需要。

该电厂一体化辅控系统 I/O 测点为 5170 个；通信为 1000 多点，共配置 21 对控制器；烟气脱硫控制系统 I/O 测点数量为 2960 点，共配置 10 对控制器。

在该电厂 CCS 方案中，根据超临界压力机组锅炉与汽机特性的差异，如燃料、给水的平衡关系和相互影响。采用基于燃水比的给水控制，有效地控制了中间点温度，根据汽水分离器出口微过热汽温和给水控制对汽温的影响，实现了减温喷水与燃水比的协调，整个机组燃料和汽水系统的控制水平较高。

启动给水系统按功能组级设计。当启动给水系统投入自动后，在机组整个启动、正常运行和停止过程中，启动给水系统设备始终处于自动控制状态，这有助于实现超临界压力直流炉从湿态运行到干态运行，也有利于从干态运行到湿态运行的安全稳定转换。

在该电厂 1 号机组 168h 试运期间，机炉协调控制、给水控制和过热汽温控制等主要控制回路均已投入，控制精确度达到了较高水平。

思考题与习题

6-1　火电厂 DCS 厂家的选型要考虑哪些问题？

6-2　火电厂 DCS 硬件的选型要考虑哪些问题？软件的选型又要考虑哪些问题？

6-3　DCS 设计的主要步骤包括哪些？

6-4 什么是硬件组态？它包括哪些内容？

6-5 什么是 GPS？火电厂为什么需要 GPS？

6-6 DCS 数据库的作用是什么？实时数据库的主要组态步骤有哪些？

6-7 控制器算法组态包括哪六种语言？

6-8 怎样对 DCS 控制回路进行组态？

6-9 DCS 运行维护的主要内容包括哪些？

6-10 什么是 SIS？在 DCS 体系结构中，SIS 所处的位置在什么地方？作用是什么？

6-11 什么是 MIS？在 DCS 体系结构中，MIS 所处的位置在什么地方？作用是什么？

6-12 浏览器/服务器模式可以有哪三层结构？有何特点？

第七章　现　场　总　线　系　统

　　20 世纪 90 年代初，在人们需求、市场竞争加剧、智能化数字仪表、集成电路和多种技术发展等综合背景下，产生了一种新的和先进的计算机控制系统，这就是现场总线（fieldbus）。

　　IEC 将现场总线定义为一种应用于生产现场，在现场设备之间、现场设备和控制装置之间实行双向、串行和多节点的数字通信技术。

　　现场总线的传输介质可以使用双绞线、同轴电缆和光纤等。现场总线的基本要求是协议简单、容错能力强、实时性较高、网络负载稳定、多为短帧传输、信息交换频繁、安全性好和设备具有互操作性等。

　　现场总线是现场智能设备互连通信网络，主要用于过程自动化、制造自动化和楼宇自动化等领域。现场总线是工厂数字通信网络的基础，它不仅实现了现场控制设备之间的通信，而且也能使更高的控制与管理层之间产生关联。

第一节　概　　　述

　　目前 DCS 的应用还有待于进一步发展和完善，主要表现在以下几方面：

　　（1）过程控制站规模日益庞大，功能不断集中。随着技术的发展和设备可靠性的提高，过程控制站规模也变得日益庞大，功能也不断集中，这在一定程度上导致了与"分散控制，集中监视"的矛盾。

　　（2）一对一的关系。DCS 的一对一的关系表现在多方面。如每个仪表的功能比较单一，仪表间是一对一的关系，不同仪表的电源线和信号线分别与相应的仪表相连接等。

　　（3）控制精确度有待于进一步提高。过程信号的检测、传输和控制均采用 4~20mA 的模拟信号，而且信号是单向传输。在现场仪表与系统仪表的数据传输过程中，如果采用模拟通信方式，则会产生三种误差，即模拟信号传输误差、D/A 转换误差和 A/D 转换误差。

　　（4）成本较大。

　　（5）产品不兼容问题突出。

　　（6）体系结构的局限性。过程控制站是传统 DCS 的通信网络与现场仪表联系的纽带，而模拟仪表存在诸多不足，这就导致了 DCS 体系结构不能摆脱过程控制站和模拟仪表的束缚，无法更新。传统 DCS 的通信网络与过程仪表的关联如图 7 - 1 所示。

　　在多种因素的影响下，针对 DCS 存在上述的主要问题，产生了现场总线控制系统。

　　在过程自动化领域中，现场总线及其设备包括通信介质、网络设备、现场仪器仪表和人/机接口等，构成了现场总线控制系统，即 FCS。FCS 层次结构示意如图 7 - 2 所示。

一、现场总线的技术特点

现场总线对传统 DCS 的冲击是多方面的，其主要特点如下：

1. 一对 N 结构

一根传输线连接多个仪表，这种一对 N 结构使得接线简单、工程周期短、安装费用低

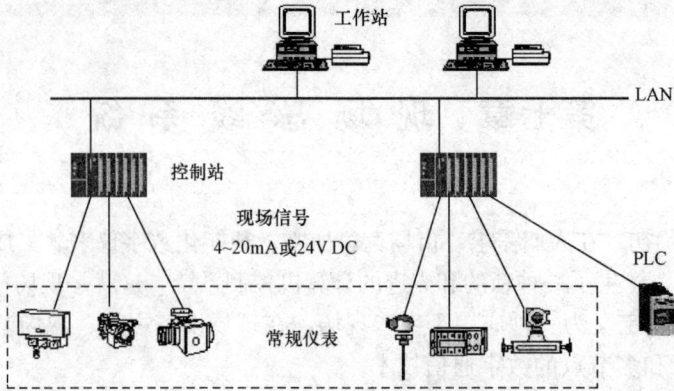

图 7-1　传统 DCS 的通信网络与过程仪表的关联

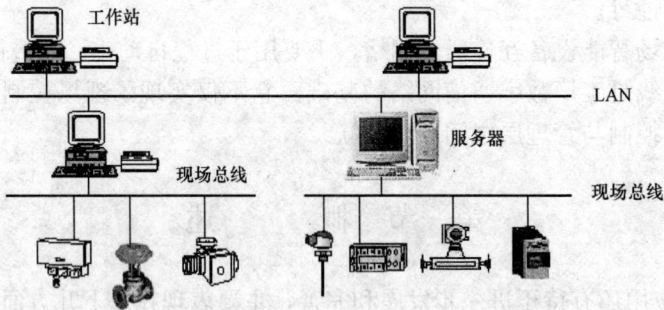

图 7-2　FCS 的层次结构示意

和维护容易。

2. 全数字双向传输

现场总线可以包含多个数据信息，传统 DCS 的模拟通信与现场总线通信方式的比较如图 7-3 所示。

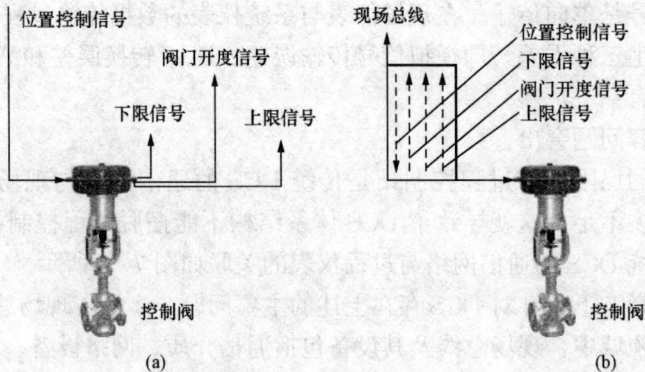

图 7-3　传统 DCS 的模拟通信与现场总线通信方式的比较

(a) 传统 DCS 的模拟通信方式；(b) 现场总线通信方式

全数字化双向传输没有 D/A 和 A/D 变换，提高了传输的精确度，降低了成本，还为集成不同品牌的产品提供了便利。据有关资料表明：传输精确度可以从模拟传输的 ±0.5%，提高到±0.1％。

3. 可控状态

在控制室的操作员既可了解现场设备或现场仪表的工作状况,调整相关参数,还可以通过自诊断,预测或寻找故障。

4. 彻底分散控制

DCS将所有的控制功能集中在DCS的各个控制器中,而现场总线取消了DCS的过程控制站,将60％～80％的一般控制功能分散到现场智能化仪表中。

5. 现场设备一表多用

现场设备既有检测、变送和补偿功能,又有控制和运算功能,这不仅改善了控制系统的性能,还节省了成本。如在现场总线的智能差压变送器里,装入温度传感器,同时进行流量、压力和温度参数的测量等;一个现场智能压力变送器可包含一个AI模块;一个控制阀可包含一个PID和AO模块。这样由变送器和控制阀就可构成一个完整的控制回路。彻底分散控制的现场总线示意如图7-4所示。

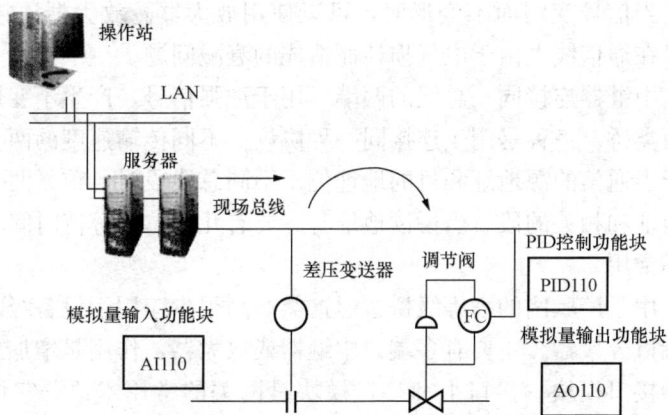

图7-4 彻底分散控制的现场总线示意

功能块分布在现场总线仪表中,可以通过组态实现所需的控制策略,构成全分布式网络的FCS,这样可以提高控制系统的可靠性、实时性、自治性和灵活性。

FCS可以将DCS的2～5次/s控制周期提高到FCS的10～20次/s,采用FCS不仅大幅度节减了仪表成本,也改善了因使用多个仪表而带来的可靠性降低。

FF曾经将现场总线示范工程与传统DCS工程进行了比较,发现节省了导线82％、螺钉63％、接口板50％和安全栅50％等各项费用。另外,还节省一定数量的材料费、工时费、设备控制室的空间和占地面积。

6. 统一组态

现场设备或现场仪表都引入了统一的功能块,可以进行统一的组态。

7. 现场设备互换性

由于不同品牌的仪表遵循相同的某一现场总线标准,因此同类但不同品牌的仪表具有互换性。

8. 开放式系统

现场总线的开放性表现形式有很多,下面仅列出三种形式。

（1）所有现场总线厂家都遵循符合某一现场总线标准的和公开的开放式互连网络技术。

（2）支持开放数据库互连和 OPC（OLE for process control）接口。对象连接和嵌入（object linking and embedding，OLE）技术可用于过程控制，OLE 技术是一个工业标准，管理这个标准的国际组织是 OPC 基金会。

（3）支持标准控制组态工具的顺序功能表图、功能块图、梯形图和结构文本等方式的组态。

二、现场总线上的连接设备

可以将现场总线上的连接设备分为有源和无源两大类。

1. 有源产品

有源产品可以产生通信信号、响应信号、调整信号或者兼而有之。有源产品包括以下部件：

（1）节点。总线上可以编址的设备。

（2）总线模块。总线模块是任何形式的现场节点，包括可以使用端子或接插件连接传感器、阀门和按钮等各种现场装置。

（3）网关。一种特殊的节点，用于两种不同的总线之间的信号和数据变换。

（4）放大器。当信号变弱而不变形时，可以使用放大器。放大器连接同一总线的两部分，解决通信信号在通信线上由于电气损耗而造成的衰减问题。

（5）中继器。中继器连接同一总线的两端，用于加强信号，产生不变形的新信号。

（6）桥。有两类桥。一种是用于连接同一种协议，不同传输速度的两个段；另一种是智能的中继器，用于当通信的源地址和目的地址位于不同总线段时，重复两个段间的数据。桥必须被编程设定地址和相关的段。当桥读地址时，要有几个位的等待时间。桥可以应用于设备级总线，但并不常用。

（7）路由器。用于广域网的高等级桥，但这类产品很少应用于设备级总线。

（8）有源多端口分接器。主要有多端口中继器或放大器，作用是增加总线的分支能力。

（9）接口卡和接口模块。接口卡和接口模块是网关的常用术语，它们作为 PLC 或 PC 连接到设备和总线的接口。

2. 无源总线产品

无源总线产品包括以下设备：

（1）T 形分支。用于产生总线上的一路分支。

（2）无源多端口分接器。多端口 T 形分支。

（3）终端电阻。安装在总线的始端和末端的电阻，用于稳定和调整信号。

（4）总线电缆。连接节点和传送数据的各种电缆。

三、OPC 接口

OPC 是基于 Active X、部件对象模型和分布式部件对象模型技术，包括一整套接口、属性和方法的标准集，适用于过程控制和制造业自动化系统。

OPC 接口既可以将最下层的控制设备的原始数据和更上层的历史数据库等应用程序，提供给监督控制与数据采集硬件、监督接口和批处理等自动化程序，也可以将应用程序与物理设备直接连接。OPC 改善了应用客户与服务器之间的连接关系，如图 7-5 所示。

OPC 采用客户机/服务器模式，将开发访问接口的任务置于硬件生产厂家或第三方厂家，以 OPC 服务器的形式提供服务，它解决了软、硬件之间的矛盾，完成了系统的集成，提高了系统的开放性和可互操作性，为工业监控编程和现场总线技术的应用等提供了便利。

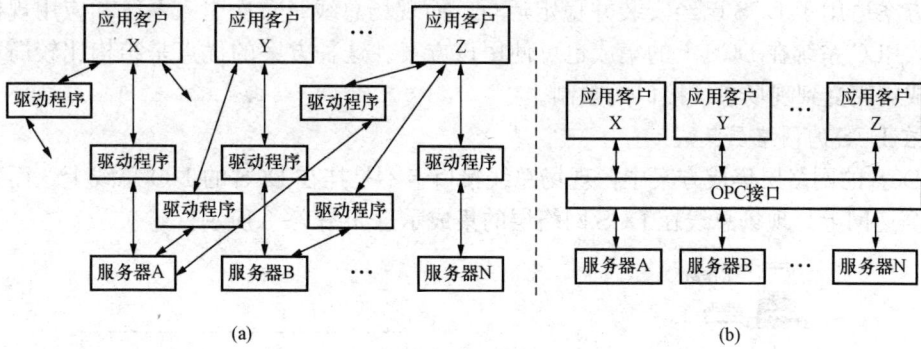

图 7-5 OPC 改善了应用客户与服务器之间的连接关系示意

OPC 模式的连接如图 7-6 所示。

OPC 现已成为工业系统互联的缺省方案。OPC 服务器通常支持自动化接口和用户的自定义接口，它们分别为不同的编程语言环境提供访问机制。自动化接口通常是为基于脚本编程语言而定义的标准接口，可以使用 Visual Basic 和 Power Builder 等编程语言开发 OPC 服务器的客户应用；自定义接口是专门为 C++等高级编程语言而制定的标准接口。

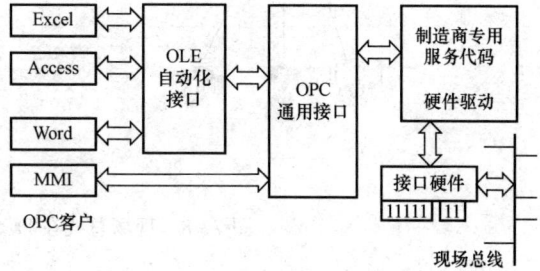

图 7-6 OPC 模式的连接示意图

四、现场总线在 DCS 上的集成

在现场总线和 DCS 共存的现阶段，可以根据需要，通过多种合理的选择来组成优化的控制系统。现场总线在 DCS 上的集成，主要有三种方式。

1. 在 DCS 的 I/O 总线上集成

该方案是将现场总线接口挂在 DCS 的 I/O 总线上，将现场总线系统中的信息映射成与 DCS 的 I/O 总线上相对应的信息。现场总线在 DCS 的 I/O 总线上的集成如图 7-7 所示。

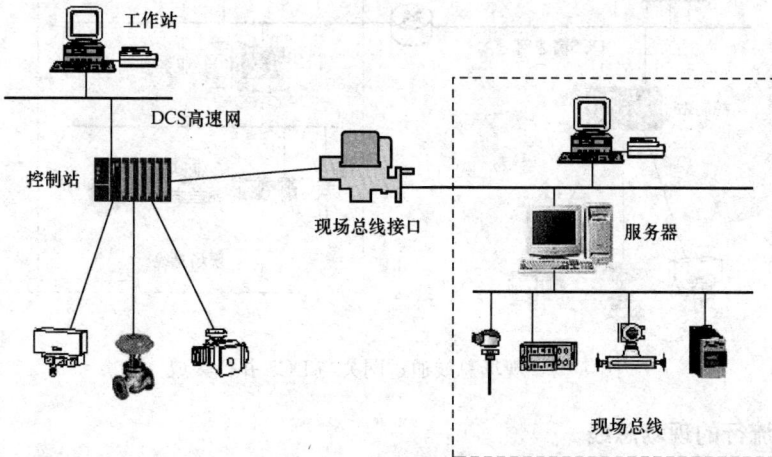

图 7-7 现场总线在 DCS 的 I/O 总线上的集成

　　该方案适用于 DCS 已经安装并稳定运行，而现场总线是首次引入系统和应用规模较小的情况，PLC 系统在 DCS 上的集成也可使用该方案。这种方案的优点是结构比较简单，缺点是集成规模受到现场总线接口的限制。

　　2. 在 DCS 的网络层集成

　　在 DCS 的网络层集成方案中，现场总线接口卡不是挂在 DCS 的 I/O 总线上，而是接在 DCS 的高速网上。现场总线在 DCS 网络层的集成示意如图 7-8 所示。

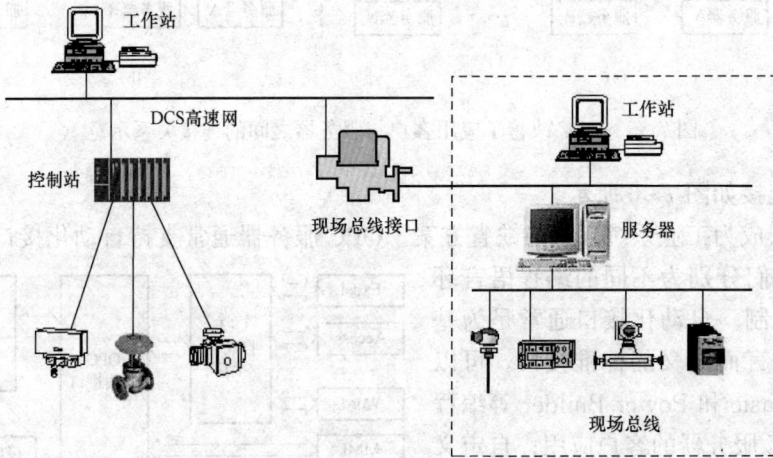

图 7-8　现场总线在 DCS 网络层的集成示意

　　3. 通过网关与 DCS 并行集成

　　在一个工厂中，如果需要并行运行 DCS 和现场总线系统，则可以通过一个网关来连接两者，由网关实现 DCS 与现场总线高速网络之间的信息传输。现场总线通过网关和 DCS 并行集成，如图 7-9 所示。

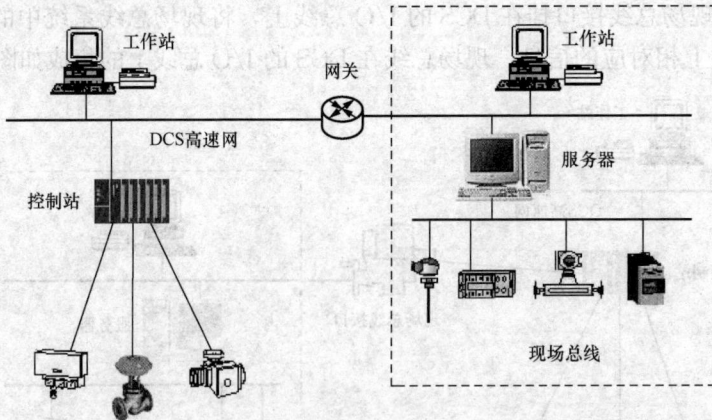

图 7-9　现场总线通过网关与 DCS 并行集成

五、当前流行的现场总线

　　目前世界上存在着大约四十余种现场总线。如基金会现场总线的 FF、控制网国际有限公司的 ControlNet、美国 Intel 公司的 BitBus、美国 Rosement 公司的 HART、美国 Rockwell 公司的 DeviceNet、德国 Siemens 公司的 PROFIBUS、德国 BOSCH 公司的 CAN、法国 FIP 公司的 WorldFIP、日本横河公司的 CENTUM CSM 和日本三菱电机公司的 CC-Link 等。

2003 年 4 月，IEC61158 Ed. 3 现场总线标准第 3 版正式成为国际标准，规定了十种类型的现场总线。它们是：

（1）TS61158 现场总线。

（2）ControlNet 和 Ethernet/IP 现场总线。

（3）PROFIBUS 现场总线。

（4）P-NET 现场总线。

（5）FF HSE（high speed ethernet）现场总线。

（6）SwiftNet 现场总线。

（7）World FIP 现场总线。

（8）Interbus 现场总线。

（9）FF H_1 现场总线。

（10）PROFInet 现场总线。

虽然早在 1984 年 IEC/ISA 就着手制定现场总线的标准，但由于各种原因，至今统一的标准仍未完成。

六、现场总线技术的发展状况和趋势

1. 现场总线技术的发展状况

（1）多种现场总线并存。现场总线是发展中的先进控制技术，现场总线生产厂家一般都参加了多个总线组织。多种总线成为不同国家和地区标准，虽然各个总线彼此协调共存，但各种现场设备和通信协议等标准还无法完全统一，现场总线及其设备价格也比较高。

（2）现场总线的协调控制程度。与经历了多年不断发展和完善的 DCS 相比，现场总线在大规模复杂过程控制、高速开关量或模拟量控制、开关量和模拟量混合控制等控制方面，还存在着一些差距。如传统 DCS 的三层结构（监控级、控制级和设备级）比较容易实现分层递阶过程控制系统，而 FCS 的两层结构（操作站、现场智能仪表）就不便于处理协调控制问题。一种解决办法是在操作站中完成上述功能，但这会造成危险集中，降低系统的可靠性。

（3）FIELDNET 体系结构。由于以太网的发展取得了本质的飞跃，产生 100M 快速、千兆、万兆以太网和 EtherNet/IP，而交换机、全双工、容错和信息优先级等技术的使用，在很大程度上，避免了通信的冲突和堵塞现象，因此"现场总线＋以太网"，即所谓的 FIELDNET 体系结构，如 PROFInet，已经开始被一些行业接受。

（4）现场总线在火电厂的应用。现场总线在火电厂个别辅机的控制项目，已经屡见不鲜。

2. 现场总线的发展趋势

目前的现场总线技术还不够成熟，在相当长的一段时间内，大多数企业不可能全面采用现场总线技术，而可能走逐步发展和过渡的道路。DCS、现场总线和工业以太网三者将并存多年，在技术上也会相互融合和渗透。

七、正确选择现场总线

在选择现场总线时，应该对供货商的应用业绩、系统的整体性、兼容性、一致性、互操

作性、先进性和发展性等做出综合的评价，避免在现场总线的发展阶段，盲目地选择一个并非适合自己需要的现场总线产品。

第二节　基金会现场总线

基金会现场总线（foundation fieldbus，FF）的突出特点在于设备的互操作性、改善的过程数据、更早的预测维护和可靠的安全性。其主要技术内容包括如下：

（1）FF 通信协议。

（2）完成开放互连模型中第 2～7 层通信协议的通信栈。

（3）描述设备特征、参数、属性、操作接口的设备描述语言和设备描述字典。

（4）实现测量、控制和工程量转换等应用功能的功能块。

（5）实现系统组态、调度和管理等功能的系统软件技术。

（6）构成自动化系统和网络系统的系统集成技术等。

FF 由低速部分 H_1 和高速部分 H_2 组成，H_2 现在被传输速率为 100Mbps 的 HSE 取代。

FF 软、硬件的关系示意如图 7 - 10 所示。

FF 的性能参数和应用场合，如表 7 - 1 所示。

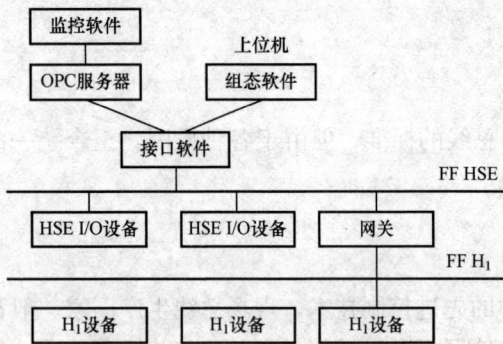

图 7 - 10　FF 软、硬件的关系示意图

表 7 - 1　　　　　　　　　　　FF 的性能参数和应用场合

现场总线类型	FF
物理层	符合 IEC61158-2，曼彻斯特编码
传输方式	令牌，主/从模式，支持从设备广播
传输速率	31.25kbps
最大传输距离	1900m
总线供电	8～32V
本安	支持
外部扩展	使用链接器通过 HSE 和标准以太网协议对接，支持 100Mbps
电缆	双绞线、同轴电缆、光缆和无线发射等传输介质
站点规模	非总线供电 2～32 个设备，总线供电本安型，2～6 个设备，总线供电非本安型，2～12 个设备
总线拓扑	树形、总线型、菊花链
功能块支持	资源块，功能块，转换块
设备描述（device description，DD）	DD
设备地址	动态分配唯一的网络地址，与设备标签相对应
主推厂家	Fisher Rouse mount

一、FF 通信系统的层次结构

FF 通信系统取消了 OSI/RM 中的 3～6 层，新增加了一个用户层，即 FF 通信模型主要包括物理层、通信栈和用户应用层三部分，不同品牌的产品在用户层上实现。FF 通信系统与 OSI/RM 的关系如图 7 - 11 所示。

1. FF 应用层

FF 应用层分为总线访问子层和报文协议子层两个子层。其中总线访问子层规定了数据访问的关系模型和标准，提供了数据链路层和报文协议子层之间的服务；报文协议子层则规定了标准的报文格式和通信服务。

应用层的任务是描述应用进程（application process，AP）；实现应用进程之间的通信；提供应用接口的标准操作；实现应用层的开放性。应用层规定了设备间交换数据、命令、事件信息和请求应答的信息格式。

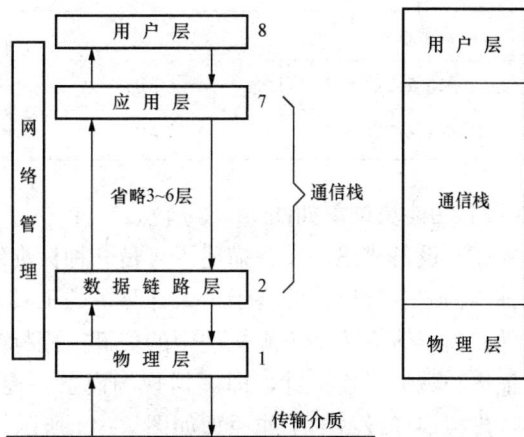

图 7 - 11　FF 通信系统与 OSI/RM 的关系示意图

应用进程是驻留在总线设备内部一组与分布式应用相关的功能集合，可以通过软件向总线设备下载应用进程，也可以将应用进程固化在总线设备的专用集成电路内。一个总线设备的执行情况决定该设备中应用进程的数量和功能。

应用进程是现场总线应用中的基本对象和组成部分，可以把几个应用进程组合成复合对象，也可以把几个复合对象组合成复合列表对象。应用进程的结构如图 7 - 12 所示。

应用进程结构主要由四部分组成：对象字典、应用进程索引、一组网络可视对象和一个应用层通信服务接口。

（1）AP 索引。AP 索引内装有对象字典的条目排列序号，这些序号与对象字典的条目有对应关系。

（2）对象字典。对象字典是一系列应用进程对象描述的条目，这些条目包括数据类型和长度等描述信息。对象字典的作用是为总线设备的网络可视对象提供定义和描述。

（3）应用层接口。应用层接口是应用进程与通信实体之间的界面。

（4）网络可视。网络可视是指在网络上可以访问或操作的部分。

2. 用户层

各厂家的产品在用户层的基础上实现。用户层规定了标准的功能块、对象字典和设备描述，提供了用户所需的应用程序，实现了网络管理和系统管理。

（1）标准的功能块。FF 规定了 10 个基本功能块和 19 个附加功能块，现场总线可以连接功能块的输入和输出。FF 的基本功能块如表 7 - 2 所示。

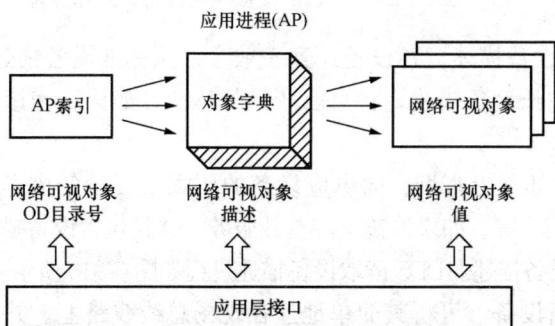

图 7 - 12　应用进程的结构示意图

表 7 - 2　　　　　　　　　　　　　　　　基 本 功 能 块

功能块名称	符　　号	功能块名称	符　　号
模拟输入	AI	模拟输出	AO
偏差	B	控制选择器	CS
离散输入	DI	离散输出	DO
手动载入器	ML	比例/微分	PD
比例/积分/微分	PID	比率	RA

FF 功能块框图如图 7 - 13 所示。

（2）设备描述。设备描述语言是一种标准编程语言，其作用是编写设备描述。可以使用一种称为"令牌机"的基于个人计算机的工具，将设备描述源输入文件转变为设备描述输出文件，其具体方法是将源文件中的关键字用标准字串，替换为固定的"令牌"。通过数据对象描述和数据描述指针，即虚拟现场设备，控制系统可以理解来自现场总线设备的数据含义。虚拟现场设备的工作原理如图 7 - 14 所示。

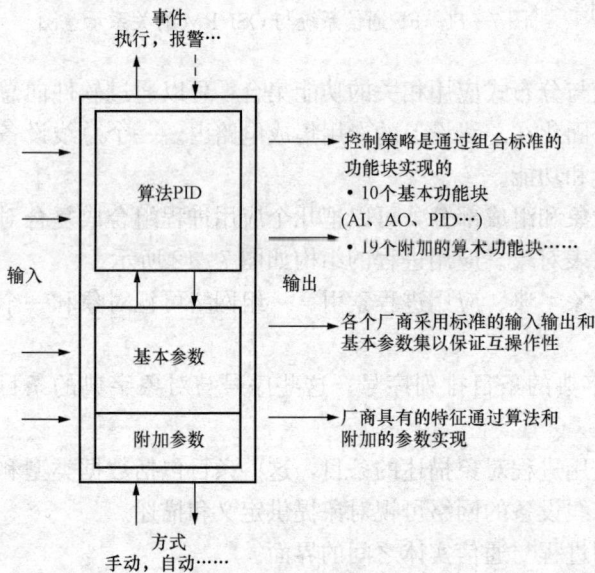

图 7 - 13　FF 功能块框图

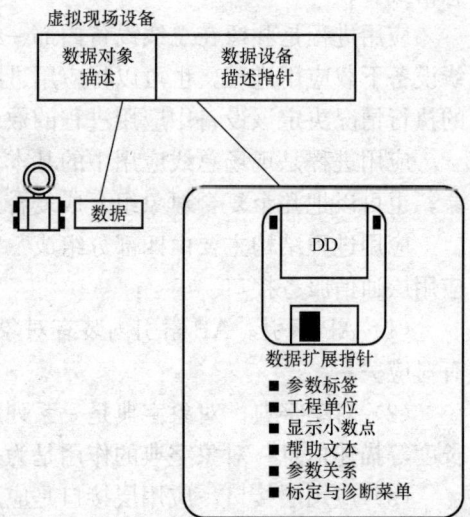

图 7 - 14　虚拟现场设备的工作原理

FF 为所有标准功能块和转换器块提供设备描述。各设备厂家一般会参照标准设备描述，经过注册后，制订新增加的设备描述，即加长设备描述，将自己产品的特性，如标定和诊断程序等，增加到原来的设备描述中。

了解一个现场设备描述的途径有多种，如网上查询、向供应设备的厂家索要设备描述的 CD-ROM 和一种库功能的设备描述服务（DDS）等。如果设备支持上载服务，并且包含设备描述虚拟现场设备，也可通过现场总线了解现场设备描述。DDS 读取设备描述过程如图 7 - 15 所示。

要在现场总线上增加其他厂家生产的新设备，可将其简单地连在现场总线线路上，并向控制系统或主机提供新设备的加长设备描述即可。

3. 通信栈

数据链路层、应用层和用户层的软件集成为 FF 的通信栈，通信栈的主要功能是实现通信的管理。

二、FF 通信系统的三大功能

FF 通信系统的内部结构示意如图 7-16 所示。

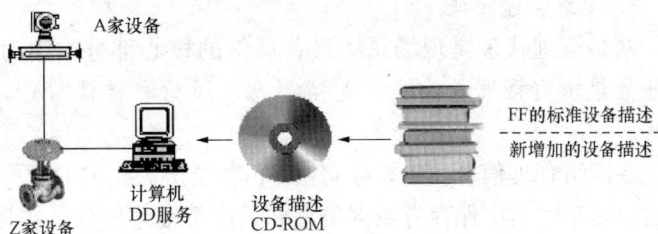

图 7-15 DDS 读取设备描述过程

FF 通信系统有系统管理内核、功能块应用进程和网络管理代理三大主要功能。这三大主要功能是通过虚拟的通信关系（virtual communication relationship，VCR）实现的。虚拟的通信关系相当于逻辑的通信信道，表示两个或多个应用进程之间的关系。

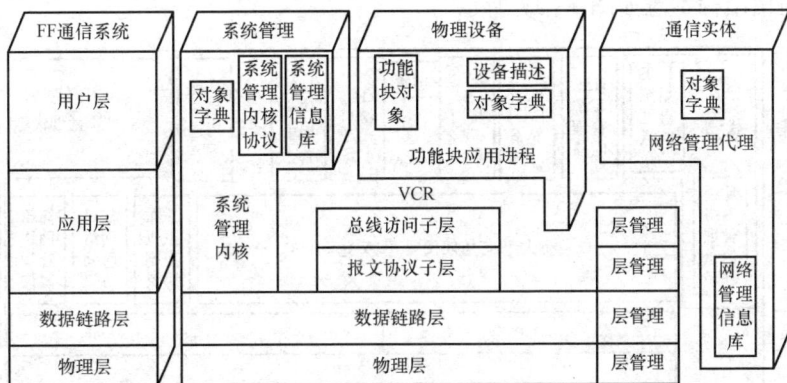

图 7-16 FF 通信系统的内部结构示意

1. 系统管理内核

位于 FF 通信模型应用层和用户层，由对象字典、系统管理内核协议和管理信息库组成。

系统管理内核通过使用系统管理内核协议与远程系统管理内核进行通信。系统管理内核支持网络设备管理。在一个设备运行前，就将该设备的系统信息置入系统管理信息库，并分配一个物理设备位号，然后使该设备进入初始化状态。在不影响网络上其他设备运行的情况下，使该设备进入运行状态，并根据其物理设备位号，分配一个节点地址；当设备加入网络以后，可按需设置远程设备和功能块。

系统管理内核的工作过程是将控制系统管理操作的信息组成对象，存储在系统管理信息库中，现场总线报文协议子层通过网络来访问系统管理信息库。如系统管理内核在为对象字典提供服务的过程中，首先在网络上对所有设备进行广播点名，在等待设备的响应之后，获得网络上对象的信息。

系统管理内核作为系统总线设备的管理实体，主要负责网络系统的任务管理、节点地址的分配、应用服务的调度、应用时钟的同步和应用进程的分析等。

2. 功能块应用进程

功能块应用进程位于应用层和用户层，由功能块对象、对象字典和设备描述组成。功能块应用进程主要用于实现用户所需的各种功能块、对象字典和设备描述。

3. 网络管理代理

网络管理代理是现场总线设备通信的核心部分，由对象字典和网络管理信息库组成。其任务是负责管理通信栈，支持组态、运行和差错管理，完成报文生成和提供报文传输服务。

在网络管理信息库中，存着由 FF 各层协议构成的虚拟通信关系信息，并由对象字典来描述。对象字典中保存有数据类型和长度等描述信息，它为总线设备的网络可视对象提供了定义和描述。

三、HSE 的主要内容

HSE 采用高速以太网 IEEE802.3μ 标准和 TCP/IP 传输协议，遵循 IEC 61158 的各项规定，如功能块和装置描述语言等，允许基于以太网的装置通过一种连接装置与 H_1 装置相连接。

HSE 的通信结构示意如图 7-17 所示。

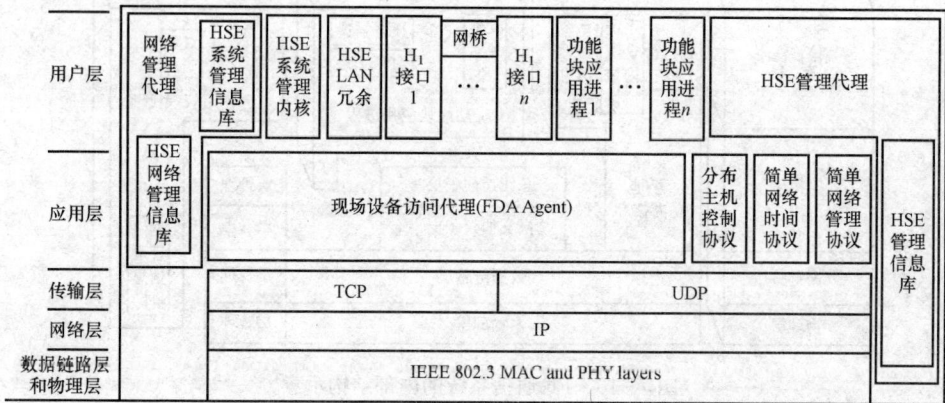

图 7-17　HSE 的通信结构示意图

HSE 低四层直接采用"以太网＋TCP/IP"。用户数据报协议（user datagram protocol，UDP）是一个简单的面向数据报的传输层协议，IETF RFC 768 是 UDP 的正式标准。

应用层和用户层直接采用 H_1 应用层服务和功能块应用进程协议。可以通过链接设备，如网桥和网关，将 H_1 网络连接到 HSE 网段上。HSE 主机可以与所有链接设备及其所挂接的 H_1 设备进行通信，使操作数据能传输到远程现场设备，并接收来自现场设备数据信息，实现监控和报表功能。在应用层，HSE 还具有 FF 的数据链接、现场设备访问代理、系统管理、网络管理、冗余管理和系统诊断等应用协议。

网桥可以连接多个 H_1 总线网段。在不同 H_1 网段上，H_1 设备之间能够进行对等通信，无需主机系统的干预。

HSE 主要有两种用途。

（1）完成由于计算量过大而不适合在现场仪表中进行的高层模型或调度运算。

（2）作为多条 H_1 总线或其他网络的网关。

HSE 使 FF 技术涵盖现场网络层和控制网络层，加强了以太网在工业领域中的地位，可以提供厂级管理系统所需的信息。目前 HSE 还只是应用在 H_1 网络的上层，将 HSE 嵌入 FF 仪表设备是其发展的方向。

四、H₁ 总线主要内容

IEC61158-2 是一种位同步协议，它的传输技术原理是每段只有一个电源和供电装置，每站现场设备所消耗的电流为常量稳态基本电流，现场设备的作用如同无源的电流吸收装置。

低速总线协议 H₁ 除了符合 IEC61158-2 标准，采用曼彻斯特编码外，在总线的两端还需各配一个终端电阻，以消除高频信号的回声。H₁ 总线在安全区域的电源和危险区域的本质安全设备之间加上了本质安全栅，以总线供电方式来保证本质安全。H₁ 总线的构成如图 7-18 所示。

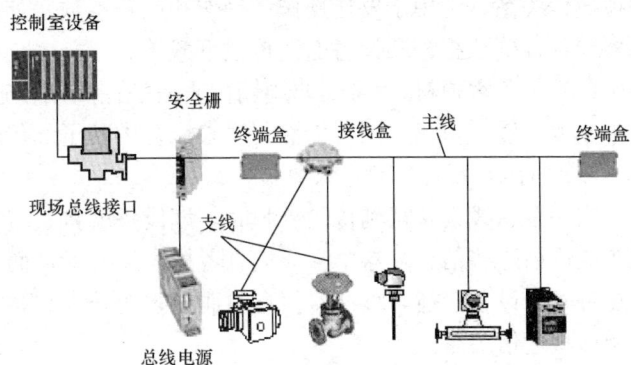

决定 FF 现场总线长度的因素有通信速率、电缆类型、线路尺寸、总线电源选项和本质安全等。如果使用屏蔽双绞线，主线的长度不能超过 1900m，其中电缆的长度是主线的长度加上所有支线的长度，主线的两端均带有终端负载。如果可以选择支线的长度，则其越短越好。支线的总长，受支线数目和每条支线上设备的数目限制。

图 7-18 H₁ 总线的构成示意图

H₁ 总线经网桥可直接链接高速以太网，适合于温度、流量和物位测量应用；设备直接由总线供电，也能在原有的 4～20mA DC 设备线路上运行。

五、现场总线设备之间的通信关系

现场总线设备之间的通信主要通过应用进程实现，可以用两个现场总线设备之间的通信关系进行说明。

两个现场总线设备的应用进程之间的通信连接是一种逻辑上的连接，即虚拟通信关系，或看作是一种软连接。FF 设置了三种类型的虚拟通信关系，即客户机/服务器型、发行者/预订者型和报告分发型。

1. 客户机/服务器型虚拟通信关系

在一个客户与一个服务器之间的这种请求/响应式数据交换，称为客户机/服务器型虚拟通信关系。其主要特点如下：

（1）当一个总线设备得到传输令牌时，该设备就称为客户，客户有权向服务器发送一个请求信息。

（2）服务器在两个条件同时满足时，可以对客户的请求做出响应。这两个条件分别是客户请求和取得了链路活动调度器（link active scheduler，LAS）的传输令牌。

数据传输的调度是由链路活动调度器来实现的。在组态后的链路活动调度器设备中，就生成了一个调度表，这个调度表有一定的格式。链路活动调度器通过对这个调度表的读取来进行数据传输的调度，即在特定的时间给特定的设备，发送强制传输令牌报文，强制现场设备把要发送的实时数据发送出去。这个严格准确的时间能够确保正确的数据在需要的时间传输。在现场设备在收到传输令牌后，立刻将缓冲区内的数据发布到总线上。缓冲区内的数据是由功能块执行以后写入的。

（3）客户和服务器的关系不是固定不变的。同一个设备在不同的时刻，既可以作客户，也可作为服务器。

（4）客户机/服务器属于总线上两个设备之间由客户发起的一对一、排队式和非周期的虚拟通信关系，常用于发送操作员操作和设置参数，如改变设定值、改变操作模式、改变调节器参数、确认报警和设备的上传或下载等。

（5）由于客户机/服务器非周期性通信是在周期性通信的间隙中进行的，因此存在传输被中断的可能，可以采用再传输程序来恢复中断了的传输。

2. 发行者/预订者型虚拟通信关系

当一个总线设备得到传输令牌时，该设备就将其缓冲器中的信息，向总线上的多个设备发布或广播这些信息，这个广播信息者称为发行者，而收听这些信息的设备称为预订者。采用这种一个设备广播其缓冲器信息，而让多个设备同时收听的通信关系，称为发行者/预订者型虚拟通信关系。

通过这种通信关系的建立，可以接受周期性或非周期性调度。即可以按准确的时间，由链路活动调度器发出令牌，也可以由用户按非周期方式发起。这种一对多、周期或非周期性通信，常用于刷新功能块的输入和输出数据。

3. 报告分发型虚拟通信关系

当一个带有事件报告或趋势报告的设备，收到来自链路活动调度器的传输令牌时，该设备可以将它的报文发布给所规定的一组总线的设备，该设备就称为报告分布者。采用这种一个报告者对应一组收听者的通信关系，称为分发型虚拟通信关系。

报告分发型虚拟通信关系是一种排队式和非周期通信，也是一种由用户发起的一对多的通信方式。通过报告分发型虚拟通信关系，将报文分发给出它的虚拟通信关系所规定的一组地址，即有一组设备将接收该报文。

与客户机/服务器型虚拟通信关系不同，报告分发型虚拟通信关系采用一对多通信，即一个报告者对应由多个设备组成的一组接收者。最典型的应用是将报警状态和趋势数据等通知操作台。

下面以一个常用的 PID 控制回路为例，简要说明怎样实现两个现场设备的信号传输。PID 控制回路的组态如图 7-19 所示。

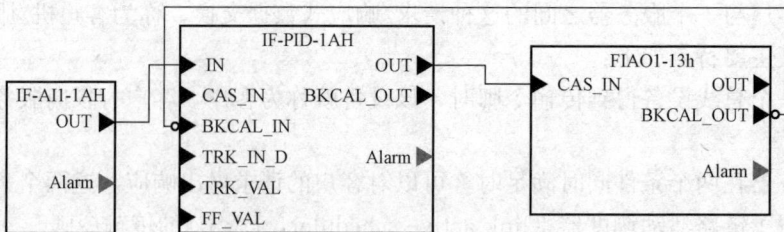

图 7-19　PID 控制回路的组态图

在图 7-19 中，AO 功能块在一个现场设备中，AI 功能块和 PID 功能块在另一个现场设备中。控制过程是将 AI 功能块的输出（OUT）参数送到 PID 的输入（IN）端，PID 的输出（OUT）参数被传输到 AO 的级联输入（CAS_IN）参数，而 AO 的反馈输出（BKCAL_

OUT）参数被传输到 PID 的反馈输入（BKCAL_IN）端，这样就完成一个 PID 的闭环控制。在实现该控制过程中，就涉及虚拟通信的一系列复杂问题。

六、FF 的系统组态

FF 的系统组态可分为系统设计和系统组态两个阶段。

1. 系统设计

系统设计和目前的 DCS 设计很类似，但也有一些不同之处。

（1）物理接线：从每个设备 4～20mA 模拟的点对点连接，变为一根数字总线的多个 FF 设备连接，每个 FF 设备都必须有唯一的物理设备位号和一个相应的网络地址。

（2）FF 将一些控制和 I/O 子系统功能分散到现场总线设备中，减少了所需控制器和远程 I/O 的数量。

2. 系统组态

在选择系统设计和仪表后，按控制策略的要求，将每个设备中的功能块的输入与输出连接在一起，即可以进行系统设备的组态。在系统组态时，设备的连接是软连接，即采用组态软件中的图标对象，而不是现场的物理连接。在功能块连接和其他组态项目输入完毕之后，还要配置设备，即为每个现场总线设备生成信息。设备组态及其生成示意如图 7 - 20 所示。

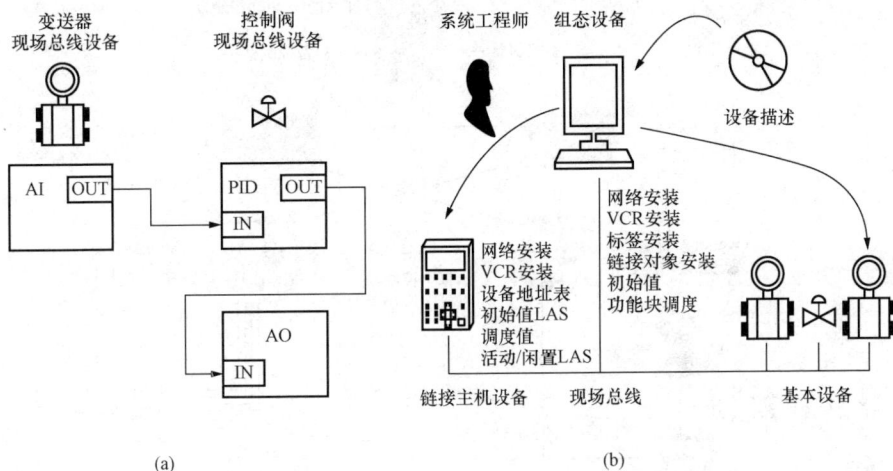

图 7 - 20 设备组态及其生成示意
（a）设备组态；（b）设备组态生成

七、FF 的本质安全技术

在易燃和易爆环境下，如果采用了本质安全技术，就能够保证电气设备的安全使用。本质安全技术的基本原理是限制在危险场所中工作的电气设备中的能量，使得在任何故障的状态下所产生的电火花，都不足以引爆危险场所中的易燃和易爆物质。

FF 对本质安全系统中的设备、电缆、电源和导线都有严格的要求；还对电压、电流、功率、电容和电感等参数进行了限制；特别为本质安全系统的电流隔离器等规定了相应的技术协议，如电流隔离器采用变压器或光电隔离器，不允许安装在危险场所等。

在非本质安全系统中，一根现场总线上一般可连接 16～32 个设备，而对于本质安全系统，由每个安全栅引出的总线只能安装四个设备。安全栅在 FCS 中所处的位置如图 7 - 21 所示。

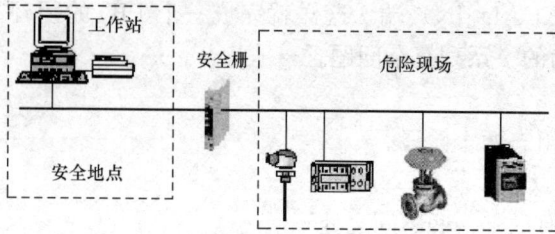

图 7-21　安全栅在 FCS 中所处的位置

八、FF 的应用

FF 在各行各业的应用实例非常多。这里仅以 FF 在艾默生公司的 Ovation 系统和 DeltaV 系统中的应用为例，进行 FF 应用的简要说明。

1. Ovation 系统中的 FF 应用

Ovation 系统中的 FF 应用如图 7-22 所示。

在该系统的结构和组成中，由于 Ovation FF 现场总线模块没有特殊的地址要求，因此被直接安装在 I/O 底板上，安装过程与传统的 I/O 模件一样，Ovation FF 现场总线模块即插即用的功能方便了系统硬件组态。

每一个 FF 模块可提供两个 H_1 网段，每个网段最多支持 16 个现场总线设备（网关）；目前 Ovation 的每一对控制器最多可支持 24 个 H_1 网段。

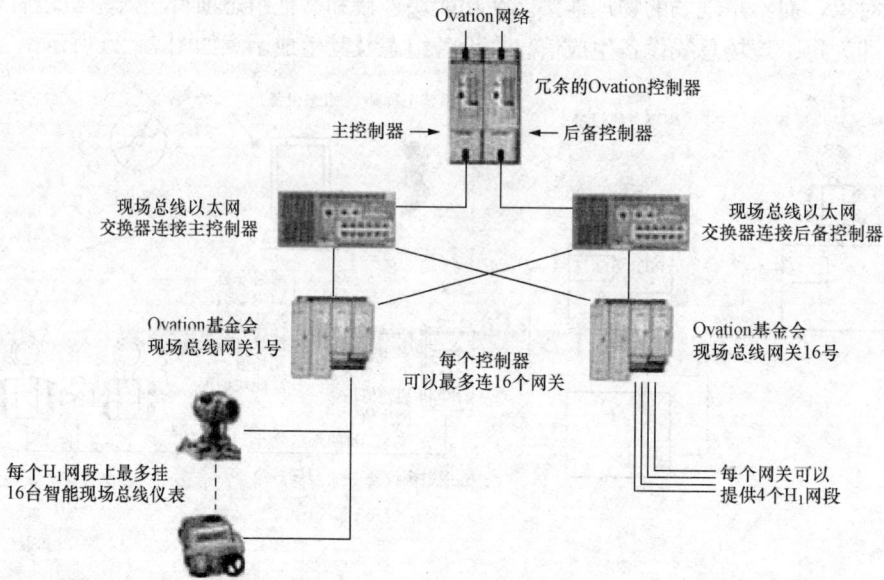

图 7-22　Ovation 系统中的 FF 应用示意图

2. DeltaV 系统中的 FF 应用

DeltaV 系统可以对现场总线设备进行组态、标定、诊断和报告。DeltaV 系统在兼容传统 I/O 信号和 HART 信号的同时，支持面向离散量信息的 ASI（actuator sensor interface）总线、DP 总线和面向过程控制的 FF 总线等。

H_1 层的 FF 模件可以安装在 DeltaV 的 I/O 机架上，也可以与其他任意 I/O 模块或总线模块混合安装，并能够自动识别，还可以设置成冗余；HSE 链路设备也能应用到 H_1 总线的网络，而且更加方便。DeltaV 系统中的 FF 应用示意如图 7-23 所示。

FF 智能设备可以即插即用和无缝连接到 DeltaV 系统中，FF 组态和监视软件可以直接访问现场仪表，而不存在任何映射关系。本质安全的现场总线系统也可以在 DeltaV 系统中实现。

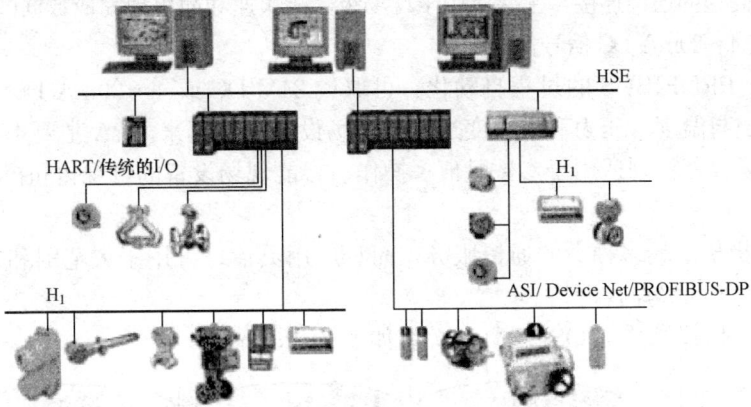

图 7-23 DeltaV 系统中的 FF 应用示意

第三节 PROFIBUS

1996 年，PROFIBUS 现场总线成为欧洲标准，即 DIN 50170V.2。PROFIBUS 产品在世界市场上已被普遍接受，市场份额占欧洲首位，年增长率 25%。目前支持 PROFIBUS 标准的产品超过 1500 多种，分别来自国际上 250 多个生产厂家。在世界范围内已安装运行的 PROFIBUS 设备已超过 200 万台，截至 1998 年 5 月，适用于过程自动化的 PROFIBUS-PA 仪表设备已在 19 个国家的 40 个用户厂家投入现场运行。

PROFIBUS 现场总线是 IEC61158 的重要组成部分，并于 2001 年成为中国的行业标准 JB/T 10308.3—2001。PROFIBUS 主要用于工厂自动化车间级的监控、现场设备层的数据通信和控制，实现现场设备层到车间级监控的分散式数字控制和现场通信网络，提供工厂综合自动化和现场设备智能化的可行性解决方案。

PROFIBUS 由三个兼容部分组成，即 PROFIBUS-DP（decentralized periphery）、PROFIBUS-PA（process automation）和 PROFIBUS-FMS（fieldbus message specification）。DP、PA 与 FMS 的关联示意如图 7-24 所示。

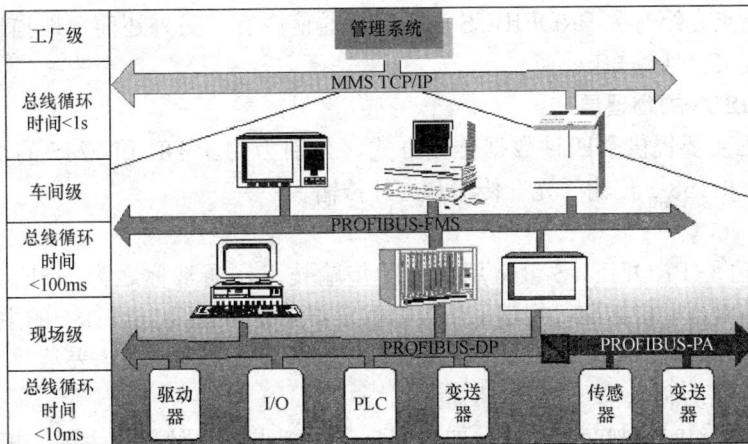

图 7-24 DP、PA 与 FMS 的关联示意

DP 是一种高速的通信连接，主要应用于现场级，能快速和简单地完成数据的实时传输，可取代 24V DC 或 4～20mA DC 信号传输。

PA 适用于 PROFIBUS 的过程自动化，可取代 24V DC 或 4～20mA DC 信号传输，能将自动控制系统与温度、压力和液位变送器等现场设备连接起来。PA 主要用于电力等对安全性要求高的场合，特别适用于参数赋值、操作、智能现场设备的可视化和报警处理等非循环的数据通信。

FMS 不仅提供了较多种类的通信服务，而且应用灵活，可用于大范围和复杂的通信系统场合，适用于车间级监控网络。

PROFIBUS 协议结构与 OSI/RM 的关系如图 7-25 所示。

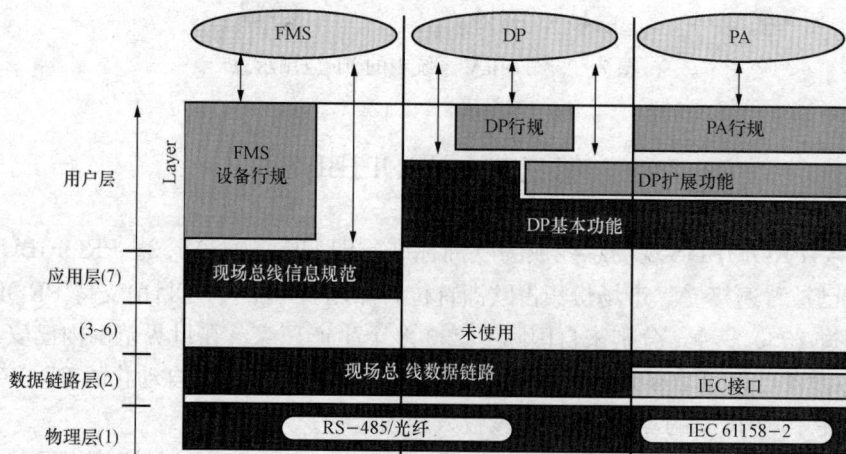

图 7-25 PROFIBUS 协议结构与 OSI/RM 的关系

PROFIBUS 对数据传输方式、系统安全性、设备互换性和互操作性等都有严格的规定，这些规定也称为 PROFIBUS 行规。在 PROFIBUS 中，由于在网络中每个设备的基本特性都在设备数据库（GSD）文件中列出，并符合 PROFIBUS 行规的要求，因此同类但不同品牌设备可以互换，并且各种现场设备都遵循 PROFIBUS 行规中的通信协议而具有互相操作性。

下面我们重点介绍有关 PROFIBUS 设备间的通信内容，另外还简单地描述有关系统的构成方式和系统安全性等知识。

一、PROFIBUS 的物理层

PROFIBUS 主要提供了四种数据传输方式，分别为用于 DP 和 FMS 的 RS-485 传输、用于 PA 的 IEC 61158-2 传输、光纤传输和红外传输。

1. RS-485

RS-485 传输是 PROFIBUS 最常用的一种传输技术，通常称之为 HSE。RS-485 是由 EIA 制定的一种串行接口标准，规定采用数据收发器来驱动总线。RS-485 的主要内容如下：

（1）采用差分信号负逻辑，+2V～+6V 表示"0"，-6V～-2V 表示"1"。该电平与 TTL 电平兼容，可方便地与 TTL 电路连接。

（2）有两线制和四线制两种接线，四线制只能实现点对点的通信方式，现在很少采用。目前流行的是两线制接线方式，在总线型拓扑结构中，同一总线上最多可以挂接 32 个节点。

（3）一般采用的是主/从通信方式。

（4）数据最高传输速率为10Mbps。

（5）通常最大传输距离是1200m。

（6）RS-485接口是采用平衡驱动器和差分接收器的组合，抗共模干扰能力增强，即抗噪声干扰性好。

2. IEC61158-2

与H_1一样，PA的数据传输也遵循IEC61158-2标准，IEC61158-2标准通常也称为H_1。PROFIBUS-PA的性能参数和应用场合见表7-3。

表7-3 　　　　　　　　　　　　PROFIBUS-PA的性能参数和应用场合

现场总线类型	PROFIBUS-PA
物理层	符合IEC61158-2标准，曼彻斯特编码，信号电平峰峰值0.75V～1V
传输方式	令牌，主/从模式
传输速率	31.25kbps
最大传输距离	1900m
总线供电	非本安≤32V，本安型，P<1.8W，≤17.5V；本安型P<1.2W，≤24V
本安	支持
外部扩展	使用DP/PA耦合器与DP连接，最大支持12Mbps
电缆	A、B、C、D型双纹电缆
站点规模	每段最多可连接32个设备，最多可用4个中途扩展为4个段
总线拓扑	树形和总线型或两者的复合
功能块支持	资源块、功能块、转换块
设备描述（device description，DD）	GSD或者DD
设备地址	预先设置0～125
主推厂家	Siemens

光纤和红外传输技术见第三章，这里不再赘述。

二、PROFIBUS的数据链路层

PROFIBUS的设备分为主站和从站。在PROFIBUS中，主站也称之为主动站，如CPU、组态设备和编程器等；从站也称为被动站，如装置、阀门、驱动器和测量发送器等。

介质存取控制技术是具体控制数据传输的程序，它的主要作用是在任何一个时刻只有一个节点发送数据。

DP、FMS和PA均采用同样的总线存取控制技术，由数据链路层实现。数据链路层实现的主要内容包括提供传输协议，进行报文处理，保证数据可靠性和完整性等。数据链路层满足介质存取控制的两个基本要求：

（1）复杂的自动化系统（主站）间的通信，必须保证在确定的时间间隔中，任何一个站点要有足够的时间来完成通信任务。

（2）复杂的程序控制器与简单的I/O设备（从站）间通信，应尽可能快速又简单地完成数据的实时传输。

在 PROFIBUS 中，数据链路层功能的实现主要是采用了两个协议，即主站之间的令牌传输协议和主/从站之间的主/从协议。

令牌传输协议确保每个主站有足够的时间履行通信任务。在 PROFIBUS 中，令牌传输仅在各主站之间进行，主站在一个限定时间内，即在令牌持有时间，有总线控制权，令牌在所有主站中循环一周的最长时间也是一定的，当主站得到总线存取令牌时，根据主/从通信关系表，与所有从站通信，向从站发送或读取信息；也可依照主/主通信关系表，与所有主站通信，因此，可能有纯主/从系统、纯主/主系统和混合系统三种系统配置。

主/从协议保证主站在令牌持有时间内与从站的通信，从站对总线没有控制权，只是响应一个主站的请求或确认主站发送的数据。

PROFIBUS 总线存取控制技术如图 7 - 26 所示。

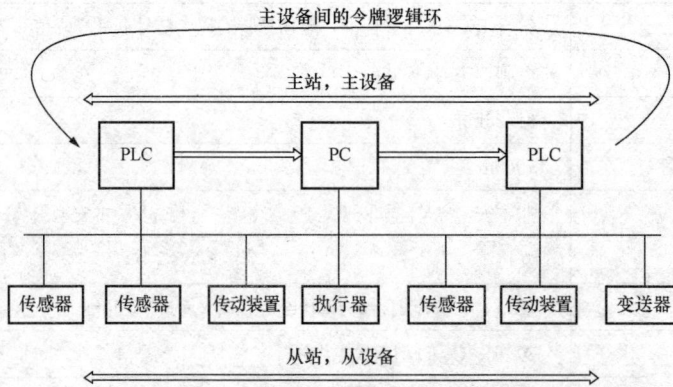

图 7 - 26　PROFIBUS 总线存取控制技术示意

在总线系统初建时，主站介质存取控制的任务是制定总线上的站点分配和建立逻辑环。在总线运行期间，断电或损坏的主站必须从环中排除，新上电的主站必须加入逻辑环。

三、FMS

FMS 是一个令牌结构的实时多主网络，FMS 使用了 OSI/RM 的物理层、数据链路层与 DP 兼容，而应用层包括了应用协议和通信服务功能。由于 FMS 主要负责控制器与智能现场设备之间的通信以及控制器间的信息交换，因此 FMS 的主要任务是满足系统的功能，而不是系统的响应时间。

FMS 提供了大量的通信服务，如现场信息传输、数据库处理、参数设定、下载程序、从站控制和报警等，可以完成以中等传输速度循环和非循环的通信任务。

四、DP

DP 是根据 OSI/RM 的第 1 层（物理层）、第 2 层（数据链路层）和用户接口层建立的，由于工业生产控制的实时性远高于其他局域网，所以省略了 OSI/RM 的 3～6 层。

DP 数据链路层提供以下传输服务：

（1）发送要求确认的报文：向某个从站发送报文，要求从站确认。

（2）不要求确认的广播报文：向一组从站发送报文，启动相应的广播报文服务，不要求从站确认。

1. DP 的三类设备

DP 可由以下三类设备组成：

（1）一级 DP 主站（DPM1）。DPM1 是中央控制器，它能在预定的信息周期内，与直接管理其他网络站点的 I/O 数据的分布式外设交换信息。

（2）二级 DP 主站（DPM2）。DPM2 是组态设备、编程器和操作面板等。

（3）DP 从站。DP 从站是直接与外围进行 I/O 数据交换的设备。典型的从站设备有数字 I/O 模件、编码器、驱动器、阀门和各种变送器等。

DPM1 与相关 DP 从站之间的用户数据传输，按照确定的递归顺序，由 DPM1 自动进行。在进行总线系统的组态时，工程师要规定 DP 从站与 DPM1 的关系，确定哪些 DP 从站被纳入信息交换的循环周期，哪些被排斥在外。

DPM1 与 DP 从站之间的数据传输被分为参数设定、组态和数据交换三个阶段。在参数设定阶段，每个从站将自己的实际组态数据与从 DPM1 接收到的组态数据进行比较。由于只有当实际数据与所需的组态数据相匹配时，DP 从站才进入用户数据传输阶段，因此设备类型、数据格式、长度和 I/O 点数必须与实际组态一致。

在实际系统中，要使主站节点与各从站之间能够实现正确的网络通信，必须对网络进行配置，规定主站与从站的关系，确定哪些从站被纳入信息交换周期，然后将网络配置信息下载到 DP 主站中去。

2. DP 的主要优势

DP 的优势主要表现在以下几个方面。

（1）速度。在从站初始化后，为了使每个从站有最大 244 字节的数据交换率，要完成每个主站的组态工作。有效的数据交换率取决于所选的波特率、网络中站点和指定的总线设置。DP 是通信速度最快的现场总线之一，数据交换率最高可达 12Mbps。

（2）同步。在多站传输中，控制命令由主站发送，可以同步输入数据给单个从站、组从站或全体从站（锁定模式），同步输出数据到从站（同步模式）。

（3）确定和配置安全性参数。在一个预设的时间过后，如果不重置主站与从站之间的通信系统，则将进入安全状态。

（4）诊断功能。每个从站能要求进行参数设置的主站去采集诊断信息。在这种诊断方式中，从站的任何问题很容易在主站中直接获得，即信息被本地化。诊断信息包括 244 字节，其中前六个字节必须分配给 DP 从站。

（5）动态从站管理。在网络上，可以激活和禁止从站，另外通过改变从站地址也可以实现这项功能。

（6）组态方便。由于在网络中的每个设备都具有互换性和互相操作性，还可以用图解工具来实现，如 Siemens 的 COM PROFIBUS 软件，当组态总线系统时，由系统自动整合整个系统有关的数据输入误差和前后一致性，因此简化设备组态和设备参数的设置。

五、PA

PA 采用扩展的 DP 协议，通过分段耦合器能方便地连接 DP 和 FMS。

1. PA 的拓扑结构

PA 总线有三种结构。一是树结构，二是总线结构，三是树和总线的复合结构。

（1）树形结构。树形结构是常用的现场安装形式，通常采用双芯电缆。现场分配器不仅实现了现场设备与主干总线的连接，还并行切换所有连接在现场总线上的设备。树形结构如图 7-27 所示。

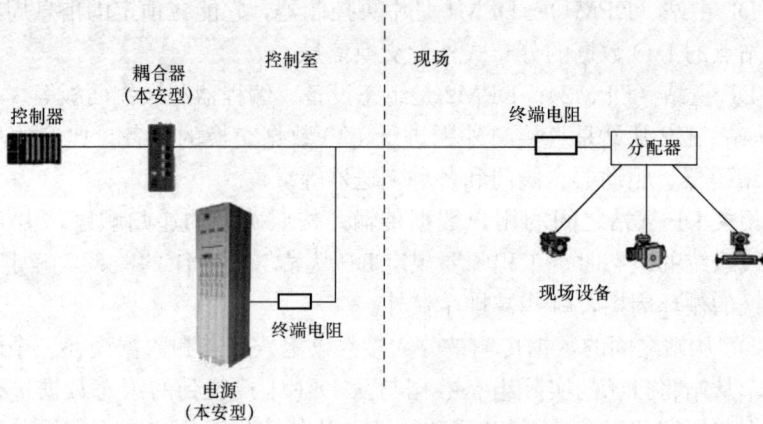

图 7 - 27　树形结构示意

（2）总线型结构。总线型结构示意如图 7 - 28 所示。

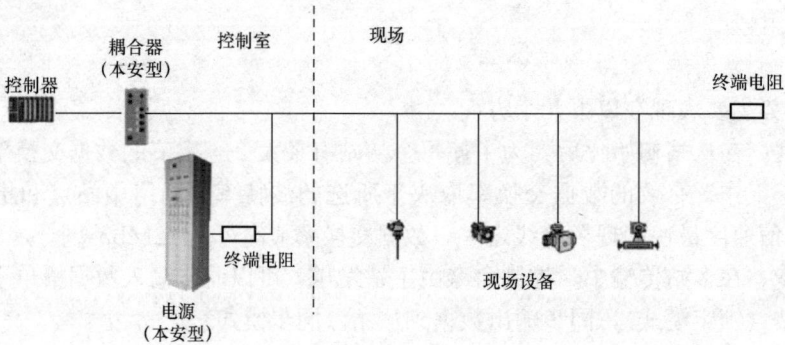

图 7 - 28　总线型结构示意

除主干线外，分支线也可用于连接一个或多个现场设备。

（3）树形和总线型复合结构。树形和总线型复合结构如图 7 - 29 所示。

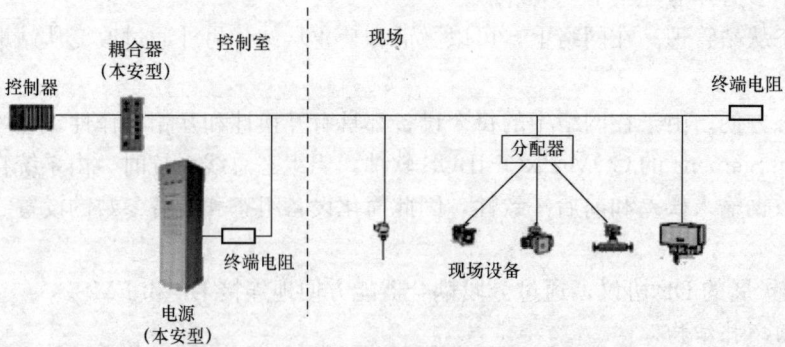

图 7 - 29　树形和总线型复合结构示意

虽然树形和总线型复合结构优化了使用现场总线的长度，但是这不仅会导致现场总线站间信号产生阻尼，而且会产生总线电缆上站点过于集中等问题，因此信号有可能失真。

2. PA 设备行规

PA 行规对所有的通用测量变送器和其他被选的一些设备类型作了具体规定，包括如下的设备：

（1）温度变送器、压力变送器、液位变送器和流量的变送器。

（2）DI 设备和 DO 设备。

（3）AI 设备和 AO 设备。

（4）阀门。

（5）定位器。

PA 还有遵循 IEC 61158-2 标准而专门针对电缆的行规，如总线型结构每段电缆的长度、允许连接的现场设备数量和从总线到分支的长度等。

在 25℃时，IEC 61158-2 标准规定的电缆见表 7-4。

表 7-4 IEC 61158-2 标准规定的电缆

	A 型（参考）	B 型	C 型	D 型
电缆类型	屏蔽双绞线	多路双绞线，全屏蔽	多路双绞线，不屏蔽	非多路双绞线，不屏蔽
最大通流面积 （公称值）	$0.8mm^2$ （AWG18）	$0.32mm^2$ （AWG22）	$0.13mm^2$ （AWG26）	$1.25mm^2$ （AWG16）
回路电阻（直流）	$44\Omega/km$	$112\Omega/km$	$264\Omega/km$	$40\Omega/km$
电阻（31.15kHz）	$100\Omega\pm20\%$	$100\Omega\pm30\%$	**	**
阻尼（39kHz）	3dB/km	5dB/km	8dB/km	8dB/km
电容不对称	2nF/km	2nF/km	**	**
最大传输延迟 （7.9～39kHz）	$1.7\mu s/km$	**	**	**
最大屏蔽度	90%	**	**	**
推荐网络长度 （包括连接电缆）	1900m	1200m	400m	200m

PROFIBUS 现场总线可连接的设备数量，取决于供电电压、现场设备的耗电量和现场总线的长度。PROFIBUS 有连接危险区内有源和无源设备的行规，并规定了本安电路中传输的电流。总线型本安系统的基本构成如图 7-30 所示。

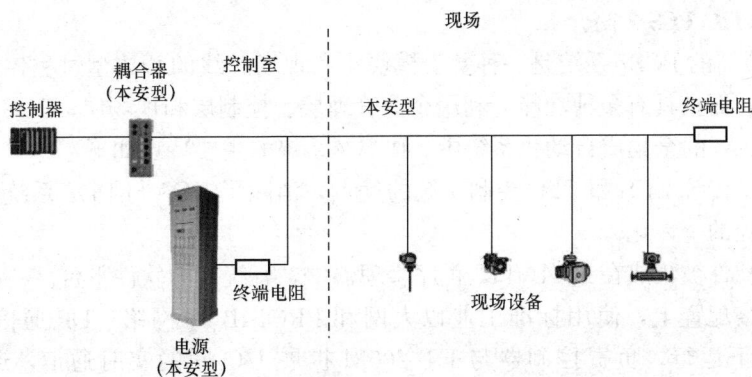

图 7-30 总线型本安系统的基本构成示意图

六、PROFIBUS 的主要现场设备

具有 PROFIBUS 接口的主要底层现场设备有以下几个。

1. 分散式 I/O 从站

通过设备数据库文件组态，系统可连接任何厂家制造和经过 PROFIBUS 标准认证的分布式 I/O 从站。

2. 智能分散式 I/O-PLC 从站

通过设备数据库文件组态，系统可连接任何厂家制造和经过 PROFIBUS 标准认证的智能分散式 I/O 从站。

3. 智能交直流驱动器

通过设备数据库文件组态，系统可连接任何厂家制造和经过 PROFIBUS 标准认证的智能交直流驱动器。智能交直流驱动器的参数化符合 DP 行规要求。

4. 智能执行机构

包括气动和电动执行机构。通过设备数据库文件组态，系统可连接任何厂家制造和经过 PROFIBUS 标准认证的智能执行机构。

5. 人/机接口

包括字符型和图形、CRT/LED 和带/不带触摸屏。通过 PROFIBUS 接口，可连接规定型号的人/机接口。

6. 传统现场设备和现场总线通信接口的软硬件

接口可以是内置式或外置式，主要用于老设备的通信连网。接口一端是标准的 PROFIBUS 接口，另一端视具体设备要求而定，如另一端可以是 RS-232/485 接口等。

7. 传感器和变送器

包括电量监测、保护装置、开关设备、温度、压力和流量变送器。

PROFIBUS 网络器件产品包括电缆、光纤、光端机模块、DP/PA 接头和 PA 总线接插件等。PROFIBUS 通信接口包括耦合器、路由器和网关等。PROFIBUS 专用应用软件包有自动化立体仓库软件包、生产线监测系统软件包和同步控制功能块等。

第四节　现场总线系统在火电厂中应用的实例

一、SIMATIC PCS 7 简介

Siemens 公司的 PCS7 系统是一种基于模块化和现场总线的开放型过程控制系统，不仅使用灵活方便，而且具有多种功能。利用企业管理层、控制层和现场层，PCS 7 系统可以无缝嵌入到 Siemens 的全集成自动化系统中。PCS 7 系统的主要特点如下：

（1）结合了传统 DCS 和 PLC 控制系统的优点，消除了 DCS 与 PLC 系统间的界限，实现了仪控和电控的一体化。

（2）所有软件被集成在 SIMATIC 程序管理器中，有统一的软件平台。

（3）在网络配置上，使用标准工业以太网和 PROFIBUS 网络；DP 通信协议在 Windows NT 环境下运行，负责控制器与 ET 200M 扩展 I/O 间的实时通信，通信速度可达 12Mbps，距离可达 9.6km（电缆）或 90km（光纤）。

在两对冗余控制器与上位机之间，采用冗余的 PROFIBUS 光纤环网进行通信；在 ET

200M 分布式 I/O 模件与控制器之间，使用冗余的 DP 网络，任何一个控制器的停机或 I/O 模件的损坏都不会影响系统对 I/O 的访问；采用两对冗余控制器的通信；冗余的 10A 直流电源为 CPU 和模件供电。

（4）所有模件均有完善的自诊断、传感器断线监测和在线插拔等功能。

（5）WinCC 图形设计器是一个先进的图形用户接口开发工具，它提高了组态工作的质量和效率。

（6）由于第三方的通信设备转换模件（DS）和专用 PLC 的通信接口采用了单 PROFIBUS 总线，因此采用了 Y-link 连接器，将冗余的双 PROFIBUS 总线转换为单 PROFIBUS 总线。Y-link 还是一个提供各种信息与服务的网站，它可为注册用户提供测量仪表、控制器、记录仪和数据采集仪器等产品的信息和帮助。

SIMATIC PCS 7 系统配置和结构如图 7-31 所示。

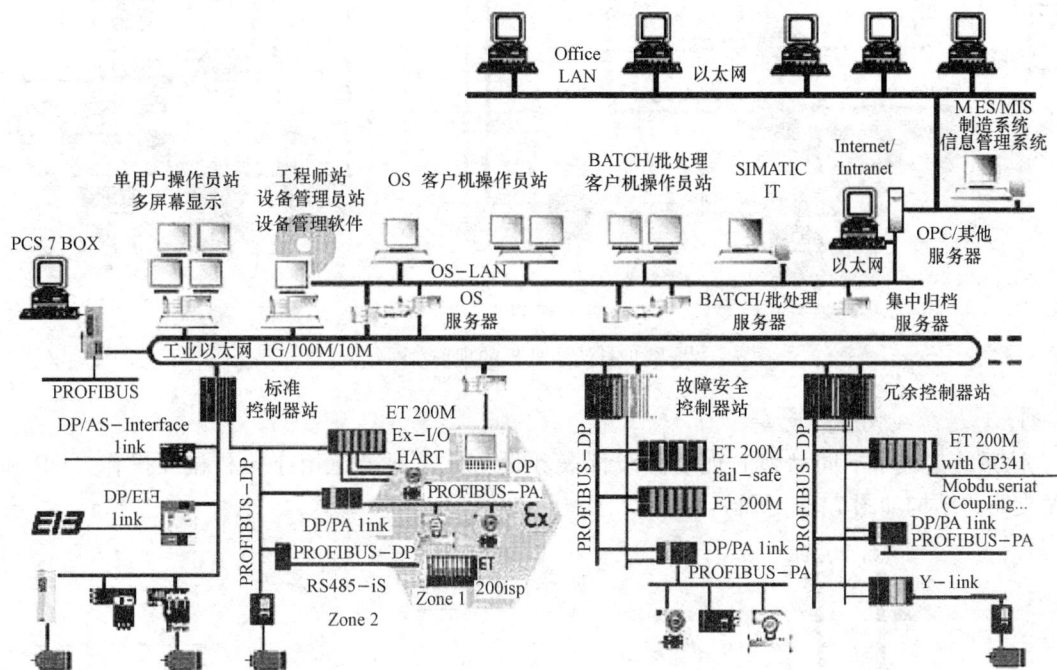

图 7-31 SIMATIC PCS 7 系统配置和结构

二、SIMATIC PCS 7 在火电厂中的应用

某电厂水处理控制系统，即锅炉补给水处理和工业废水处理，由人/机接口、控制站（PLC）、DP 和 PA 通信网络、现场总线仪表和设备等组成，采用了 PROFIBUS 现场总线技术，并开发了信息和诊断等功能。其中锅炉补给水处理的现场总线结构如图 7-32 所示。

该系统选用 Siemens 公司的 PCS 7 系统作为硬件平台，配置了两对冗余的主控制器 CPU 417H，分别用于锅炉补给水系统和工业废水系统；在控制室到现场的控制设备之间，完全采用现场总线通信的方式，与现场控制设备相连有水泵电机、风机电机、加药变频器、气动电磁阀、气动调节阀、压力变送器、流量变送器、液位变送器和化学分析等仪表；全部现场设备都具有数字通信接口；操作员站（OS）的指令和现场设备的状态信息都通过现场总线进行传输。该系统的主要特点如下所述。

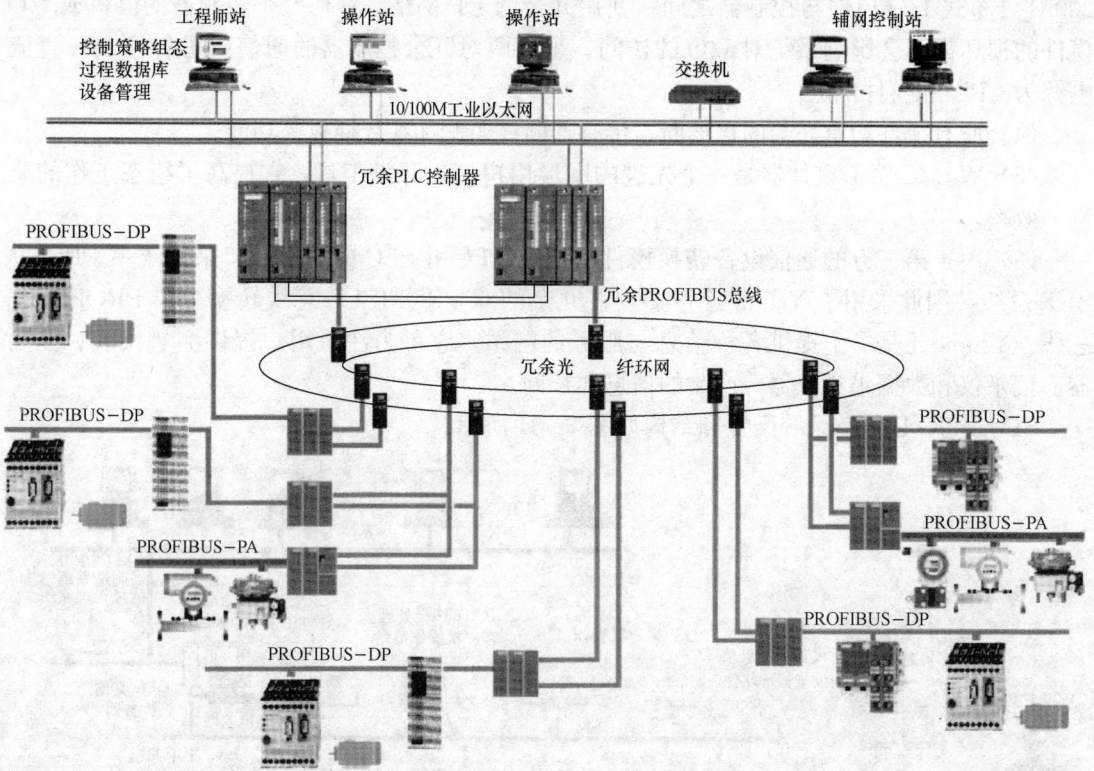

图 7-32 锅炉补给水处理的现场总线结构图

1. 现场总线仪表和设备

该系统集成了不同品牌的现场总线仪表和设备，实现了互相连接和相互操作。DP 和 PA 支路的结构如图 7-33 所示。

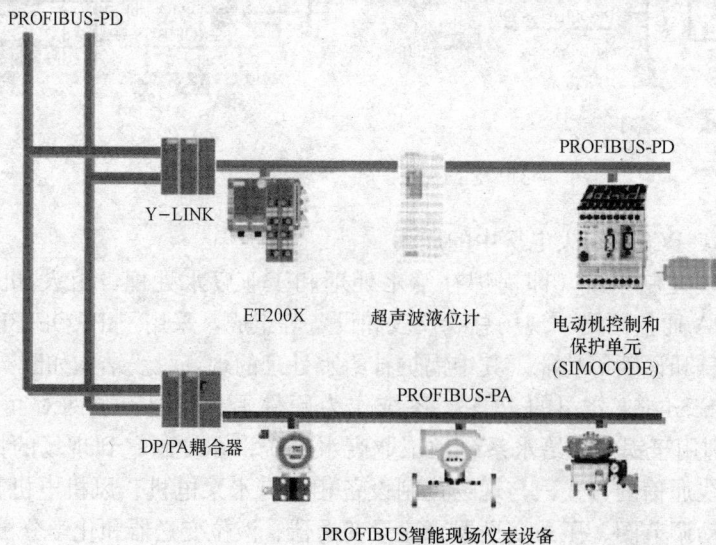

图 7-33 DP 和 PA 支路结构示意

　　该系统主要的现场总线仪表和设备有酸碱喷射间的 ABB 公司 PROFIBUS-PA 差压变送器、除盐水箱的 Siemens PROFIBUS-PD 超声波液位计、化水车间的 Siemens PROFIBUS-PD I/O 与费斯托公司的阀岛、中低压电器设备间的 Siemens PROFIBUS-PD 电机控制和保护单元（SIMOCODE）。主要的现场总线仪表和设备如图 7-34 所示。

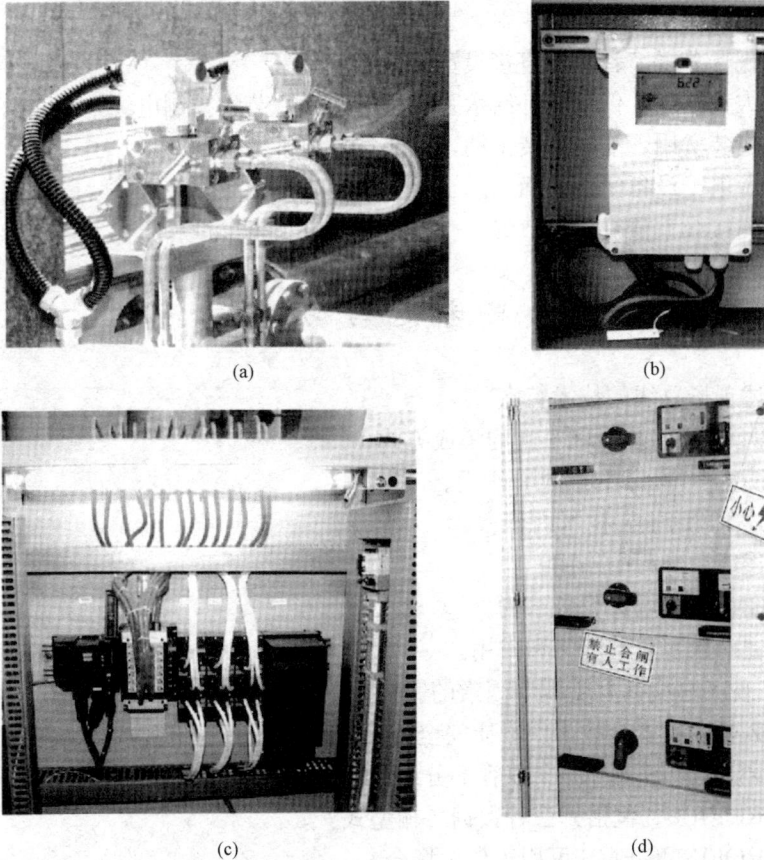

图 7-34　主要的现场总线仪表和设备

(a) 酸碱喷射间现场的 ABB 公司 PROFIBUS-PA 差压变送器；

(b) 除盐水箱现场的西门子 PROFIBUS-PD 超声波液位计；

(c) 化水车间的西门子 PROFIBUS-PD I/O 与费斯托公司的阀岛；

(d) MCC 间的西门子 PROFIBUS-DP 电动机控制和保护单元 SIMOCODE

　　2. 主要的软件

　　组态软件采用 Siemens STEP7；监控软件利用 Intellution 公司 IFX3.6；设备状态诊断软件使用 Siemens 专用过程设备管理软件 SIMATIC PDM。

　　3. 实时信息和诊断功能

　　除了集成和应用了 PDM 软件外，还开发了中文接口的现场总线实时信息管理和诊断软件。它不仅使运行和热工维护人员能够方便地使用现场总线的信息和诊断功能，而且补充了 Siemens PDM 软件无法管理的仪表（超声波液位计）。

　　维护人员能够在工程师站调用 PDM 仪表管理软件，对 SIMOCODE 进行远程巡检和设置参数。利用 PDM 软件功能，电气维护人员能够在控制室设定过流保护、堵转保护和启动曲线的参数；修改电气保护逻辑；检测电机运行过程中电流、温度、运行小时数、启动次数、报警和故障等信息。

该厂应用现场总线技术，除了上述实现现场设备实时信息管理和状态诊断外，还提高电厂运行管理水平。与传统的 PLC 控制系统相比，在节省投资方面也有成效，主要内容如下：

（1）采用现场总线节省基建直接投资约 7.1%。

（2）节省大量电缆。仅锅炉补给水系统粗略估算，节省控制电缆约 20km。

（3）节省安装费用，缩短安装工期，如节省电缆桥架约 200m。

（4）节省了电子设备间建设面积。

（5）机柜内接线大量减少，节省了安装费用，有利于维护和检修。

思 考 题 与 习 题

7-1　简述现场总线的技术特点。

7-2　说明现场总线在 DCS 上的集成方式。

7-3　说明 OPC 技术的组成和作用。

7-4　简述 FF 的主要技术内容。

7-5　简述应用进程的作用。

7-6　画图说明应用进程的结构。

7-7　简述对象字典的定义和作用。

7-8　FF 现场总线长度受哪些因素的影响？

7-9　什么是本质安全技术？本质安全技术的基本原理是什么？

7-10　PROFIBUS 由哪三个兼容部分组成？

7-11　PROFIBUS 包括哪三种数据传输型式？

7-12　PROFIBUS-FMS 可用于什么场合？

7-13　PROFIBUS-DP 的优势主要表现在哪几个方面？

7-14　PROFIBUS-PA 适用于什么场合？

7-15　说明 Y-LINK 连接器的作用。

附录 MACSV 系统的控制算法

算 法	模 块 图	功 能	说 明
加法	点名 I1 I2 I3 I4　加法　AV I5 I6 I7 I8	$AV(K)=G1*I1(K)+G2*I2(K)+\cdots+G8*I8(K)$	(1) 2≤输入端个数≤8 且悬空的端子不参与运算； (2) G1，G2，…，G8 分别为输入 I1，I2，…，I8 的系数 输入端（I），输出端（AV）
减法	点名 I1 I2 I3 I4　减法　AV I5 I6 I7 I8	$AV(K)=G1*I1(K)-G2*I2(K)-\cdots-G8*I8(K)$	(1) 输入端（I），输出端（AV）；2≤输入端个数≤8 且悬空的端子不参与运算； (2) G1，G2，…，G8 分别为输入 I1，I2，…，I8 的系数
乘法	点名 I1 I2 I3 I4　乘法　AV I5 I6 I7 I8	$AV(K)=(G1*I1(K)+B1)*(G2*I2(K)+B2)*\cdots*(G8*I8(K)+B8)$	(1) 输入端（I），输出端（AV）；2≤输入端个数≤8 且悬空的端子不参与运算； (2) G1，G2，…，G8 分别为输入 I1，I2，…，I8 的系数； (3) B1，B2，…，B8 分别为输入 I1，I2，…，I8 的偏置系数
除法	点名 I1 I2 I3 I4　除法　AV I5 I6 I7 I8	当 $Gx*Ix(K)+Bx\neq0$ 时，$x(x=2$ 或 3，…，8) $AV(K)=(G1*I1(K)+B1)/(G2*I2(K)+B2)/$ $(G3*I3(K)+B3)/\cdots/(G8*I8(K)+B8)$ 否则 $AV(K)=AV(K-1)$	(1) 输入端（I），输出端（AV）；2≤输入端个数≤8 且悬空的端子不参与运算； (2) G1，G2，…，G8 分别为输入 I1，I2，…，I8 的系数； (3) B1，B2，…，B8 分别为输入 I1，I2，…，I8 的偏置系数
开方	点名 IN　开平方　AV	如果 $IN(K)>=ZC$，则 $AV(K)=GN*(IN(K)**0.5)$；否则，$AV(K)=0$	输入端（IN），输出端（AV），GN 为系数，** 为幂函数的符号

算　法	模　块　图	功　能	说　明
积分器	点名 SV　　　AV 积分器 PV	根据设定值与反馈值之差进行调节。 $AV(K)=AV(K-1)\pm\Delta U(K)$ $\Delta U(K)=KI\times TS\times(SV(K)-PV(K))/TI$	设定值（SV），过程值（PV） 输出端（AV），积分增益（KI） 积分时间（TI），输入死区（DI） 输出上限（OT） 输出下限（OB） 输出变化率（OR） 动作方式（AD）0：反作用，1：正作用
微分	点名 IN　　微分　　AV	该算法可表示为：$AV(S)=\dfrac{KG*S}{1+TC*S}IN(S)$ 其差分方程为： $AV(K)=[KG*IN(K)-KG*IN(K-1)+TC*AV(K-1)]/(TS+TC)$	输入端（IN），输出端（AV）比例增益（KG），时间常数（TC）
比例积分微分控制器	点名 CS　　　AV PV IC OC　　PID TS TP	$\dfrac{U(S)}{E(S)}=\dfrac{1}{1+(T_D/K_D)S}*\dfrac{1}{BD}\left(1+\dfrac{S_i}{T_iS}+T_DS\right)$ S_i 表示是否要采取积分分离措施，以消除残差 当 $\lvert E(n)\rvert>SV$ 时，$Si=0$，为 PD 控制； 当 $\lvert E(n)\rvert<=SV$ 时，$Si=1$，为 PID 控制； 从输入补偿端 IC 进入的值用来对偏差进行加补偿。即如果 IC 端有输入信号，则 $E(n)$ 要加上 IC 端的值（纯滞后控制）。 从输出补偿端 OC 进入的值用来对控制量 $U(n)$ 进行加补偿。即如果 OC 端有输入信号，则 $U(n)$ 要加上 OC 端的值（前馈控制）	过程值输入（PV）；串级输入（CS） 输入补偿（IC）；输出补偿（OC） 跟踪量点（TP）；跟踪开关（TS） 输出端（AV）；比例带（BD） 积分时间（T_I）；微分增益（K_D） 微分时间（T_D）
手操器	点名 IN　　　AV FM PA TS　手操器 TP	该算法在自动方式下的计算公式为：$AV(K)=IN(K)+BS$； 手动方式时 按手动增减键，$AV(K)=AV(K-1)\pm MR\times(MU-MD)$ 按快速手动增减键，$AV(K)=AV(K-1)\pm OR$ 跟踪方式时，$AV(K)$ 等于跟踪量点的值。 如果 $AV(K)>OT$，$AV(K)=OT$； 如果 $AV(K)<OB$，$AV(K)=OB$； 当由手动切换到其他运行方式时，以输出变化率 OR 滑向目标值	输入端（IN）；强制手动开关（FM），程控自动开关（PA）；跟踪开关（TS）；跟踪量点（TP）；输出端（AV）； 输出偏置（BS）；输出变化率（OR）；输出上限（OT）；输出下限（OB）；量程上限（MU）；量程下限（MD）； 工作方式（RM）；手动变化率（MR）

算　法	模　块　图	功　　能	说　　明
无扰切换	点名 — I1　　　　AV — — I2　无扰切换 — SW	选择开关 SW(K)=0时：AV(K)=I1(K)；SW(K)=1时：AV(K)=I2(K)。 在切换发生时 AV 以变化率 OR 逐渐向选定的输出值靠近，即 　AV(K)=AV(K−1)+OR*[I2(K)−I1(K)]，直到 AV(K)=I2(K)； 　或 AV(K)=AV(K−1)+OR*[I1(K)−I2(K)]，直到 AV(K)=I1(K)； 　如果代表选择开关的点名为空，则 AV(K)=I1(K)	输入端 1（I1） 输入端 2（I2） 选择开关（SW） 输出端（AV） 输出变化率（OR）
一阶惯性	点名 — IN　一阶惯性　AV —	该算法可以表示为： AV(S)=[KG*IN(S)]/(TC*S+1) 其差分方程为： AV(K)=[KG*TS*IN(K)+TC*AV(K−1)]/(TS+TC)	输入（IN） 输出端（AV） 比例增益（KG） 时间常数（TC）
幅值报警	点名 — IN　幅值报警　DV —	如果 IN(K)>=HH，则{DV(K)=1；本算法的报警状态 AM=1；} 如果 AH<=IN(K)<HH，则{DV(K)=1；报警状态 AM=2；} 如果 IN(K)<=LL，则{DV(K)=1；报警状态 AM=4；} 如果 LL<IN(K)<=AL，则{DV(K)=1；报警状态 AM=3；} 否则{DV(K)=0；AM=0；} 当发生报警时，如果输入在报警死区里，则不改变报警状态。只有当输入超出报警死区范围时，才改变报警状态	输入（IN） 输出端（DV） 报警上上限（HH） 报警上限（AH） 报警下限（AL） 报警下下限（LL） 报警死区（DI） 报警级别（AT）
偏差报警	点名 — I1　　　　DV — 　　偏差报警 — I2	如果1(K)−I2(K)>=HL 或者 I1(K)−I2(K)<=−LL，{DV(K)=1；报警状态位 AM=1；发偏差报警包；} 否则{DV(K)=0；报警状态位 AM=0；}	输入端1(I1)，输入端2(I2) 报警输出端（DV） 正偏差限（HL）；HL≥0 负偏差限（LL）；LL≥0 报警级别（AT）
幅值限制	点名 — IN　幅值限制　AV —	如果 LL<=IN(K)<=HL，则 AV(K)=IN(K)； 否则 {如果 IN(K)>HL，AV(K)=HL；如果 IN(K)<LL，AV(K)=LL；}	输入端（IN），输出端（AV） 上限值（HL） 下限值（LL）；且有 LL≤HL

参 考 文 献

[1] 高伟．计算机控制系统．北京：中国电力出版社，2000．

[2] 华东六省一市电机工程（电力）协会．热工自动化．北京：中国电力出版社，2006．

[3] 苏小林．计算机控制技术．北京：中国电力出版社，2004．

[4] 潘新民．微型计算机控制技术．北京：高等教育出版社，2001．

[5] 阳宪惠．现场总线技术及其应用．北京：清华大学出版社，2002．

[6] 唐济扬．现场总线技术应用指南．北京：中国机电一体化技术应用协会，1998．

[7] 杨卫华．现场总线技术网络．北京：高等教育出版社，2006．

[8] 白焰．分散控制系统与现场总线控制系统．北京：中国电力出版社，2004．

[9] 袁任光．集散控制系统应用技术与实例．北京：机械工业出版社，2003．

[10] 张家超．计算机网络基础．北京：中国电力出版社，2008．

[11] 郭巧菊．计算机分散控制系统．北京：中国电力出版社，2005．

[12] 印江．电厂分散控制系统．北京：中国电力出版社，2006．

[13] 王锦标．计算机控制系统．北京：清华大学出版社，2004．

[14] 潘钢．大连庄河电厂600MW超临界机组一体化平台主辅控DCS系统．世界仪表与自动化，2008（2）．

[15] 卞正岗．中国大型火电厂DCS应用现状．软件，2009（8）．

[16] 牛玉广．计算机控制系统及其在火电厂中的应用，北京：中国电力出版社，2003．

[17] 赵伟杰．循环流化床锅炉控制系统的设计和应用．北京：中国电力出版社，2009．

[18] 黎洪松．网络系统集成技术及其应用．北京：科学技术出版社，1999．

[19] 侯子良．火电厂厂级自动化系统总体功能设计思路探讨．热工自动化信息，2000.4